궁금한 유전상식 40가지

유전자, 건강, 사회, 그리고 생명공학

김남수 · 양태진

박영사

추천사

이일하(서울대학교 생명과학부 교수)

책은 무릇 재미있어야 하며, 유익해야 한다. 이 책 『궁금한 유전 상식 40가지』는 유전학이라는 방대한 학문을 다루면서도, 재미와 정보 어느 하나 소홀히 하지 않고 흥미진진하게 풀어낸다. 먼저 유전자의 개념을 이해시키기 위한 다양한 이야기들로 독자들을 자연스럽게 유전학의 본류 속으로 안내한 뒤, 건강, 사회, 생명공학이라는 주제로 확장하면서 일상 속의 궁금증에 과학적 설명을 덧붙인다.

생명과학의 배경지식이 없는 독자도 부담 없이 읽을 수 있도록 친절하게 서술되어 있으면서도, 일부 장에서는 깊이 있는 정보와 실제 연구자의 시선이 녹아 있어 과학적 사고의 본질에 한 걸음 더 다가가게 한다. 그 과정에서 어떤 주제는 비교적 쉽게, 또 어떤 주제는 다소 전문적인 깊이로 다가오기에, 독자마다 눈길이 머무는 지점은 다를 수 있다. 바로 그 지점이 이 책의 매력이다. 유전학이라는 낯설고도 가까운 세계를, 각자의 시선으로 들여다보는 기회를 제공하기 때문이다.

과학이란 결국 세상을 이해하는 도구다. 이 책은 그 도구를 누구나 사용할 수 있도록 열어주는 역할을 한다. 유전학 입문자에게는 문을 열어주는 열쇠가, 전공자에게는 시야를 확장시켜주는 창이 되어줄 것이다.

고희종(서울대명예교수, 학술원회원)

모든 생물은 세포로 이루어져 있으며 각 세포 내의 유전자는 생명 활동을 주관하는 정보를 가지고 있다. 생물 자체의 생장과 발육, 질병과 건강, 수명, 외부 환경이나 생물과의 대응 반응도 모두 유전자에 의해 결정된다. 생물종 간에 차이가 있는 것도 유전자가 다르기 때문이다. 최근에는 유전자를 다루는 유전체학, 분자생물학, 생명공학이 발전하여 많은 생명 현상 관련 미제들이 유전학적으로 구명되었고, 유전자 치료는 물론 유용한 유전자들이 생물 개량에 활용되고 있다. 이 책은 우리가 생활 속에서 경험할 수 있는 인간과 생물에 관계된 다양한 이슈들에 대해 알기 쉬우면서도 전문성 있게 기술하고 있다. 특히 생물의 다양성, 인간의 건강 문제와 사회활동에 관련된 주제들에 대해 저자의 직접적인 연구 경험과 예리한 관찰을 적용하고 있다. "왜 근친결혼이 유전학적인 관점에서 볼 때 문제가 있는지?" 등 사회 · 역사적인 이슈에도 해답을 제공하고 있다. 이 책은 유전학에 관심이 있는 일반인의 궁금증을 해소하는 교양서인 동시에 전공분야 학생들에게도 유전학 연구 영역을 넓힐 수 있는 가뭄의 단비 같은 지침서가 되어줄 것이라 확신한다.

김희수(부산대학교 생명과학과 교수, 전 한국유전학회장)

『궁금한 유전 상식 40가지』는 유전자, 건강, 사회, 생명공학 등 다양한 분야에서 유전학의 핵심 개념과 최신 연구를 알기 쉽게 풀어낸 책이다. 각 장마다 사례와 그림을 통해 이해를 돕는다. 복잡한 유전학적 개념을 일상적인 언어로 풀어내어, 독자들이 유전자와 그 영향을 쉽게 이해할 수 있도록 구성되어 있다. 특히, 유전자와 건강, 사회, 생명공학의 연관성을 통합적으로 설명하여, 유전학이 우리의 삶과 어떻게 연결되는지에 대한 통찰을 제공한다. 이 책은 유전자에 대한 궁금증과 호기심을 가진 일반 독자부터 관련 분야를 공부하는 학생과 전문가까지 다양하고도 폭넓은 독자층을 대상으로 한다. 독자들에게 유익한 정보와 깊은 이해를 선사할 것이다.

최선심(강원대학교 의생명공학과 교수, 의생명과학대학 학장)

이 책은 유전학이라는 방대한 주제를 '유전자', '건강', '사회', '생명공학'이라는 네 축으로 나누어 일상 속 질문과 연결해 풀어낸다. 교과서 속 유전학을 생활로 끌어내 이해하기 쉽게 설명하려는 저자의 노력이 돋보인다. 특히 과학적 사실 이면에 있는 연구자의 고민, 연구 설계 과정, 실패와 좌절의 이야기까지 담아 독자가 각 주제에 더욱 생생하게 몰입할 수 있도록 돕는다. 유전학 비전공자도 흥미롭게 읽을 수 있도록 친절하고 명쾌하게 설명되어 있으며, 과학이 어떻게 개인의 삶과 사회 전반에 영향을 미치는지를 깊이 있게 다루고 있다. 어렵지 않지만 얕지 않은 교양 과학서라 할 수 있다.

머리말

유전이란 어버이의 형질이 자식에게 전달되는 것이다. 우리 조상들은 정확한 기작은 모르지만 어버이가 가진 특징이 자식에게 전달된다는 것은 알고 있었다. 5,000년 전에 이미 고대 수메르 인들은 대추야자 품종을 개량하고자 교배육종을 하였고, 중세기 목축업자들은 좋은 털을 가진 양을 건강하고 잔병치레가 없는 양과 교미를 시켜서 건강하고 양질의 털을 생산하는 양품종을 개발했다. 하지만 1865년 모라비아(현재의 체코)의 시골마을 브루노에 있는 수도원 수도사인 그레그 멘델이 완두콩 육종 실험 결과를 지역 학술대회에서 발표할 때까지 어버이가 가진 좋은 형질이 어떻게 자식에게 대를 이어서 전달되는지에 대해서 전혀 알지 못하였다. 멘델이 발표한 유전법칙들은 잊혀져 있다가 1900년대 초에 여러 학자들에 의해 유전법칙이 재발견되었다. 유전학의 역사는 160년 정도밖에 되지 않을 정도로 짧지만 이 기간 동안 여러 가지 놀라운 발견들이 이어졌다.

유전학이라 하면 많은 사람들은 아주 어려운 학문 분야라고 생각한다. 그러나 유전은 인식하지 못하지만 우리가 삶을 영위하는 데 있어서 모든 분야에 관련이 있다. 유전자, DNA, 유전공학, 줄기세포 등의 용어들은 일반인들에게 그리 낯선 단어가 아니다. 코로나 팬데믹 시대를 거치며 PCR이나 RNA 백신 등 첨단 유전공학을 우리는 직접 경험할 수 있었다. 하지만 이러한 단어들이 무엇을 의미하는지에 대해서는 그저 막연하다. 이러한 막연한 유전적인 지식에 대해서 본 책은 다음과 같은 질문을 통해 설명을 하고자 한다. "여성과 남성의 성 결정은 무엇에 의해 정해질까? 수사자는 왜 멋있는 갈기를 가지는데 암사자는 없을까? 꿀벌들은 왜 여왕벌에 그토록 충성을 다할까? 지구상에는 왜 이토록 많은 생물들이 있을까? 유전병이란 무엇이고 우리는 왜 늙어가며 결국은 죽게 되고 죽음을 피할 수는 없을까? 생명은 무엇이고 무서운 암은 무엇인가? 유전병은 숙명인가? 유전 질병을 미리 진단하고 회피할 수는 없을까? 유전자 치료는 가능한가? 면역이란 무엇인가? 근친 결혼이 왜 유전적으로 위험한가? 피부색과 인종은 무엇이고 어떤 가족의 형제들은 운동에 소질이 있는데 다른 집안의 형제들은 왜 음악에 소질이 있을까? 지능은 유전적인가 아니면 후천적으로 열심히 공부하면 향상될까? 언어는 정말로 인간만이 가지는 특징인가? 생명공학 또는 유전공학이란 무엇인가? 줄기 세포와 복제 생물은 무엇이고 유전자 변형 식품은 정말로 위험한가?" 등 많은 궁금한 이슈들이 있다.

본 저서는 우리 주위의 궁금한 40가지 이슈들에 대해 유전과의 관계를 설명한다. 생물학을 전공하지 않는 사람이라도 일반 대학생 정도 수준에서 이해할 수 있도록 쉽게 서술하고자 노력했다. 본 저서는 총 4부로 구성되어 있으며, 이들 각 부는 10개의 장으로 되어 있다. 1부는 유전자에 대해서 설명하고, 2부는 유전자와 건강 및 질병, 3부는 유전과 사회, 그리고 4부는 생명공학을 설명한다. 주제는 저자들이 강의하던 강의 노트를 주로 참고하였으며, 세세한 증례 등은 AI의 도움을 받은 후, 사실을 증명하기 위해 인터넷 웹 검색을 통해 확인하였다.

본 저서의 저서 내용에 대해 조언을 하여 주신 주위 동료 교수들에게 감사드리며, 특히 부족한 원고를 꼼꼼히 읽고 조언과 추천 글을 써 주신 이일하(서울대), 김희수(부산대), 최선심(강원대), 유성상(서울대), 강대희(서울대), 고희종(서울대 명예교수) 교수들에게 진심으로 감사를 표한다. 그리고 박영사의 편집부와 최동인 대리, 전채린 차장에게 진심으로 고마움을 표한다. 마지막으로 본 저서 집필을 끝낼 수 있도록 끊임없이 격려해준 가족들에게도 고마움을 표한다.

차례

PART 1 | 유전자는 우리 생활을 지배한다

PART 2 | 유전자로부터 지배되는 인류의 건강

PART 3 | 유전자에 의해 제기되는 사회적 현상

PART 4 | 유전자를 활용하는 생명공학 기술의 현재와 미래

궁금한 유전상식 40가지

김남수 · 양태진

PART 1

유전자는 우리 생활을 지배한다

고대인들도 유전에 대한 기본 개념은 알았다고 판단된다. 기원전 9세기경의 수메르 인들도 좋은 야자 나무끼리 교배하여 품종을 개량하려 한 것으로 보아 유전에 대한 개념은 알고 있었던 듯하다. 하지만 사람들은 19세기 중반 모라비아(현재의 체코)의 시골마을 브루노에 있는 수도원의 수도사인 멘델이 완두콩을 이용하여 육종 실험을 하기 전까지는 무엇이 부모에게서 자식으로 전달되어 자식이 어버이를 닮는지에 대해서 알지 못했다. 멘델이 유전 법칙을 발표한 것이 1865년, 지금으로부터 160년 전으로 유전학의 역사는 짧다. 유전학은 생물학의 가장 기본이 되는 학문이다. 유전자는 생물체가 살아가는 정보가 있는 청사진이다. 하지만 유전 정보의 청사진이라는 고전적인 유전자 중심설은 후성유전적 현상들이 발견되면서 많은 도전을 받고 있다. 1부에서는 유전자의 개념을 설명하고 유전학의 기본 지식인 단백질, 유전체, 염색체, 돌연변이 등을 설명한 유전학의 신 개념인 후성유전에 대해서 여러 장에 걸쳐 설명하였으며 성(gender)에 대해서 두 개의 장을 할애하였다. 또한 유전자와 성격 및 진화에서의 종의 분화 등을 다루었다.

CHAPTER

1

유전자의 발견과 인류의 생활 속의 유전자의 역할

유전이란 어버이의 어떤 특징이 자식에게 전달되는 것을 의미한다. 유전은 영어로 "*heredity*"인데 브리태니커 영어 사전에서 heredity는 **"부모로부터 자녀에게 신체적, 정신적 특성이 전달되는 자연스러운 과정"**이라고 정의하고 있다. 우리는 흔히 어린 아기를 보고 **"야, 이 녀석 엄마 눈을 꼭 닮았네"**라는 말을 한다. 이것은 엄마로부터 눈의 모양을 결정하는 유전자들을 아기가 물려받았다는 것을 의미한다. 일란성 쌍둥이들을 서로 구별하기 어려운 것은 그들이 가지고 있는 모든 유전자들이 같기 때문이다.

유전 또는 유전자라는 단어를 접하면 매우 어렵다고 생각한다. 하지만 고대 인류들도 유전을 알고 이를 시행했다. 고대 인류들이 처음 농경 사회를 시작할 때에도 그들은 소출이 많이 나는 야생풀을 채집하여 주거지 근처에서 재배하고, 유순하고 고기를 많이 생산하는 동물을 가두어 길렀다. 고대인들은 야생풀이나 동물들이 세대를 거듭하면서도 이와 같은 유리한 특징들을 소유하리라는 것을 예측하고 실행하였다. 기원전 9세기경 메소포타미아 지역의 오래된 아시리아(Assyria) 유적의 바위에 조각된 그림에 대추 야자 암나무에 숫나무의 꽃가루를 수분시키는 현상을 볼 때 이미 이 당시에도 우량 대추 야자끼리 교배하여 품종을 만드는 시도를 하였던 것으로 보인다.

수천 년 동안 사람들은 어버이의 특성(유전학에서는 형질이라고 함. 지금부터는 형질이라는 용어를 사용함)이 자식들에게 대물림한다는 것은 알고 있었지만 무엇이 대물림되는지에 대해서는 19세기 중반까지도 모르고 있었다. 17세기 중반에 세포를 처음 발견한 레벤후크(Anton van Leuwenhook)는 그가 발명한 현미경으로 움직이는 정자를 관찰한 후 정자에는 '호먼큘러스(homunculus)'라는 아주 작은 인간형태가 있어서 다음 세대로 유전된다고 주장했다. 19세기 중반까지 대부분의 사람들은 부와 모의 형질이 섞여서 다음 세대로 유전된다는 융합유전(blending inheritance)를 믿었다. 즉, 검정색과 흰색이 합쳐져서 중간색인 회색으로 다음 세대에 나타난다는 것이다. 그러나 진화론의 기초를 확립한 찰스 다윈(Charles Darwin)은 부모의 형질이 희석되지 않고 다음 세대로 전달되고, 사라졌던 형질이 후대에 다시 나타나는 현상을 보고 융합유전을 믿지 않았다. 다윈은 일생 동안 환경에 의해 세포에 축적된 변이가 다음세대로 전달된다는 범생설(pangenesis)을 주장하였다. 다윈은 유전에 대해서 잘 알지 못했으며 자신의 유전현상에 대한 무지를 '종의 기원'을 발표한 1859년 11월에 그의 친구인 식물학자 존 후커에게 쓴 편지에서 **"유전을 관장하는 법칙들은 잘 알려지지 않았습니다"**라고 실토했다.

목축업이 1800년대에는 모라비아(현재의 체코)의 주산업이었는데 수도원이 있던 브루노 지역은 양 목축업자들이 많이 있었다. 그 당시 유럽 인들의 유전에 대한 지식은 약 2,700년 전의 대추 야자 교배를 하던 아시리아인들의 수준을 벗어나지 못한 상태였다. 모라비아 지방에서 사육하는 양들은 주로 메리노 양(Merino sheep)이었는데, 양 목축업자들은 양질의 털, 고기, 가죽 등의 형질들을 가지고 있는 양들끼리 교배할 때 어떤 교배 조합에서는 이러한 형질들이 나타나고 어떤 때는 사라지는지 관찰했다. 수도원장 시릴 냅(Cyril Napp)은 모라비아 양 목축업자들의 연례회의에서 '**유전되는 것이 무엇이고, 어떻게 유전되며, 이들이 후대에 어떻게 나타나는지를 예측**'할 수 있으면 우수한 양 품종 개발에 도움이 될 것이라고 말했다.

멘델(Mendel)은 1822년 오스트리아에서 태어났다. 그의 부모는 자작농으로 그리 부유한 편은 아니었다. 멘델은 체코의 올로무치 대학(University of Olomouc)에서 철학과 물리학을 공부했는데 그는 대학 등록금을 내는 데 어려움을 겪었다. 수도사가 되면 자비로 공부하지 않아도 되므로 그는 이름을 요한 멘델(Johann Mendel)에서 그레그 멘델(Greg Mendel)로 개명하고 스스로 수도원의 수도사가 되었다. 올로무치 대학에서 그는 식물과 동물의 육종, 특히 양의 육종에 대해서 학습했다. 졸업 후 고등학교 선생님이 되고자 하였지만 임용고시의 구술 시험에서 실패하였다. 이후 모라비아의 브루노(Brno)에 있는 성 아우구스티누스 토마스 수도원(Augustinian St. Thomas Abbey)에 수도사로 입교하여 본격적인 수도사 훈련을 받았다. 수도원장 시릴 냅의 후원으로 멘델은 오스트리아 비엔나 대학교에서 철학, 물리학, 화학, 식물학, 식물생리학 등의 학문을 정식으로 수학하였다.

비엔나 대학에서 공부를 마치고 수도원으로 돌아온 멘델은 수도원장 시릴 냅이 던진 유전에 대한 궁금증을 풀기 위해 완두를 가지고 육종 실험을 했다. 완두는 자가 수분하는 식물이지만 꽃이 상대적으로 커서 수술을 제거하여 다른 개체의 꽃가루를 암술 머리에 묻혀주는 교배를 쉽게 수행할 수 있는 장점이 있다. 그리고 한 개체에서 많은 수의 종자를 얻을 수 있고 작은 면적에 많은 개체들을 재배할 수 있으므로 식물 유전 실험에 매우 적절하였다. 멘델은 우선 육안으로도 쉽게 구별이 가능한 7가지 형질(종자 색, 종자 모양, 꽃 색깔, 꼬투리 색깔, 꼬투리 모양, 식물 크기, 꽃이 피는 위치)을 선택하였다. 종자 색의 경우 초록 종자와 노란 종자가 있는데 노란 완두를 자가 수분시키면 어떤 완두는 후대에서 노란 완두와 초록 완두가 섞여서 나타나고, 어떤 완두는 항상 노란 완두만 나타난다. 멘델은 이들 형질들을 가진 개체들을 자가수정시켜서 더 이상 다른 색깔의 종자를 생산하지 않을 때까지 계속 자가수정을 시켰다. 이러한 식물 계통을 유전학에서는 순계(pure line)라고 한다. 멘델은 노란 종자를 맺는 식물의 꽃에서 수술을 제거한 후 암술머리에 초록 종자를 맺는 완두의 꽃가루를 묻혀주었다. 즉, 노란 완두(♀)에 초록 완두(♂) 교배를 하였다. 반대로 초록 종자를 맺는 완두 꽃의 수술을 제거하고 이것의 암술머리에 노란 종자를 맺는 꽃가루를 발라주었다. 즉, 초록 완두(♀)에 노란 완두(♂) 교배를 한 것이다. 이 두 조합의 교배 결과 생산된 1대 잡종들의 종자 색은 모두 노란색이었다. 초록색 종자를 내는 형질이 사라진 것이다. 이들 노란색의 1대 잡종들을 자가 수정시킨 결과 1대 잡종에서 사라진 초록색 종자들이 나타났다. 노란색 종자와 초록색 종자가 약 3:1의 비율로 나타났다. 종자색 이외의 다른 형질들에서도 1대 잡종에서는 어떤 형질은 사라졌다가 2대 잡종에서 다시 3:1

의 비율로 나타났다. 그 당시 많은 사람들이 믿어왔던 융합 유전이라면 노란색 콩과 초록색 콩을 교배하여 나오는 1대 잡종은 두 색깔이 혼합된 연두색의 종자가 나와야 한다. 그리고 융합 유전에서는 2대 잡종에서 사라졌던 형질이 나타날 수 없다. 멘델은 자신의 실험 결과를 바탕으로 유전은 부모의 상반된 두 형질이 섞여서 희석되는 것이 아니고 어떤 입자에 의해 다음 세대로 전달된다고 생각했다. 그는 이러한 입자를 엘리멘트(element, 인자)라고 했다. 1대 잡종에서 나타나는 형질은 사라지는 형질에 대해 우성이며 사라지는 형질은 열성이라 했다. 즉, 종자색에 대해서 노란색 결정 인자는 초록색 결정 인자에 대해 우성이며 역으로 초록색 결정 인자는 노란색 결정 인자에 열성인 것이다. 멘델은 어떤 유전 형질을 결정하는 인자는 쌍으로 존재하는데 이 쌍으로 존재하던 인자들은 꽃가루를 만들거나 배주의 난자를 만드는 과정에 서로 분리하여 결국 꽃가루의 정자와 배주의 난자에는 입자가 한 개만 존재한다고 생각했다. 즉 한 쌍으로 존재하던 인자들이 서로 분리하여 난자나 정자로 들어가서 다음 세대로 전달된다는 것이다. 이것이 멘델의 제1유전 법칙인 분리의 법칙(Law of Segregation)이다.

멘델의 두 번째 발견은 독립 유전 법칙(Law of Independent Segregation)이다. 그는 한 가지 형질의 유전만 관찰하지 않고 두 가지 형질의 유전을 동시에 분석하기도 하였다. 예를 들어 종자에서 관찰할 수 있는 형질로는 종자색과 종자 모양이 있다. 종자색은 노란 종자와 초록 종자가 있고, 종자 모양은 동그란 콩과 쭈글한 콩이 있다. 멘델은 순계의 노랗고 둥근 콩 완두와 순계의 쭈글하고 초록 콩 완두를 교배했다. 교배 결과 잡종 1대에서는 모두 동그랗고 노란 콩이 나타났지만 잡종 2대에서는 동그랗고 노란 콩, 동그랗고 초록 콩, 쭈글하면서 노란 콩,

쭈글하면서 초록 콩 등 네 가지가 9:3:3:1의 비율로 나타났다. 동그랗고 노란 콩은 색깔과 모양 결정인자 모두를 우성 인자로 가지고 있으며, 쭈글하면서 초록콩은 두 인자가 모두 열성인자들이다. 반면에 동그랗고 초록 콩이나 쭈글하고 노란 콩 개체는 한 인자는 우성형질을 다른 인자는 열성 형질을 보이는 것이다. 이 결과를 바탕으로 멘델은 콩의 색깔을 관장하는 인자들의 분리는 콩모양을 결정하는 인자들의 분리에 관여하지 않고 이들은 서로 독립적으로 유전분리를 한다고 설명했다. 그는 일곱 가지 유전 형질의 유전에 대한 육종 결과를 정리하여 1865년 브루노의 자연사학회에서 "식물 잡종에 관한 실험(Experiments of Plant Hybridization)"이라는 제목으로 발표하고 그의 발표는 지역신문에 게재되었다. 그 후 멘델은 시릴 냅의 뒤를 이어 수도원장직을 맡게 되어 그의 육종 실험은 중단되었다.

하지만 멘델의 유전법칙은 당시 과학자들에게 많은 주목을 받지 못했다. 그때까지도 많은 과학자들은 융합유전의 법칙을 믿고 있었다. 다윈도 멘델의 유전 실험에 대하여 전혀 인지하지 못하였다. 사실 다윈의 서재의 책꽂이에는 멘델의 논문이 실려 있는 저널이 있었지만 다윈은 멘델의 논문을 읽지 않았다. 만약 다윈이 멘델의 논문을 읽었다면 그는 범생설에 대한 개념을 포기하고 진화론에 대한 주장에 더욱 확신을 가질 수 있었을 것이다. 멘델의 유전법칙들은 한동안 과학계에서 잊혀졌지만, 멘델이 그의 유전법칙을 발표한 후 약 30여 년이 지난 20세기 초 네델란드의 드 브리스(de Vries), 독일의 칼 코렌스(Carl Correns), 오스트리아의 에릭 본 체마크(Erich von Chermark) 등 세 명의 식물학자들의 독자적인 실험 연구결과 그들의 결과가 멘델의 유전법칙과 같다는 것을 발표했다. 이들의 발견을 유전학계에서는 멘델 유전의 재발견

(Rediscovery of Mendelian Inheritance)이라고 한다. 이후 멘델의 유전 법칙을 따르지 않는 현상들도 많이 발견되었지만 멘델이 근대 유전학의 기초를 세운 근대유전학의 아버지라는 것은 부인할 수 없다. 멘델 유전의 예외적인 현상들은 본 저서의 여러 장에서 나오지만 이를 자세하게 설명하는 것은 본 저서의 범주를 벗어나므로 기술하지 않는다.

영국 런던의 내과 의사인 아키발드 에드워드 개로드(Archibald Edward Garrod)는 환자의 음식 섭취와 건강에 대해서 병원의 생화학자와 공동 연구를 수행하며 환자의 소변 색깔과 환자의 음식에 대해서 많은 관심을 가지고 있었다. 1897년 그가 재직하는 병원에 한 산모가 갓 태어난 아기와 함께 입원하고 있었는데 아기의 기저귀가 검은 갈색으로 물든 것을 발견했다. 그는 병원의 다른 아기들의 기저귀의 색깔을 조사한 결과 비슷한 사례가 40여 케이스가 발견되었다. 1900년 위의 같은 산모가 다시 입원하여 아기를 낳았는데, 이 아기의 기저귀도 검은 갈색으로 물든 것을 발견했다. 신생아가 태아 나고 52시간 후부터 검은 오줌을 누는 것을 발견하고 그는 아마도 검은 오줌 현상은 신생아의 선천적 대사이상(Inborn error in metabolism)일 것으로 짐작했다. 태아가 검은 오줌을 누는 현상을 알캅토뉴리아(alkaptonuria)라고 하는데 개로드는 알캅토뉴리아가 사촌간 결혼한 산모의 자녀에게 많이 나타나는 것을 발견했다. 이 당시의 유전학자들은 어렴풋이 멘델의 유전법칙에 대해서 이해하고 있었는데, 후에 유전학(genetics)이란 용어를 처음 주장한 윌리엄 베이트슨(William Bateson)의 도움을 받아 개로드는 1902년도 "**알캅톤뇨증의 발생: 화학적 개성에 대한 연구**, The Incidence of Alkaptonuria: a Study in Chemical Individuality"라는 논문을 발표하였다. 이 논문은 멘델식 유전과 가계 질환을 연구한 최초의 연구였다.

아미노산 중 한 가지인 타이로신은 체내에서 호모겐틴산으로 전환되고 호모겐틴산은 다시 호모겐틴산 산화효소(homogentisateoxyase, HGD)라는 효소에 의해 말레일아세토아세트산으로 전환된다. 알캅토뇨증은 호모겐틴산 산화효소를 생산하지 못하거나 기능을 못하여 체내에 호모겐틴산이 축적되어 생기는 유전질환이다. 호모겐틴산이 산화되면 검은색을 보이는데 소변 중에 호모겐틴산이 많으면 산화되어 검은색으로 바뀌므로 검게 변하는 것이다. 정상인은 이 효소를 암호화한 정상 유전자를 한 쌍 가지거나 또는 정상 하나, 비정상 하나를 가질 수 있다. 엄마·아빠로부터 물려받은 유전자가 동일하여 같은 유전자를 한 쌍 가지는 것을 동형접합형(homozygote)이라고 하며 서로 다르면 이형접합형(heterozygote)이라고 한다. 호모겐틴산 산화효소를 암호화한 유전자를 *HGD*라 하는데 *HGD* 유전자를 이형접합으로 가지고 있어도 정상의 *HGD*가 한 개 있으므로 호모겐틴산 산화효소를 생산하므로 정상이다. 하지만 비정상적인 변이 *HGD* 유전자를 동형으로 한 쌍 가지는 사람은 정상의 호모겐틴산 산화효소가 없으므로 호모겐틴산이 말레일아세토아세트산으로 전환되지 못하므로 호모겐틴산이 체내에 축적되어 알캅토뇨증을 보인다. *HGD* 유전자를 이형 접합으로 가진 부부가 결혼을 하면 자손은 25%의 확률로 알캅토뇨증을 보일 수 있다. 특정 가계에 유전병 유전자들을 이형 접합으로 가지고 있을 가능성이 높으므로 사촌간 결혼한 부부들에게서 태어난 신생아들이 더 자주 알캅토뇨증 환자가 나타난다.

완두는 콩이 여물기 전에는 모두 초록색이지만 여물어 가면서 초록색이 노란색으로 변한다. 콩껍질에 있는 클로로필이라는 녹색 색소가 콩이 여물면서 *Sgr*(Stay green)이라는 효소에 의해 분해되므로 노란색이 된다. 하지만 기능을 하지 못하는 변이 *Sgr* 유전자를 동형으로 한 쌍 가지면 클로로필을 분해시킬 수 없으므로 콩이 여물어도 초록색을 유지하게 된다. 정상 *Sgr* 유전자가 변이 *Sgr* 유전자에 우성이다. 완두콩은 종자가 성숙하면서 종자 내에 아밀로스가 아밀로펙틴으로 전환되어 축적되므로 콩이 동그랗게 되는 것이다. 이를 전환시키는 효소가 Sbr(Starch branching enzyme)인데 Sbr을 암호화한 유전자에 돌연변이가 일어나서 정상적인 Sbr 효소를 만들지 못하므로 콩 종자 내의 아밀로펙틴이 축적되지 못하면 종자가 마르면 쭈글쭈글 해진다.[1)] 최근 2025년 세계적인 학술지인 Nature에 멘델이 연구한 일곱 가지 유전 형질에 대한 핵심 유전자를 모두 보고하였다. 이들 각각의 유전자가 어떤 단백질을 만들고 어떤 기작으로 형질을 조절하는지를 살펴보는 것도 재미있을 것이다. 이런 역할을 하는 유전자, 단백질, 효소 등에 대해서는 다음 장에서 자세하게 설명한다.

1) 유전학에서는 유전자는 이탤릭체로 쓰고 이 유전자에 의해 만들어지는 단백질은 정자체로 쓴다. 예로 *EGFR*은 EFGR 단백질을 암호화 유전자를 나타낸다. *BRCA*는 유전자이고 BRCA는 *BRCA*유전자가 암호화한 단백질이다.

CHAPTER 2

유전체의 구조와 특징

단백질은 세포 내의 모든 생화학 작용을 촉매하고 세포막이나 세포 골격 등 세포 구조를 담당하는 분자이다. 단백질은 20가지의 아미노산들로 이루어진 중합체인데 유전자에 저장되어 있는 정보에 따라 아미노산 서열이 결정된다. DNA 유전자 정보는 전령 RNA(messenger RNA, mRNA)로 전사되어 단백질로 번역된다. 세포 내에는 수천 가지의 단백질들이 존재하는데, 이들의 아미노산 서열이나 개수는 각각 다르다. 유전자는 아데닌(A), 티민(T), 구아닌(G), 사이토신(C)의 네 가지 염기들의 중합체로서 세 개의 연속적인 염기들이 하나의 아미노산의 정보를 암호화하는데, 분자생물학에서는 이를 코돈(codon)이라 부른다. 예를 들면 GCG는 알라닌의 코돈이고, AGG는 아르기닌, GGA는 글라이신이라는 아미노산 코돈이다. 그러므로 GCGAGGGGA와 같은 염기는 알라닌-아르기닌-글라이신으로 연결된 폴리펩디드를 암호화한다. 유전자는 이러한 코돈들이 연속적으로 이어진 사슬이며, 이 코돈의 순서에 따라 단백질의 아미노산 서열이 결정된다. DNA로 된 유전자의 유전 정보가 RNA로 전사되고, 다시 RNA는 단백질로 번역되는 정보의 흐름 과정이

그림 2.1 생명의 중심이론

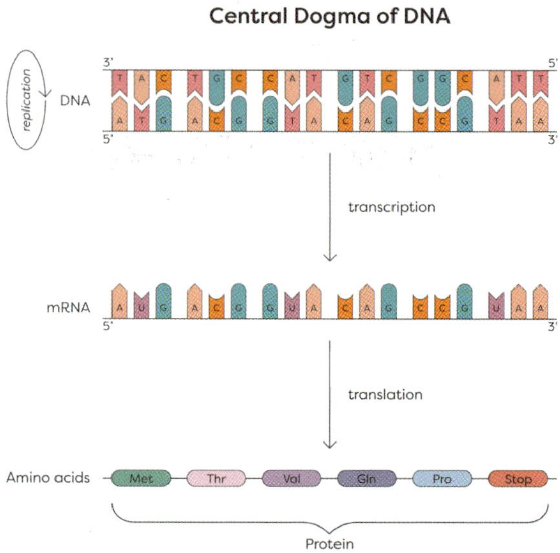

두 가닥으로 이루어진 DNA는 생명정보를 가진다. 복제(replication) 시에 두 가닥의 DNA는 외가닥으로 풀리며 상대 가닥의 주형이 되어 정확하게 복제된다. 두 가닥 중 한 가닥의 DNA는 전사 효소에 의해 전령 RNA(mRNA)로 전사(transcription)되며 mRNA의 세개의 염기가 한 개의 아미노산으로 번역(translation)되어 이어지는 번역으로 여러 개의 아미노산으로 연결된 폴리펩디드가 된다. 폴리펩디드는 여러 변형 과정을 거쳐 단백질로 되어 세포 내의 과정을 수행한다.

생명의 중심 이론(central dogma of life)으로서 유전자가 전사되어 번역되는 것을 유전자 발현(gene expression)이라 한다.

세포 내에서 일어나는 모든 생화학 작용은 효소라는 단백질에 의해 촉매되고 생물체 일생 동안의 발생 및 발달 과정이 모두 단백질에 의해 조질된다. 일반적으로 발생학적 또는 구소학석으로 산난한 생물제늘보다 복잡한 생물체들이 유전자를 많이 갖고 있다. 예로 단일 세포로 생활을 영위하는 박테리아들의 유전자 수는 몇 천개(예, 대장균, 4,288개)

정도이며, 다세포로 생활하는 곰팡이들은 10,000개 정도의 유전자를 가지며(예, 붉은빵 곰팡이 10,082개), 식물이나 동물의 유전자 수는 보통 10,000개(예, 누에 11,202개) 정도부터 100,000개 이상을 가지는 것들(예, 밀, 124,201개)도 있다. 참고로 인간이 가지고 있는 유전자 수는 24,200개이다.

생명체를 이루기 위해서는 단백질이 최소한 몇 개 정도 필요할까? 생명체는 원핵생물과 진핵생물로 나눌 수 있는데, 원핵생물은 세포 내에 핵이 없는 것들로 박테리아 등이 여기에 속하고, 진핵생물은 세포 내에 핵이 존재하는 생물체로 단세포로 생활하는 효모부터 복잡한 식물 동물들이 모두 진핵생물이다. 필수 유전자(essential gene)는 생명체가 생장하고 생식을 하는 데 필요한 최소한의 유전자 수를 말하는데, 원핵생물은 대략 200~500개이며, 진핵생물들에서는 대략 280개에서 2,000여 개 정도로서, 열대어 종류인 지브라피시는 288개 정도가 필요하며 인간은 약 2,000개 정도가 필요하다. 또한 생명을 영위하기 위한 최소의 유전정보를 최소 유전체라고 하는데, 유전체(genome)란 한 생물체가 가지는 유전정보의 총량이다. 최소 유전체 개념에 의한 최소 유전자 수는 대략 500여 개 정도로 알려져 있는데, 최근에는 인간 유전체를 처음으로 해독한 크레이그 벤터(Craig Venter) 등의 과학자들이 인간 성병균인 마이코플라즈마 제니탈리스(*Mycoplasma genitalis*) 세포골격을 이용하여 인공적으로 합성한 256개의 유전자를 가진 새로운 합성균을 만들고, 성공적으로 세포분열을 하는 것을 보여주기도 하였다. 놀라운 일이지만 인간이 생명체를 합성한 것이다. 그렇다면 실제로 자연계의 생물체들이 가지는 유전체의 크기와 유전자 수는 얼마인가?

유전체의 크기는 일반적으로 생물체의 발생학적, 구조적, 그리고 생식적 복잡성에 비례하여 커진다. 원핵생물들의 유전체는 0.0005pg의 마이코플라즈마 제니탈리스로부터 0.005pg(피코그램) 정도의 대장균이 있는데, 작은 것과 큰 것의 차이가 대략 10여 배 정도이다. 참고로 1pg은 980Mb이다. 1Mb는 1,000,000bp(염기쌍)을 나타낸다. 진핵생물 유전체는 크기가 매우 다양하여 가장 작은 것은 미포자충(*Encephalotozoon intestinalis*)의 0.0023pg(2.3Mbp)이며, 가장 큰 것은 아메바 종류로서 폴리카오스 두비움(*Polychaos dubium*)은 690pg(670Gbp)으로서 30만 배 차이가 있나(1Gbp=1,000,000,000bp). 식물 중 유전체 크기가 가장 작은 것은 식충식물인 젠리시아 튜버로사(*Genlisea tuberosa*)이며 0.06pg(61Mbp) 정도이고, 가장 큰 것은 백합과에 속하는 외떡잎 식물인 일본삿갓나물(*Paris japonica*)이며 151.9pg(149Gbp)으로서 가장 작은 것과 큰 것의 차이는 2,500배 정도가 된다.

인간의 유전체 크기는 얼마일까? 인간의 유전체 크기는 3.2pg으로 이것을 염기수로 환산하면 약 30억 개의 염기쌍이다. 사실 이것은 매우 어마어마한 양으로서 ATGCCGG…와 같이 염기들을 A4 용지 한 페이지당 2,000자 분량으로 인쇄하면 1백 50만 장의 A4 용지가 필요하며 이것을 쌓아 놓으면 150m 정도로 50층 높이에 달한다. 하지만 인간보다 큰 유전체를 가진 생물체들도 많이 있다. 도롱뇽의 유전체는 크기가 약 120pg으로 인간보다 40배 정도 크며, 폐어(lung fish)라는 물고기는 이보다 더 커서 약 130pg이다. 생명의 복잡성으로 본다면 도롱뇽이나 폐어보다 인간이 훨씬 복잡하다는 것에 이의를 달 독자는 없을 것이다. 유전체의 크기를 나타내는 유전적인 용어로 C-값이 있는데, 1C는 어떤 생물체의 배우체(gamete; 정자나 난자)가 가지고 있는 DNA 양을 말한다. 이와 같이 일부 생명체들에서 발생학적 복잡성과 DNA 양의 크기가 비례하지 않는 현상을 C－값의 역설(C－value paradox)이라고 한다.

유전체 해독 결과가 발표되기 몇 년 전부터 유전학자들의 큰 관심사 중의 하나가 "인간의 유전체에는 몇 개의 유전자가 존재할까?"라는 것이었다. 많은 유전학자들은 대략 7만 개에서 10만 개 정도의 유전자가 있어야 인간의 생물학적 복잡성을 설명할 수 있을 것이라고 예상하였다. 하지만 이러한 유전학자들의 예상은 매우 빗나가서 예상외로 인간의 유전체가 암호화하고 있는 유전자 수는 3만 개 내외라는 사실이 밝혀졌다. 이후 인간 유전체 해독이 매우 정교하게 완성되어 인간의 유전체에는 24,200개의 유전자가 있음이 밝혀졌다.

한 생물체의 배우체(정자나 난자)에 있는 유전자 수를 G－값(G－value)으로 나타낸다. G－값과 C－값은 그 생물체의 고유한 특성으로 진화되어 각 생명체마다 고유한 양의 DNA(C－값)와 유전자수(G－값)를 갖는다. C－값과 G－값은 생물체의 생물학적 복잡성과 관련이 있어서 원핵생물<단세포 진핵생물<다세포 진핵생물의 순으로 크기가 늘어난다. 생물체들 간에 C－값의 차이는 매우 크지만, G－값은 큰 폭의 차이를 보이지 않는다. 진핵생물들의 유전자 수는 적게는 수천 개에서 많게는 수만(예외적으로 밀은 124,201개의 유전자를 가지고 있음) 정도로서 기껏해야 5~6배 정도의 차이가 난다. 예로, 예쁜꼬마선충(*Caenorhaditis elegans*)은 몸 길이가 약 1mm 정도이며 성체가 되었을 때에도 세포 수가 1,027개 정도 밖에 안 되는 아주 간단한 생물체인데, C－값과 G－값은 각각 0.103pg과 19,000개이다. 인간은 성인의 경우 200여 종 정도의 세포 형태에 체세포 수가 약 37조 개 정도로 복잡하며

C－값과 G－값은 각각 3.2pg에 24,200개이다. 예쁜꼬마선충과 인간의 C－값의 차이는 약 30배 정도 나지만 G－값의 차이는 1.3배 정도 밖에 되지 않는다. 이것은 예쁜꼬마선충의 유전체에 비해 인간의 유전체에는 단백질을 암호하고 있는 유전자 이외에도 여러 종류의 잡동사니 DNA들로 가득 차 있다는 것을 의미한다. 실제로 인간의 유전체에서 유전자가 차지하는 부분은 1.5% 정도 밖에 되지 않고, 나머지 98.5%는 전이인자와 기타 다른 반복서열 DNA들로 가득 차 있다. 이를 다시 말하면 예쁜꼬마선충 유전체는 유전자들 간의 거리가 매우 조밀한 반면, 인간 유전체는 유전자들 간의 거리가 매우 멀어서 인간 염색체의 많은 지역들이 유전자가 거의 존재하지 않는 유전자 사막 지역이며 유전자들은 일부 지역에 몰려서 존재한다. 비행기에서 남해안 다도해 지역을 내려

표 2.1 몇 가지 종의 유전체 크기와 유전자 수

종명	일반명	유전체 크기 (C-값)(Mbp)	유전자 수 (G-값)
Escherichia coli	대장균	4.64	4,288
Saccharomyces cereviceae	효모	12.1	6,300
Chlamydomonas reinharditii	녹조류	120	15,143
Physcomitrella patens	이끼	480	15,143
Oryza sativa	벼	460	61,488
Pinus taeda	소나무	23,000	50,172
Caenorhabdiditis elegans	선충	100	19,000
Drosophila melanogaster	초파리	137	13,600
Homo sapiens	인간	3,088	24,200

주: Mbp; Million base pair. 유전체 크기(C-값)는 생물체의 복잡성에 따라 증가하지만 예외적인 경우도 있다. 인간 세포가 가지고 있는 DNA 양보다 소나무는 7배나 많은 양의 DNA를 가진다. 유전체의 크기와 유전자수는 비례하지 않는다. 그리고 인간의 유전자 수는 초파리보다 기껏해야 약 1.8배 정도 밖에 차이나지 않는다. 이와 같은 현상을 각각 C-값의 역설, G-값의 역설이라 한다.

보면 넓은 바다에 섬들이 점점이 분포하여 있는데, 인간 염색체에는 이와 같이 잡동사니 반복서열 DNA 바다에 유전자들이 점점이 분포한다고 생각하면 된다. 염색체(chromosome)는 세포의 핵(nucleus)에 존재하는 막대기 모양의 구조체로서 끝에서 다른 끝까지 끊김 없이 연결된 하나의 DNA 이중나선이다. 인간의 배우체(정자 또는 난자)에는 23개의 염색체가 있으므로 30억 개의 염기쌍이 23개의 염색체에 고루 분포한다면 염색체당 1억 3천만 개의 염기쌍에 평균 유전자 수는 약 1,000개 정도가 선상으로 배열되어 있는 셈이다(하지만 사실 염색체의 크기는 염색체마다 크게 다르다. 가장 큰 1번 염색체는 248 Mb에 2,058개의 유전자가 있는 반면, 가장 작은 21번 염색체는 46Mb에 유전자 수는 234개이다).

예쁜꼬마선충과 인간의 유전자 수가 겨우 1.3배 정도 밖에 차이가 나지 않는 것은 생물학적 복잡성에서 본다면 이해하기 어렵다. 그렇다면 왜 많은 생물체들은 예상보다 적은 수의 유전자를 가지고 있는 것일까? 이에 대한 설명은 분자생물학적 지식이 요구되지만, 여기에서는 구체적인 분자생물학적 지식이 없이도 이해할 수 있도록 설명한다. 진핵생물의 유전자는 단백질의 아미노산을 암호화하고 있는 엑손(exon)과 암호화하지 않은 인트론(intron)이라는 단편들이 모자이크 식으로 연결되어 있다. 즉, 엑손1－인트론1－엑손2－인트론2－엑손3－인트론3－엑손4－인트론4－엑손5과 같은 구조로 되어 있는 것이다. 이와 같이 엑손과 인트론으로 구성된 유전자는 전사과정을 거쳐서 일차적 전령RNA(primary mRNA)로 전사되고 일차적 전령RNA에서 인트론을 제거시킨 후 다시 엑손들로만 연결되어 이루어진 성숙된 mRNA를 만든다. 이 성숙된 mRNA의 염기서열에 있는 코돈들의 순서대로 아미노산으로 번역되어 단백질을 만든다. 즉, 단백질은 20가지의 아미노산들이 선상으로 연결된 진주 목거리로 생각하면 된다. 인트론을 제거하는 과정을 mRNA 스플라이싱(splicing)이라고 하는데, 어떤 경우에는 인트론을 다 제거하지 않고 일부의 인트론이 있는 상태에서 성숙한 mRNA로 되어 번역이 되는 경우도 있다. 예를 들면, 피부세포에서는 엑손1－엑손2－엑손－3－엑손4－엑손5로부터 단백질이 만들어지지는 반면, 근육 조직에서는 인트론2가 제거되지 않은 엑손1－엑손2－인트론2－엑손－3－엑손4－엑손5로부터 단백질이 만들어진다. 이러한 것을 대체적 스플라이싱(alternate splicing)이라고 하는데, 이는 한 개의 유전자가 여러 형태의 단백질로 번역될 수 있다는 것을 의미한다. 그러므로, 인간의 24,200개의 유전자는 이보다 훨씬 많은 수의 단백질을 만들 수 있는 것으로, 인간 유전자들은 상대적으로 예쁜꼬마선충 유전자들보다 이와 같은 대체적 스플라이싱을 더 많이 하는 것이다. 그리고 또 다른 기작으로 "Swiss army knife"와 같이 하나의 단백질이 다용도로 여러 가지 세포 내 기작에 관여하는 것이다. 이러한 다용도 유전자의 좋은 예로 고등생물 초기 발생 단계에 관여하는 호미오박스(Homeobox) 유전자가 있다. 호미오박스 유전자는 염기쌍이 180개 정도로 간단하며 여기에는 호미오 도메인(homeodomain) 단백질을 암호화하고 있다. 호미오 도메인은 다른 유전자의 전사를 개시시키는 전사인자로서 생물체의 발생 초기 단계에서 여러 가지 발생과정에 관여한다. 이와 같이 하나의 유전자가 여러 가지 세포 내 작용에 관여하는 현상을 유전학에서는 유전자 다면발현(pleiotropism)이라고 한다. 그리고 유전자 발현 조절의 또 다른 기작으로 진핵생물의 유전자들은 후성유전학(epigenetics) 기작에 의해 다양하게 조절된다. 후성유전학은 다음 장에서 더 자세하게 설명한다.

인간을 포함한 진핵생물들의 유전체에서 단백질을 암호화하지 않는 대부분의 잡동사니로 구성된 유전체 부위는 무엇인가? 인간의 유전체에서 단백질의 정보를 암호화하는 유전자 부분은 전체 유전체 구성의 1.5% 밖에 되지 않는다. 유전자가 존재하지 않는 지역을 유전자 사막 지역이라 한다. 이러한 유전자 사막 지역은 무엇인가? 유전자 사막 지역은 몇 백만에서 몇 천만 염기쌍에 이르는 커다란 지역에 유전자는 거의 존재하지 않고 주로 여러 종류의 반복서열 DNA(repetitive DNA)로 이루어져 있는 지역이다. 반복서열 DNA는 짧게는 염기쌍이 2~10개 정도에서 길게는 수천 개의 염기쌍이 반복해서 유전체 내에 존재하는 DNA 단편들이다. 어떤 반복서열 DNA는 유전체의 여러 곳에 산재하여 존재하는 것들도 있지만 많은 것들은 인접하여 연속적으로 존재한다. 반복되는 정도에 따라 수천 또는 수만 카피로 반복하는 고도 반복서열 DNA로부터 반복 단위가 수백에서 수 천 카피 정도 되는 것들이 있다. 대부분의 반복서열 DNA들은 단백질의 정보를 암호화하지 않고 있으므로 일부 유전학자들은 "쓰레기(junk) DNA"라고 부르기도 하였다. 하지만 최근 유전체 연구에서는 이들 반복 서열 DNA들도 세포의 여러 작용에 참여하는 것이 밝혀지며, 일부 학자들은 이들의 세포 내 기능 규명에 많은 노력을 하고 있다. 잡동사니라고 해서 쓰레기는 아니다. 반복서열 DNA들 중에서 특히 주목할 클래스는 염색체 내에서 한 곳에 머무르지 않고 여러 곳으로 이동이 가능한 DNA 단편인 이동성 유전인자인 전이인자(transposable elements)가 있다. 생물종마다 유전체 내에서 전이인자들이 차지하는 비중은 다양하다. 인간의 유전체 중에는 약 50% 정도이며 옥수수는 전체 유전체의 80%가 다양한 종류의 전이인자들이다.

전이인자는 1940년대에 바바라 맥클린토크(Babara McClintock)라는 여성 과학자의 옥수수 연구에서 밝혀졌다. 그녀는 자주색 옥수수 종자가 어떤 경우에는 노란색이 되거나 어떤 때는 노란색과 자주색의 얼룩이 생기는 현상에 대해 연구하였다. 옥수수 종자 색에 관여하는 유전자가 정상적으로 발현하면 옥수수 종자 색이 자주색이 된다. 하지만 이 유전자 내로 *Ds*(*Dissociator*)라는 DNA 단편이 끼어들면 색소 단백질을 만들지 못하므로 자주색이었던 종자가 노란색 종자가 된다. 어떤 조직 세포에서는 끼어 들어간 *Ds* 인자가 다시 빠져나오므로 색소 유전자 기능이 회복되어 자주색이 되고 인접한 다른 조직 세포에서는 *Ds*가 삽입된 채로 있으므로 자주색 색소를 합성하지 못하므로 노란색으로 있어서 옥수수 종자 색깔이 자주색과 노란색의 얼룩이 생긴다. 맥클린토크가 이러한 이동성 유전인자를 발표했을 때 대부분의 유전학자들은 유전자들은 염색체 내의 특정한 곳에 위치하며 이동이 불가능하다고 생각하여 그녀의 이론을 이해하지 못하였다. 하지만 50~60년대에 항생제 내성 박테리아 출현 등이 이동성 전이인자에 의한다는 것이 밝혀지고 전이인자들이 모든 생물체에서 공통으로 존재한다는 사실이 밝혀지며, 맥클린토크는 전이인자를 발견한 지 40여 년이 지난 1983년도에 노벨의학상을 수상하였다.

전이인자가 단백질을 암호화한 유전자 내로 삽입되면 그 유전자는 자신의 단백질을 만들지 못하거나 변형된 단백질을 만들게 되므로 전이인자는 돌연변이를 유발한다. 위에서 설명한 맥클린토크의 옥수수 종피색 변이는 전이인자의 삽입에 의한 유전자 돌연변이이다. 이외에도 많은 돌연변이들이 전이인자의 삽입이나 이탈에 의해 생성된다. 1장에서 설명한 멘델의 완두콩 실험을 기억할 것이다. 완두콩이 완숙하여 건조되면 어떤 종자는 동그랗지만 어떤 것들은 주름지고 쭈글쭈글하다. 멘델은 콩 모양을 동그란 콩과 쭈그렁 콩을 주목했다. 동그란 콩이 쭈그렁 콩에 대해 우성이다. 종자가 동그랗거나 주름진 모양은 종자 발달 시 전분합성과 관련이 있다. 동그란 콩은 콩 종자 발달 시 전분이 제대로 합성되어 종자에 전분이 꽉 차 있으므로 건조해도 동그랗다. 쭈그렁 콩은 전분합성 효소 유전자에 전이인자가 삽입되어서 전분합성효소를 만들지 못하므로 전분 합성이 제대로 안 되어 전분이 종자에 꽉 차지 못하기 때문에 건조되면 쭈그렁 콩이 된다. 전이인자들은 또한 인간 질환이나 암 발생 등에도 깊이 관여하는데 여러 종류의 인간 질환들이 전이인자 삽입 돌연변이에 의해 생성되었다. 혈우병은 혈액응고인자를 암호화한 유전자에 LINE이라는 전이인자가 삽입된 돌연변이에 의한 질환이다. 듀션씨 근육위축병, 포르피린증, 어떤 종류의 면역 결핍증 등이 삽입 돌연변이에 기인한다. 최근에는 알츠하이머 치매 질환도 전이인자들에 의한 신경세포의 사멸에 의한다는 것도 밝혀졌다. 또한 많은 종류의 암들도 전이인자 활성에 의해서 생성된다. 전이인자 삽입은 기능 유전자를 망가뜨리므로 전이인자의 이동을 억제하는 세포 내의 기작이 있다. 하지만 스트레스나 기타 환경에 의해 억제되어 있던 전이인자가 활성을 띠게 되어 종양 억제 유전자에 삽입하면, 종양 억제 단백질을 생성하지 못하므로 세포 분열을 적절히 억제하지 못하여 정상세포가 암세포가 된다.

정보 전달 단위로서 유전자(gene)는 부모로부터 자식에게 수직적으로 전달되는 생물학적 정보 단위라면 밈(meme)은 종종 모방을 통해 문화권 내에서 사람에서 사람으로 수평적으로 퍼진다. 밈은 개념, 행동 또는 아이디어로서 사회적 또는 문화적 정보 전달 단위이다. 밈이라는 용어는 원래 진화 생물학자 리처드 도킨스가 1976년 그의 저서 "이기적 유전자, Selfish DNA"에서 문화적 아이디어가 유전자와 유사한 방식으로 퍼지는 방식을 설명하기 위해 만들어졌다. 밈의 예로 독실한 기독교교인의 부모의 자식들은 기독교인이 될 가능성이 높고 무슬림 가정의 자식들은 무슬림이 될 가능성이 높다. 이것은 종교 유전인자가 부모에게서 자식에게 물려진 것이 아니고 부모의 밈이 전달된 것이다. 보수적인 집안은 세대가 거듭되어도 쉽사리 진보적으로 바꾸지 않는데 이것도 밈의 한 현상이다. 밈은 특정 메시지나 아이디어를 전달하는 이미지, 비디오, 문구 또는 기호의 형태일 수 있으며, 일반적으로 유머러스하거나 풍자적인 변형도 있다. 밈은 일반적으로 인터넷을 통해 널리 공유되며, 다른 사람들이 변경하고 다시 다른 밈과 섞으면서 진화하고 새로운 의미를 갖는다. 요즘 세계적으로 유행하고 있는 K-팝 한류 댄스도 밈이라고 할 수 있다.

CHAPTER
3

돌연변이가 없다면 인류가 생존하였을까?

돌연변이(mutation)는 DNA 염기서열의 치환, 결실, 삽입, 전좌와 같은 변이가 생겨서 대물림하는 것이다. 대물림한다는 의미도 부모세대에서 자식세대로 대물림하는 것을 의미할 수도 있고 한 개의 세포가 두 개의 딸 세포로 분열하며 모 세포의 정보가 딸 세포로 이어지는 것을 의미할 수 있다. 돌연변이는 우리 몸을 이루고 있는 모든 세포에서 일어날 수 있다. 정자와 난자가 되는 정세포가 아닌 체세포에서 일어나는 돌연변이는 모세포에서 딸 세포들로는 전달되지만 다음 세대로 전달되지 않는다. 반면 정소세포나 난소 세포에서 일어나는 돌연변이는 다음 세대로 유전이 된다.

염기 치환 돌연변이는 아데닌(A), 티민(T), 구아닌(G), 사이토신(C) 등 네 가지 염기가 다른 염기로 바뀌는 것이다. 즉 A↔T 또는 G↔T 등과 같이 염기 한 개가 다른 염기로 변하여 이들이 암호화한 단백질의 아미노산이 바뀌게 되는 것이다. 단일 염기 치환 외에도 염기 한두 개가 결실되거나 삽입되는 경우도 있는데 이는 염기 치환보다 더 치명적인 결과를 초래한다. 이미 1장에서 하나의 아미노산을 지정하는 유전암호는 세 개의 염기들로 되어 있으며 이를 코돈이라 한다는 것을 설명했다. 그런데 염기가 한 개 들어가거나 빠지면 이러한 코돈들이 변형된다. 이를 틀변동(frameshift) 돌연변이라고 한다. 예를 들면 "**철수는 영희와 저녁에 맥주를 마시고 피자를 먹었다**"라는 7단어로 된 문장이 있다. 중간에 철자 하나가 바뀌어서 "**철수는 영자와 저녁에 맥주를 마시고 피자를 먹었다**"로 바뀌어도 문장이 성립된다. 하지만 "희"가 빠져 버리면 "**철수는 영와저 녁에맥 를마시 고피자 를먹었다**"로 "희" 철자 뒤로는 완전히 문장이 성립되지 않는다. 이와 같이 단일 염기 치환이나 결실 또는 삽입을 점 돌연변이(point mutation)이라고 한다.

점 돌연변이는 왜 생길까? 돌연변이를 유발하는 물질에 노출되면 염기 치환이나 결실 또는 삽입이 일어난다. 이와 같이 돌연변이를 유발하는 물질을 돌연변이원(mutagen)이라 한다. 우리는 일상생활에서 많은 종류의 돌연변이원에 노출되며 살아간다. 예를 들면 옥수수나 보리 같은 곡류나 땅콩 등의 견과류에서 자라는 아스퍼질러스라는 곰팡이가 만들어내는 아프라톡신은 구아닌(G)을 티민(T)으로 치환시킨다. 페인트, 세제, 담배 연기, 매연 등에 있는 벤젠도 강력한 돌연변이원이다. 벤젠은 사이토신(C)을 아데닌(A)으로 치환시킨다. 니트로소아민은 가공된 육류 등에 있는 화학 물질로 사이토신(C)을 티민(T)으로 치환시키는 돌연변이원이므로 이러한 음식을 너무 많이 섭취하는 것은 좋지 않다. 예로 들은 돌연변이 유발 화학물질 외에도 수많은 돌연변이 유발 화학 물질들이 우리 주위에 있다. 돌연변이 유발 화학물질 외에도 물리적인 돌연변이 유발원들이 있다. 예로 자외선은 강력한 돌연변이 유발원이다. 우리 유전체 내에는 TT와 같이 티민 염기가 두 개씩 붙어있는 곳이 많이 있는데 자외선은 이들 두 개의 티민 염기끼리 강력한 공유결합으로 연결시켜서 T^T와 같은 티민 이량체를 생성시킨다. 티민 이량체(T^T)는 DNA 복제를 방해하여 티민 염기를 결실시킨다. X－선이나 감마선과 같은 방사선은 매우 강력한 돌연변이 유발원으로서 점 돌연변이보다는 염색체의 이상을 유발한다.

하지만 우리가 가지고 있는 대부분의 돌연변이는 돌연변이 유발원이 없어도 DNA 복제 과정에서 자연적으로 발생한 것이다. DNA 복제는 매우 정교하고 정확하여 대략 10^5개의 염기당 한 번 정도 복제 실수가 생기지만 복제 실수는 DNA 교정 단백질들로 구성된 수선 메커니즘에 의해 거의 모두 교정된다. 하지만 DNA 수선 메커니즘에 의해서도 교정이 안 되는 경우도 있어서 대략 10^9~10^{10}개의 염기당 1개 정도의 미 수선 돌연변이가 세포 분열마다 생긴다. 교정 단백질을 암호화한 유전자에 변이가 생겨 고장난 교정 단백질을 만들면 복제 실수로 일어나는 염기 치환이나 결실/삽입을 교정하지 못하므로 돌연변이가 많이 발생하여 암과 같은 질병이 생길 가능성이 높아진다. 인간은 게놈당 약 3×10^9개의 염기를 가지므로 세포 분열마다 1~3개 정도의 돌연변이가 축적된다. 전체 게놈의 약 2% 정도가 단백질 정보를 가지고 있으며, 보통 세포는 약 40~50번 정도 분열 후 자연적으로 죽기 때문에 한 세포가 생성되어 죽을 때까지 대략 1개의 유전자에서 한 개 정도 돌연변이가 생긴다고 보면 된다.

평균적으로 아이에게는 부모 중 어느 쪽에도 없는 약 60~100개의 새로운 유전적 돌연변이를 가진다. 이러한 돌연변이는 세포 분열 과정에서 DNA에 무작위로 발생하며 부모의 정자 또는 난자 세포에서 유전된다. 인간 게놈의 약 20,000개 단백질 유전자 중에서 연구에 따르면 평균적으로 약 1~2개의 돌연변이가 유전자에 영향을 미친다. 즉, 생식 중에 어떤 한 유전자에서 새로운 돌연변이가 발생할 확률은 약 20,000분의 1이다. 돌연변이의 대부분은 표현형에 영향을 주지 않지만, 소수의 돌연변이는 위치와 유형에 따라 상당한 변화로 이어질 수 있다. 돌연변이는 세대를 거쳐 축적되며, 새로운 돌연변이의 수는 비교적 적지만 진화와 유전적 다양성에서 여전히 중요한 역할을 할 수 있다.

돌연변이는 생명다양성과 진화의 원동력을 제공한다. DNA 복제가 아주 완벽하여 돌연변이가 없었다면 현재의 지구상에는 초기 생명체인 박테리아만 존재할 것이다. 돌연변이는 완전히 무작위로 일어나므로 돌연변이에 의한 유전적 다양성은 진화가 의도대로 되지는 않는다는 것을 의미한다. 예로 북극곰의 털이 긴 것은 북극곰이 추워서 털의 길이를 관장하는 유전자에 변이를 일으켜서 추운 기후에 적응한 것이 아니다. 긴 털을 가진 놈들과 털이 없거나 짧은 털을 가진 녀석들은 도태되고 긴 털을 가진 녀석들만 남은 것이다. 즉, 털 길이를 관장하는 유전자에서 털 길이를 길게 만드는 변이를 가진 녀석들만 자연 선발된 것이다. 종종 항생제를 남용하여 세균들에서 돌연변이가 생겨 항생제 저항성 박테리아가 생겼다고 생각하는 학자들도 많이 있다. 하지만 이것은 틀린 생각이다. 이미 박테리아들은 항생제 저항성 및 감수성 유전자들을 가진 박테리아들이 있었지만, 항생제에 감수성인 박테리아들의 빈도는 낮아지고 저항성 유전자를 가진 박테리아들의 빈도가 늘어난 것이다. 기후 온난화로 생태계가 바뀌고 있다. 기후 변화는 DNA 변이를 유발하지 않는다. 여러 변이 중에서 고온에 견딜 수 있는 변이를 가진 개체들은 살아남고 다른 개체들은 도태된다. 스트레스는 DNA상에 돌연변이를 유발하지 않는다. 하지만 기후 변화, 스트레스 또는 다른 환경 스트레스는 전장에서 설명한 전이인자를 활성화시켜서 전이인자가 단백질 정보를 가진 유전자 내로 삽입되어 돌연변이를 유발할 수도 있다.

DNA에 변이가 생긴 돌연변이들에 대해서 지금까지 설명을 했지만 염색체 차원에서의 돌연변이들도 많이 발생한다. 염색체 돌연변이에는 염색체의 구조가 바뀌는 구조적 변이와 염색체 수가 변하는 수적 변이가 있다. 염색체 구조 변이에는 염색체 일부가 끊어져서 소실되는 결실(deletion), 염색체 내의 유전자 배열 순서가 거꾸로 바뀌는 역위(inversion), 염색체 특정 부위가 중복되는 중복(duplication), 그리고 두 염색체가 절단 후 다시 연결되는 염색체 전좌(translocation) 등 네 가지가 있다. 이와 같은 염색체 구조 변이는 감마선 등과 같은 강력한 에너지를 가진 방사선에 노출되면 일어난다. 또한 염색체 내에는 여러 종류의 반복 서열 DNA들이 존재하는데 같은 염기서열을 가진 반복 서열 DNA가 서로 다른 두 염색체에 존재할 때 이들 간에 감수 분열 중 비적합 교차(illegitimate cross-over)에 의해서도 생성된다. 그리고 전이인자가 이동하면서 염색체 절단을 야기하는데 절단 부위가 교정되지 않으면 구조적 변이가 생긴다. 점 돌연변이는 특정 유전자 한 개에 영향을 주지만 염색체 구조 변이는 여러 개의 유전자들에 영향을 주므로 이러한 돌연변이 개체들은 살아남지 못하거나 살아도 매우 심한 표현형적 이상을 보인다.

염색체 수 이상에는 특정 염색체가 두 개 이상이거나 한 개만 존재하는 이수체(aneuploids)와 염색체 전체 세트, 즉 게놈이 여러 세트가 존재하는 배수체(polyploids)들이 있다. 이수체는 감수분열시 특정 염색체가 분리되지 않고 같은 배우체가 어떤 염색체를 두 개 가지거나 또는 가지지 않으므로 생긴다. 이수체 돌연변이의 예로는 21번 염색체를 세 개 가지고 있는 다운증후군과 여성이 X 염색체를 하나만 가지는 터너증후군이 있다. 특정 염색체를 세 개 가지면 삼염색체성 이수체라 하고 1개 가지면 일염색체성 이수체라 한다. 인간 이수체 돌연변이는 21번 및 X 염색체 외에 드물기는 하지만 13번 염색체 삼염색체성(파타우증후군)과 18번 염색체의 삼염색체성(에드워드증후군)이 있다. 다운증후군을 가진 아기가 태어나는 경우는 보통 1/800의 빈도이며 85% 이상이 태어난 후 1살을 넘기지만, 파타우증후군은 1/12,500~1/21,700의 빈도이고 에드워드증후군은 1/6,000~1/10,000명의 빈도로 태어나며 파타우증후군 아기와 에드워드증후군 아기들은 1년 이상 생존율이 5% 미만이다. 터너증후군 또는 XO증후군은 여성 신생아 중 2,500명당 1명 정도이다. XO 염색체 구성을 가진 태아의 99% 정도가 유산되거나 사산되므로 실제 임신 당시의 빈도는 이보다 훨씬 높다.

염색체 수 돌연변이에는 염색체 한 개 또는 두 개의 이상이 있는 이수성 외에 염색체 전체 세트를 두 벌 이상을 가지는 배수성(polyploidy) 돌연변이가 있다. 배수성 돌연변이는 동물에는 많지 않지만 식물에서는 아주 흔해서 현존하는 식물의 70% 이상이 배수체라는 사실이 밝혀졌다. 이배체는 동일한 염색체 세트를 두 벌 가지고 있는 것으로 우리 인간들은 이배체이다. 동일한 염색체 세트를 세 벌 가지고 있으면 동질삼배체(autotriploid), 네 벌 가지고 있으면 동질사배체(autotetraploid)라고 한다. 동질사배체와 이배체를 교배하면 동질삼배체가 만들어진다. 삼배체는 감수분열시 1차 감수분열에서 상동염색체 분리가 불규칙하여 임성을 가진 배우체를 만들지 못하므로 종자를 맺지 못한다. 그러므로 사배체와 이배체를 교배하여 삼배체 종자를 만들 수 있는데 이렇게 만들어진 것이 씨 없는 수박이다. 우리가 먹는 재배 바나나도 삼배체로 종자가 없다. 바나나는 종자를 맺지 않으므로 바나나 농가에서는 종자를 심는 것이 아니라 전년도의 바나나 줄기를 잘라 꺾꽂이를 통해 동일한 바나나 식물을 얻는다. 그러므로 한 농장에서 자라는 바나나는 모두 유전자형이 같은 클론이다. 감자의 야생종은 2배체로서 종자를 형성하지만 재배되는 감자품종은 4배체 혹은 6배체로서 씨를 생성하지 않는 대신 굵은 괴경을 형성한다. 그래서 농민은 감자의 씨를 심지 않고 감자를 쪼개어 심는데 여기에서 싹이 나고 뿌리를 내려 정상적인 개체로 성장하여 땅속에서 수십 배 증식된 클론 형태의 감자를 다시 수확하게 된다.

동질 배수체는 동일한 염색체 세트를 여러 벌 갖는 것이지만 어떤 배수체들은 상이한 염색체세트를 여러 벌 갖는 것들도 있는데 이러한 배수체들을 이질배수체(allopolyploids)라고 한다. 이들은 두 가지 이상의 식물들의 교잡에 의해 생성된 것들이다. 좋은 예로 배추 속(genus) 식물들이 있는데 배추 속 식물들의 배수성은 우리나라 육종학자인 우장춘 박사가 정립한 '우의 삼각형(U's Triangle)' 이론으로 유명하다. 우리나라 사람들은 씨 없는 수박을 우장춘 박사가 처음 만들었다고 알고 있으나 우장춘 박사는 씨 없는 수박을 우리나라에 처음 도입한 학자이지 만든 학자는 아니다. 반면, 세계적으로 유명한 '우의 삼각형' 이론은 식물 잡종에 의한 배수체 생성을 직접 실험적으로 밝힌 것으로 식물 유전학에 기념비적인 업적이다. 배추과 식물들 중 이배체 식물로 배추(*Brassica rapa*), 양배추(*Brassica oleracea*), 흑겨자(*Brassica nigra*)가 있다. 사배체 식물들로 갓(*Brassica juncea*), 유채(*Brassica napus*), 에티오피아 겨자

(*Brassica carinata*)가 있다. 우박사는 이배체인 배추와 양배추를 교배한 결과 생성되는 잡종 식물이 유채인 것을 증명하였다. 그리고 배추와 양배추의 잡종이 유채이며, 양배추와 흑겨자 잡종이 에티오피아 겨자인 것을 직접 교배하여 식물을 보이고 염색체 수로 확인하여 1935년도 "일본 식물학 잡지"에 게재하였다. 그의 발견은 종의 합성이론으로 식물 유전 및 육종에서는 대단한 발견으로 생존 당시에 노벨상을 받지 못한 것이 아쉽다. 우박사가 식물 육종 실험을 수행하던 1930년대 중반에는 일본이 한창 전쟁 중이었으며 한국인 학자였던 그를 아마도 일본제국이 그의 발견을 적극적으로 홍보하고 밀어주지 못해서 노벨상 후보에 오르지 못했다는 설도 있다. 밀속 식물들도 이질배수체들이다. 마카로니나 스파게티를 만드는 밀인 더럼 밀(*Tiriticum durum*)은 두 가지 식물의 잡종이다. 빵 밀은 더럼 밀이 다시 야생에서 이배체인 염소풀(*Aegilops tauchii*)과 교잡이 일어나서 만들어진 이질육배체이다. 담배, 해바라기, 고구마, 오트, 땅콩, 사탕수수, 딸기 등도 이질배수체이다. 최근 식물 게놈 프로젝트가 추진되면서 수천 개의 식물종 유전체가 완전히 해독되어 보고되고 있다. 분석 결과 현존하는 모든 식물종은 과거 수억 년을 거스르며 수차례의 배수성을 겪으며 진화과정을 겪었다. 지구가 극심한 불량환경이 있을 때마다 배수체 식물들이 번성하며 새로운 종 분화를 촉진하였다. 적어도 식물의 진화는 다윈의 종의 분화개념에 우장춘 박사가 주장한 종의 합성 이론 개념이 추가되어야 제대로 설명이 된다. 이런 의미에서 우장춘 박사의 종의 합성 이론이 더욱더 위대한 발견이라고 할 수 있다.

그림 3.1 우장춘 삼각형

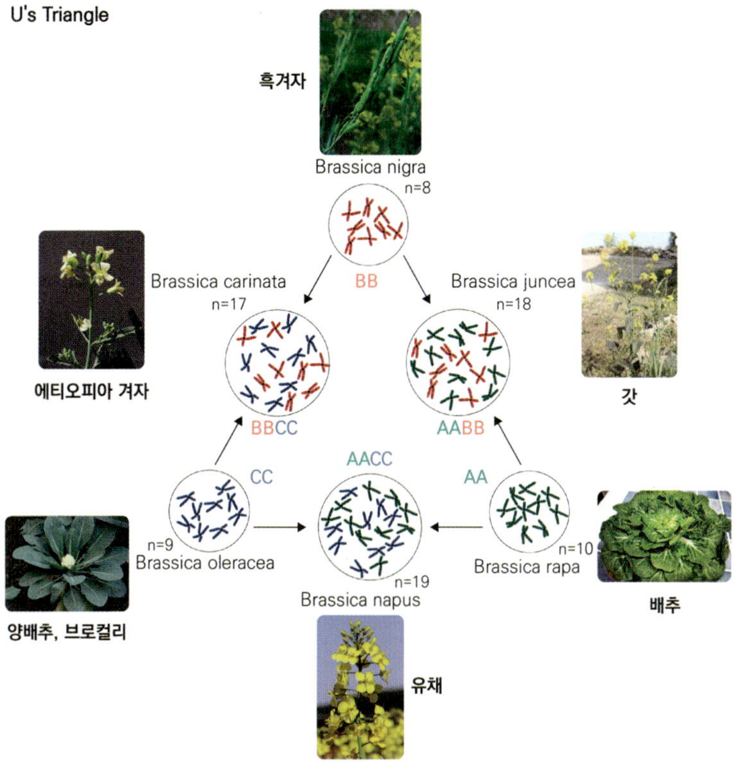

흑겨자(이배체)와 배추(이배체)를 교배하면 갓(이질 사배체)이 되고, 배추(이배체)와 양배추(이배체)를 교배하면 유채(이질 사배체)이며, 흑겨자(이배체)와 양배추(이배체)를 교배하면 에티오피아 겨자(이질 사배체)이다. 동그란 원안의 막대기들은 염색체들이다. 우장춘 박사는 이들 식물을 교배하여 실제로 종의 합성 이론을 완성하였다.

인간에서 이수성 돌연변이가 나타날 확률은 산모의 나이에 비례하여 늘어난다. 여성은 태어나기 이전에 난모세포가 형성되어 일생 동안 난모세포의 수가 정해져 있다. 태아 시기에 난모세포는 이미 감수분열을 개시하여 1차 감수분열기에 더 이상 진행하지 않고 멈춘다. 태어나고 나서 사춘기가 되면 나머지 감수분열을 마쳐서 난자를 생성하는데 이를 배란이라 한다. 여성이 나이가 들수록 젊었을 때보다 난모세포가 분열을 정지해 있는 시간이 길어지므로 감수분열에 이상이 생겨 이수성 난자를 생성할 가능성이 높아진다. 20대 초반의 산모가 다운증후군 아기를 가질 확률은 신생아 1,500~2,000명 중 하나이지만 30대 초반이 되면 신생아 900명 중 한 명으로 높아지고 40세 여성은 신생아 100명 중 한 명이 다운증후군을 보인다는 통계가 있다.

태어나기 전부터 감수분열을 진행하는 난모세포와 달리 정모세포는 태어난 후 사춘기 소년이 되면 이때부터 분열하여 정자를 만든다. 정자를 생성하는 정자 줄기세포가 계속 분열하므로 시간이 지남에 따라 돌연변이가 축적된다. 20대 남성은 대략 20~25개의 새로운 돌연변이를 자녀에게 물려주는데 30대 초반은 25~30개, 40대 중년 남성은 40~65개의 새로운 돌연변이를 가진다. 20대부터 매년 정자 세포 분열당 1~2개의 새로운 돌연변이가 생겨나서 남성이 40~50대가 되면 정자가 가지는 돌연변이 비율이 20대에 비해 2배가 된다. 이러한 돌연변이는 유전적 위험의 맥락에서 고려하는 것이 중요한데, 부계 연령에 따른 돌연변이 축적은 자폐증, 정신 분열증 및 기타 발달 장애와 같은 특정 유전적 장애의 위험 증가와 관련이 있기 때문이다. 따라서 될 수 있는 한 아빠 엄마 모두 젊은 나이에 아이를 가지는 것이 유전학적으로는 바람직하다고 할 수 있지만 40대에도 기능적인 돌연변이가 나타날 확률은 여전히 매우 낮다.

CHAPTER 4

한 지붕 아래 세 가족을 이루는 식물세포의 비밀

지구상의 생물체에는 원핵생물(prokaryotes)과 진핵생물(eukaryotes)이 있다. 영어로 "pro"는 이전을 뜻하고 "eu"는 진정한, 그리고 "karyote"는 핵(nucleus)을 의미한다. 즉, prokaryotes(원핵생물)은 핵이 생기기 이전의 생물들이고 eukaryotes(진핵생물)은 핵을 가지고 있는 생물을 의미하는 것이다. 단순한 바이러스가 있지만 바이러스는 기주 생물체에 침입하기 전까지는 핵산으로만 존재하므로 원핵생물이나 진핵생물 등으로 구분하지 않는다. 원핵생물은 단순한 단세포 생물로서, 지구상에 나타난 가장 초기 생명체 중에 하나이며 박테리아 등이 여기에 속한다. 호주의 35억년 된 오래된 암석에서 초기 남조류 박테리아의 화석이 발견된 것으로 보아 지구상에는 초기 지구 시대부터 박테리아가 존재하였다. 박테리아의 출현은 지구상의 생명의 시작을 알리는 신호였으며, 이들은 복잡한 생물들의 진화에 토대를 마련했다.

광합성 박테리아가 지구상에 나타난 것은 약 27억 년 전에서 24억 년 전이다. 광합성은 햇볕을 이용하여 이산화탄소와 물을 포도당과 산소로 전환시키는 과정이다. 광합성 박테리아인 시안화 박테리아 출현은 지구상에 큰 영향을 미쳤다. 시안화박테리아에 의해 대기에는 산소 농도가 높아지기 시작하였는데 이것을 산소 대발생사건(Great Oxygenation Event)이라고 한다. 그 이전의 지구는 계속되는 화산폭발로 이산화탄소, 메탄, 질소, 암모니아, 황화수소 등으로 가득 차 있었다. 광합성 시안화 박테리아의 출현으로 이들이 만들어 내는 산소로 인해 지구에 산소가 풍부하게 되어 지금 우리가 보는 복잡한 생물 환경을 만들게 되었다. 산소는 우리에게 매우 고마운 분자이지만 산소가 치명적인 생물들도 있다. 박테리아에는 산소가 없이 생활하는 혐기성 박테리아와 산소가 있는 환경에 생활하는 호기성 박테리아들이 있는데 대기중에 산소 농도가 높아짐에 따라 호기성 박테리아들이 번성하기 시작했다. 혐기성 박테리아는 산소 조건에서는 살지 못한다.

지구 대기 중에 산소가 풍부해지면서 세포 내에 핵을 갖춘 진핵생물들이 약 22억 년 전에 처음 나타났다. 약 20억 년 전에 원시 진핵생물 세포와 호기성 원핵생물 사이의 공생 관계에서 유래했다고 보인다. 아마도 α－프로테오박테리아의 한 종이 아메바와 같이 유연한 숙주 세포와 융합되며 상호 유익한 관계에서 숙주 세포 내부에서 살기 시작했다. 삼켜진 α－프로테오박테리아는 호기성 호흡을 통해 숙주 세포에 ATP(에너지)를 제공하는 반면, 숙주는 α－프로테오박테리아에게 보호와 영양소를 제공했다. 이를 세포내부공생(endosymbiosis)이라고 한다. 시간이 지남에 따라 삼켜진 박테리아는 숙주 세포의 필수적인 부분이 되어 오늘날 진핵 세포에서 볼 수 있는 미토콘드리아로 진화했다. 세포 내부공생을 통한 미토콘드리아 획득은 진핵 세포 진화의 핵심 단계로 여겨진다. 미토콘드리아는 조상 진핵 세포에 고효율 에너지 생산 수단(호기성 호흡)을 제공했으며, 이는 진핵생물을 특징짓는, 보다 복잡한 세포 구조와 기능의 발달에 중요한 역할을 했을 가능성이 높다.

녹색 식물 세포에서 광합성을 담당하는 세포 내 소기관은 엽록체라고 불린다. 엽록체 생성으로 이어진 세포 내부 공생 사건은 미토콘드리아 내부 공생보다 늦게 일어났다. 약 10억~15억 년 전에 진핵 세포(이미 미토콘드리아를 포함하고 있음)가 광합성을 하는 남조류(시안화박테리아)와 결합한 것이다. 함입된 남조류가 현재의 엽록체로 공진화된 것이다. 미토콘드리아와 엽록체는 이중막으로 되어 있는데 내부막은 기주 세포로 함입되기 전 박테리아 자신들이 가지고 있던 막으로부터 유래하였으며 외부막은 기주 세포가 제공하여 현재의 이중막 구조를 갖추게 되었다. 미토콘드리아와 엽록체 등은 핵 밖의 세포질에 존재하므로 세포 내 소기관이라 불린다. 핵, 미토콘드리아, 엽록체는 유래는 다르지만 자신들의 DNA를 가지고 있다. 따라서 버섯과 동물 세포는 한 지붕 두 가족, 광합성을 하는 식물세포는 한 지붕 안에 있는 세 가족이라 할 수 있다. 기주세포는 자신의 세포 내로 함입된 미토콘드리아와 엽록체에게 자신의 세포 내에서 이들이 복제하며 번식할 수 있는 환경을 제공하고 미토콘드리아는 기주 세포에 에너지를 공급하고 엽록체는 광합성을 하여 기주에게 포도당을 생산하여 제공한다. 즉 기주세포와 이들 세포 내 소기관들은 공생관계를 넘어 공진화를 통해 한몸을 이룬 것이다.

세포 내에 미토콘드리아와 엽록체 소기관의 수는 세포의 종류에 따라 다르다. 동물의 경우 대부분의 세포당 대략 100개에서 200개 정도의 미토콘드리아가 있지만 근육, 뇌, 간 등 에너지를 많이 소비하는 세포들

그림 4.1 식물세포의 핵 및 세포 내 소기관

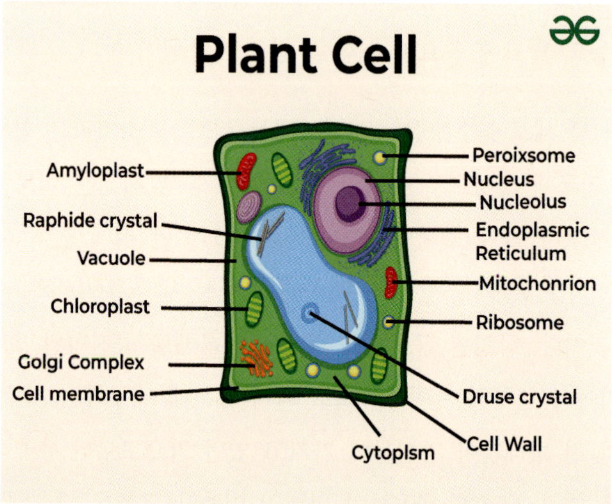

핵, 미토콘드리아, 엽록체에는 자신들의 유전체를 가지며 이들의 기원은 서로 다르지만 한 세포 내에서 공생 관계를 이루고 있다.
Nucleus, 핵; Peroxysome, 퍼옥시좀; Nucleolus, 인; Endoplasmic Reticulum, 소포체; Mitochondrion, 미토콘드리아; Ribosome, 리보솜; Cell wall, 세포벽; Cytoplasm, 세포질; Amyloplast, 아밀로플라스트; Chloroplast, 엽록체; Golgi Complex, 골지체; Cell membrane, 세포막.

은 2,000~10,000개 정도의 미토콘드리아를 가지고 있다. 반면 피부 세포에는 약 10~100개 정도의 미토콘드리아가 있다. 식물 세포에는 대략 50~100개의 미토콘드리아를 가지며 각 미토콘드리아는 5개 내외의 미토콘드리아 기전체를 가진다. 광합성을 하는 남조류나 해조류, 그리고 육상식물들은 엽록체를 세포당 대략 30~200개 정도를 가지며 각 엽록체는 20~100개의 엽록체 유전체를 가진다. 광합성을 활발히 하는 잎의 엽육세포에는 엽록체가 더 많이 있고 광합성을 하지 않는 뿌리세포에는 엽록체 대신에 백색체 형태로 존재하며 백색체는 햇볕을 받으면 엽록체로 변한다.

빛 에너지를 생화학 에너지로 전환시키는 광합성은 이 세상에서 일어나는 생화학 반응 중 가장 중요한 대사반응이다. 광합성은 엽록체에서 햇빛과 6개의 이산화탄소분자와 12개의 물분자가 반응하여 1개의 포도당, 6개의 산소분자, 그리고 6개의 물분자를 생성하는 화학반응이다. 지구상의 모든 생물체들은 직접 또는 간접적으로 광합성에 의존하고 있다. 광합성은 대기중의 이산화 탄소 분자를 포도당으로 바꾸므로 광합성을 탄소동화작용이라고도 한다. 그리고 광합성의 부산물로 만들어지는 산소를 대기 중으로 배출하는데, 지구상의 광합성을 하는 모든 녹색생물들이 사라지면 호흡을 하는 동물들은 11년 내에 모두 질식사한다. 즉, 녹색식물은 대기중 이산화탄소 농도를 낮추고 산소농도를 높이는 데 핵심 역할을 한다. 지구상의 모든 녹색식물들이 매년 광합성에 의해 만드는 당의 총량은 약 2천억 톤으로 이것을 고체의 각설탕으로 만들어 쌓으면 뉴욕의 엠파이어스테이트 빌딩 2백만 채를 지을 수 있다. 참고로 현재 지구상에 100층 이상 고층건물은 24개이다. 식물은 자기가 필요로 하는 양분을 스스로 합성하는 자가영양체이다. 반면에 동물이나 균류 등은 타가영양체들로서 곰팡이는 다른 생물을 분해 흡수하고 동물은 섭취하고 소화하며 생육에 필요한 양분을 조달한다.

엘리시아 클로로티카(*Elysia chlorotica*)는 미국 동북부부터 캐나다 동부 연안에 분포하는 연체동물로 푸른 나뭇잎을 닮아서 푸른 민달팽이라고 한다. 푸른 민달팽이는 보체리리아 리토리아(*Vaucheria litorea*)라는 황록 해조류를 먹은 다음 황록 해조류의 엽록체만 제외하고 다른 조직들은 모두 소화 흡수한다. 엽록체는 푸른 민달팽이의 세포에 분해되지 않고 남아서 햇빛을 받으면 광합성을 하여 푸른 민달팽이에 포도당을 공급한다. 보고에 따르면 푸른 민달팽이 세포에 있는 해조류의 엽록체는 최대 10개월까지 살아남아서 광합성을 할 수 있다. 이와 같이 푸른 민달팽이 세포가 황록해조류 엽록체를 활용하는 관계를 클렙토플라스티(kleptoplasty) 또는 "도둑색소체"라고 한다.

미토콘드리아와 엽록체는 초기에는 아마도 자신들의 모든 고유 유전자들을 가지고 있었을 것이다. 하지만 공생관계를 유지하면서 많은 유전자들을 핵으로 이동하였다. 자체 DNA를 복제하는 DNA 중합효소나 단백질 합성에 필요한 RNA 중합효소 유전자들도 핵으로 이전시키고 현재에는 기본적인 유전자만을 가지고 있다. 미토콘드리아는 종마다 유전자 수가 다르지만 30개에서 40개 정도의 유전자만을 가지는데 인간의 미토콘드리아에는 37개의 유전자들이 있다. 이들은 주로 미토콘드리아의 에너지 생산에 필요한 전자전달계와 ATP 생성에 관련된 유전자들이다. 이들 37개의 유전자들 중 13개는 전자전달의 산화적 인산화 반응에 관련된 유전자들이며 22개는 tRNA 유전자들이고 rRNA유전자가 2개이다. 엽록체에는 종마다 다르지만 약 110~120개 정도의 유전자가 있다. 엽록체 유전자에는 대략 80여 개 정도의 광합성과 유전자 발현에 관련된 유전자들이 있고 30여 개의 tRNA 유전자와 4개의 rRNA가 있다. 유전자들이 세포 내 소기관에서 핵으로 이동하기도 하였지만 세포 내 소 기관들 간의 유전자의 이동도 있었다. 예로 최근의 유전체 해독 결과는 많은 식물에서 엽록체 DNA 조각의 10~40% 정도가 미토콘드리아 유전체에 전이되어 존재한다고 밝혔다.

미토콘드리아는 세포의 발전소로, 세포 호흡이라고 알려진 과정을 통해 아데노신 삼인산(ATP)의 형태로 에너지를 생성한다. 세포 호흡은 여러 단계로 발생하며, 가장 중요한 단계는 미토콘드리아 내막에 위치한

전자 전달 사슬과정에서 일련의 단백질 복합체를 통과하여 궁극적으로 산소를 물로 환원하며 ATP를 생성한다. 호흡과정에서 반응성 산소종들이 발생한다. 반응성 산소종으로 퍼옥사이드 음이온, 과산화수소, 히드록실 라디칼, 수산화 라디칼 등이 있다. 이들은 반응성이 높은 분자들로 과도하게 만들어지면 미토콘드리아를 손상시켜 기능 장애를 유발할 수 있다. 미토콘드리아 손상이 축적됨에 따라 세포는 에너지 생산 감소와 산화 스트레스 증가를 겪을 수 있으며, 이는 세포 노화(영구적인 세포 주기 정지 상태)와 세포 사멸(프로그램된 세포 사멸)을 유도할 수 있다. 과도한 운동은 근육의 미토콘드리아에서 더 많은 산소를 사용하게 되므로 결국 과산화물 음이온을 만들게 되어 이에 의한 미토콘드리아 손상이 올 수 있다. 하지만 운동으로 인한 반응성 산소 생성과 노화 사이의 관계는 복잡하며 운동의 강도, 기간, 빈도를 포함한 다양한 요인과 개인의 전반적인 건강 상태 및 항산화 능력에 따라 다르다.

미토콘드리아와 엽록체는 대체로 모계유전을 한다. 수정 시 동물이나 식물의 정자는 핵 만을 난자에 제공하고 세포질은 제공하지 않으므로 정자에 있던 미토콘드리아와 엽록체는 다음 세대로 전달되지 않는다. 엄마의 미토콘드리아 변이는 직접적으로 다음 세대의 아들과 딸들에게 전달이 된다. 아들은 미토콘드리아를 자식들에게 물려주지 않지만 딸들은 다시 자기의 자식들에게 엄마에게 받은 변이를 물려준다. 이와 같은 모계 유전을 하는 미토콘드리아 DNA 분석은 모계 계통을 추적하는데 아주 유용하게 이용된다. 모계 계통 추적 외에도 이들 미토콘드리아나 엽록체 DNA는 종 다양성과 유사성 분석에도 많이 이용된다.

미토콘드리아 질환은 지금까지 약 300여 가지가 알려져 있으며 질환

유병률은 대략 4,300~5,000명 중 한 명 꼴이다. 미토콘드리아 질환으로 대표적인 질환 두 가지만 소개한다. 레버 시신경 위축증(Leber's Hereditary Optic Neuropathy, LHON)은 미토콘드리아에 있는 *ND1*, *ND4*, *ND6* 유전자 돌연변이에 의한 질환으로 망막 신경절 세포의 에너지 생산에 문제가 발생한다. 발병 빈도는 30,000~40,000명당 한 명이며 여성보다 남성의 빈도가 높으며 20~30대의 젊은 나이에 발병하여 실명을 발생시키는 심각한 질환이다. 음주와 흡연이 질환 발병률을 높인다는 보고도 있다. 증상은 주변 시야가 좁아지다가 중심시력이 점차 상실되어 실명에 이를 수 있다. 대부분의 경우 한 쪽 눈에서 증상이 시작되어 몇 개월 이내에 다른 눈도 증세가 시작된다. 질환의 진행속도는 개인에 따라 차이가 날 수 있고 일단 시력이 상실되면 회복이 불가능하다.

미토콘드리아 질환들 중 유병률이 가장 높은 질환으로 미토콘드리아 뇌근병, 젖산 산증 및 뇌졸중 유사 증상(Mitochondrial Encephal omyop-athy, Lactic Acidosis Stroke-like, MELAS)이 있다. 병명이 길어서 영문 축약형의 MELAS로 부른다. 이 질환은 미토콘드리아의 에너지 발생에 관련된 유전자들의 돌연변이로 발생하는데 대략 4,000~6,000명당 한 명 정도로 나타난다. MELAS는 신체 내의 여러 장기 시스템에 영향을 미친다. 증세는 종종 뇌졸중과 같은 증상, 발작, 점진적 인지 저하를 포함한 심각한 신경학적 문제로 이어진다. 이 질병의 만성적이고 점진적인 특성은 삶의 질에 상당한 영향을 미친다.

식물의 미토콘드리아 유전체 크기는 다른 진핵생물의 미토콘드리아 유전체에 비해 유전자 수는 비슷하지만 유전체의 크기는 매우 크다. 예로 인간의 미토콘드리아 유전체는 16kb인 데 비해 식물의 미토콘드리아들은 보통 수백kb 이상이다. 백색 겨자의 미토콘드리아는 208kb이고 참외는 2,740kb이다. 미토콘드리아 유전체에는 DNA가 반복으로 존재하는 곳이 여러 곳 있는데 이들 반복 DNA들 간의 유전자 재조합이 자주 발생하며 이로 인해 다양하고 복잡한 구조를 만든다.

*COX11*이라는 유전자는 핵에 있는데 이 유전자가 암호화한 COX11 단백질은 미토콘드리아로 이동하여 꽃가루 형성에 관여한다. 미토콘드리아 내의 유전자 재조합으로 독성 단백질 WA352를 암호화하는 유전자가 만들어 질 수 있다. WA352는 COX11의 작용을 방해하여 꽃가루 형성을 못하게 하는데 이를 웅성 불임이라 한다. 웅성 불임은 식물 육종에 많이 응용된다. 옥수수는 자기 꽃가루 받이를 하여 생산된 종자를 심으면 식물 생육이 부진하여 옥수수 수량이 부진한데 이런 현상을 자식약세(inbreeding depression)라 한다. 옥수수 종자 회사에서는 항상 잡종 종자를 만들고 농민들은 1대 잡종 종자를 재배한다. 웅성 불임 옥수수를 3열씩 심고 꽃가루를 제공하는 정상 옥수수를 1열 심으면 웅성 불임 식물에서 생산되는 종자는 모두 1대 잡종이 된다. 꽃가루를 제공한 정상식물은 종자 성숙 전에 제거되어 종자는 웅성불임 개체에만 잘린다. 종자회사에서는 꽃가루 식물의 수술을 제거하지 않아도 되므로 노동력이 절감되어 종자 생산비를 절약할 수 있다. 이와 같은 1대 잡종을 이용하는 것을 잡종강세(hybrid vigor) 육종이라 하는데 고추, 배추 등 대부분의 채소 작물은 1대 잡종종자로 판매된다. 최근 중국에서는 벼 종자도 웅성 불임을 이용한 1대 잡종 종자를 생산하여 재배한다.

혹시 여러분이 텃밭에 농사를 한 경험이 있다면 심은 종자가 1대 잡종 종자인지 확인해보자. 1대 잡종 개체는 매우 균일하고 우수하지만 이 식물이 맺은 종자는 멘델의 유전법칙처럼 분리되어 수백만 개가 모두 다른 잡박한 집단이 된다. 그러므로 아무리 좋아보여도 1대 잡종 종자면 자가채종 욕심은 버리자.

CHAPTER 5

돌연변이 없이 자식에게 물려주는 유전자의 기억

유전학의 기본적인 법칙은 유전자에 생물의 기본 정보가 암호화되어 있어서, 암호화된 특징들도 세대 간 전달이 된다는 것이다. 즉, 유전자는 생물체가 살아가는 모든 정보를 담고 있는 청사진이다. 그러나 이러한 생명의 청사진이라는 확고한 개념이 후성유전학에 의해 많이 열어지고 있지만 아직 유전자 중심설을 뒤집을 만큼 증거가 충분하지 않다. 증거가 부족하다고 증거가 없는 것은 아니다. 본 장에서는 유전자 중심 이론에 반하는 여러 가지 경험적인 증거들을 예로 들어 설명한다. 진화는 이러한 유전자에 돌연변이가 생성되어 어떤 돌연변이는 주어진 환경에서 생명체에 유리한 형질을 암호화하므로 선택되어 대물림을 하지만 불리한 유전자는 도태되어 사라진다는 것이다. 진화는 새로운 것을 만드는 것이 아니고 기존에 있던 것들을 바탕으로 새로운 것들이 나타나는 것이다.

기린의 긴 목이나 코끼리의 긴 코가 과연 자신들의 의도대로 길어져서 유전이 된 것일까? 사실 19세기 후반까지도 많은 사람들은 생애 동안의 경험이 생식질(germule)에 영향을 미쳐서 유전이 된다고 생각하였다. 이것이 사실인지를 증명하기 위해 독일의 진화 생물학인 프리드리히 와이스만(Friedrich L. Weissman)은 1885년에 쥐꼬리를 자르고 다음 대에서도 자르기를 반복하여 5세대까지 연속적으로 반복적으로 실시하였다. 901마리를 가지고 실험을 하였는데 5세대 동안 꼬리 없는 쥐는 나타나지 않고 모든 쥐들은 꼬리를 가지고 태어나는 것을 관찰하였다. 실험 결과로 그는 체세포의 변이는 유전이 안 되며 오직 정자와 난자를 만드는 정세포(germ cells)에서 일어나는 변이만이 유전된다는 것을 증명하였다. 즉, 살아가는 동안의 경험에 의한 변이는 유전이 안 된다는 것이다. 와이즈만의 실험 결과는 유전학자들에게 유전자 중심설에 확고한 신념을 주었다. 하지만 유전자 중심설에 예외적인 증거들이 최근의 유전 연구에서 밝혀지고 있다.

DNA에 변이가 없어도 유전자 발현이 조절되어 표현형에 영향을 줄 수 있는데 이러한 현상을 후성유전학(epigenetics)이라고 한다. 후성유전학에 의한 유전자 발현 조절은 미세한 조절이라 할 수 있다. 돌연변이는 스위치에 의해 집안의 전기를 공급/차단하는 분전반 스위치라면, 후성유전학에 의한 조절은 전등의 밝기를 조절하는 스위치라 할 수 있다. 베토벤의 운명교향곡을 예로 설명한다. 교향곡의 악보는 하나인데 누가 지휘하고 연주하는가에 따라 관객에게 전달되는 감흥은 다르다. 다른 예로 셰익스피어의 로미오와 줄리엣은 지금까지 5번 영화화되었는데, 각각은 연출하는 감독과 배우 등에 따라서 관객에게 전달되는 메시지는 다양하다. 하지만 이들 5편의 영화는 셰익스피어가 쓴 같은 대본으로부터 출발한 것이다. 교향곡 악보와 로미오와 줄리엣 소설의 원고가 유전자들로 구성된 유전체라면 연주와 영화는 표현형이다.

1930년대에 오스트리아 과학자인 폴 크래머러(Paul Kramerer)가 있었다. 그는 라마르크의 용불용설 신봉자로서 라마르크 설을 증명하기 위해 산파개구리(Midwife toad)를 가지고 실험을 하였다. 산파개구리는 육지에서 암컷이 수컷의 몸에 띠 모양의 젤라틴에 들어 있는 알을 낳으면, 수컷은 이것을 몸에 두르고 물로 들어가 사정을 하여 수정을 시키고 올챙이가 될 때까지 보살핀다. 크래머러는 산파개구리의 환경을 바꾼 결과 2세대 만에 알을 낳는 태도가 바뀌어 물속에서 알을 낳고 수정을 하였다고 보고했다. 물속에서 알을 낳고 수정을 하기 위해서 암컷 개구리는 앞다리에 있는 포접돌기(nuptial pad)가 마찰력을 갖게 되어 수컷을 붙잡고 산란을 한다고 주장하였다. 마찰력을 갖기 위해서 포접돌기가 검은 색으로 바뀌었는데 이것이 유전이 된다고 하였다. 그는 이러한 결과가 환경에 의한 획득 형질이 유전된다는 라마르크의 설이 맞다는 것을 보여주는 것이라고 주장하는 논문을 저명한 과학잡지 네이처(Nature)에 게재했다. 당시에 그의 실험을 믿는 학자들도 많이 있었다. 하지만 다른 과학자들이 그의 실험을 재현하는 데 실패하여 그의 실험 결과에 의구심을 제기하였다. 그가 논문에 증거로 제시한 산파개구리 앞다리의 검은색이 암실에서 필름 조작에 의해 검게 나타난 것이 밝혀져 그의 주장은 데이터 조작 사기임이 밝혀졌다. 이에 대한 수치심으로 얼마 후 크래머러는 권총으로 끔찍하게 자살하였다. 크래머러의 획득형질 유전은 사실이 아니지만 후성유전적 변이의 유전은 이미 여러 가지 예로 인해 사실로 받아들여지고 있다.

후성유전학의 메커니즘에는 크게 두 가지가 있는데 한 가지는 DNA

염기에 메칠(CH_4)이라는 작은 물질을 부착하여 조절하는 것이며, 다른 하나는 DNA와 히스톤 단백질과의 결합을 조절하여 유전자 발현을 조절하는 것이다. 유전자 발현의 첫 단계는 유전자의 전사(transcription)이다. 모든 유전자 전사는 전사인자(transcription factor)라는 단백질 복합체가 프로모터 지역에 결합하여 전사를 개시시킨다. 단백질 유전자의 프로모터는 보통 전사 개시되는 부위 앞에 있는데, 이 부위를 구성하는 염기에 (특히 사이토신 염기) 메칠 그룹이 부착되어 전사인자가 프로모터에 결합하는 것을 방해한다. 이와 같이 염기에 메칠 잔기가 결합하는 것을 메칠화(methylation)라 한다. 2장에서 소개한 반복 서열 DNA로 구성된 유전자 사막지역을 이질염색질(heterochromatin)이라고 하고 유전자들이 많이 있는 지역을 진정염색질(euchromatin)이라고 하는데, 이질염색질을 구성하는 반복서열 DNA들의 사이토신 염기들은 거의 모두 메칠화되어 있다. 한 번 이질염색질화되어 유전자 발현이 억제되면 세포분열을 거치는 동안 딸세포로 계속 메칠화가 전달되지만, 정자나 난자를 만드는 정세포에서는 감수분열 전에 메칠화가 지워져서 배우체(gamete)에 있는 유전자들은 메칠화되어 있지 않다.

포유동물의 X 염색체를 예로 설명한다. 포유동물의 성염색체는 X와 Y 염색체가 있는데 암컷은 XX 염색체를 가지며 수컷은 XY 염색체를 가진다. 그런데 여기에서 문제가 되는 것은 X 염색체에는 유전자가 많이 존재하지만 Y 염색체에는 성(sex)을 결정하는 유전자 외에는 별로 없다. 인간의 경우 X 염색체에는 1,500여 개의 단백질 암호 유전자가 있지만, Y 염색체에는 성 결정에 관여하는 유전자 40여 개가 있을 뿐이다. 따라서 XX를 가지는 여성은 XY 남성에 비해 X 염색체에 있는 유전자 수가 남성보다 두 배가 되는 것이다. 여성이 가지는 XX 염색체에서

X 염색체 하나는 엄마로부터 받은 것이고, 다른 X 염색체는 아빠부터 받은 것이다. 수정 후 배(embryo) 발생 초기에 두 개의 X 염색체 중 하나가 임의로 선발되어 사이토신 염기가 메칠화되어 이질염색질화되어 유전자 발현이 억제되므로 여성과 남성의 X 염색체 유전자 발현을 동등하게 하게 한다. 이러한 현상을 유전자량 보정(dosage compensation)이라 한다. 모친 X 염색체가 이질염색질화된 세포로부터 유래한 세포들은 부친의 X 염색체에 있는 대립유전자가 발현되고, 반대로 부친의 X 염색체가 이질염색질화한 세포로부터 유래한 세포들은 모친 X 염색체에 있는 대립유전자들이 발현되므로 포유동물 암컷은 X 염색체에 암호화한 단백질들을 모자이크식으로 가지고 있다. 예로 X 염색체에 있는 유전자 질환으로 무한성 외배엽 이형성증(anhidrotic ectodermal dysplasia)이라는 질환이 있는데 이 질환의 대표적 증상은 땀샘 발달이 안 되는 것이다. 이 질환을 이형접합으로 가진 여성은 어떤 피부 조직은 정상 대립유전자를 가지므로 정상적으로 땀샘이 분포하지만 어떤 피부 조직은 변이 대립유전자를 가져서 땀샘이 결핍되어 있다. 즉, 그녀의 피부 조직은 땀샘이 있는 조직과 땀샘이 없는 조직이 모자이크 식으로 분포하는 것이다.

후성유전학의 두 번째 주요 기작으로 DNA에 결합하는 히스톤 단백질에 아세틸 잔기가 결합하여 DNA와 히스톤 결합을 느슨하게 하는 메커니즘으로 이러한 현상을 히스톤 변형(histone modification)이라 한다. DNA는 히스톤이라는 단백질들과 결합하여 크로마틴(chromatin) 구조로 포장되어 염색체 구조를 이룬다. 염색체가 가지고 있는 DNA 양은 매우 많아서 미세한 핵 내로 모든 DNA가 염색체로 포장되어 들어가려면 고도로 접히고 심하게 꼬여서 포장되어야 한다. 이러한 DNA 포장을 일차적으로 책임지는 단백질이 히스톤이라는 단백질들인데 히스톤 단백질은 H1, H2A, H2B, H3, H4와 같은 5가지가 있다. 이들 중 H2A, H2B, H3, H4 히스톤 단백질들이 두 개씩 모여서 히스톤 8량체를 만드는데 이것을 뉴클레오좀이라 부른다. DNA는 뉴클레오좀을 두 번 감싸고 돌며 결합하여 첫 번째 응축을 한다. 실패에 실을 감는 것을 연상하면 된다. 그리고 인접한 뉴클레오좀들 간의 DNA를 스페이서(spacer)라고 하는데 이곳에 H1 단백질이 꺽쇠처럼 붙어서 크로마틴을 응축시킨다. 이후 크로마틴의 DNA 포장은 접힘현상이 단계적으로 진행되어 최대 10,000배까지 응축된다. 전사가 활발히 일어나는 유전자가 만약에 고도로 응축된 상태로 있다면 전사 개시인자들이 프로모터에 결합할 수 없다. 마치 실이 탄탄하게 실패에 감겨 있는데 유전자 부위가 감겨 있는 실의 안쪽에 있다고 생각하면 쉽게 이해될 수 있다. 전사가 개시되려면 크로마틴의 DNA 실타래구조가 느슨하게 되어 프로모터 지역을 노출시켜 전사인자가 쉽게 결합하고 유전자 부위도 풀어진 구조로 되어 전사과정이 진행된다. 산성의 DNA는 염기성 아미노산이 풍부한 히스톤 단백질들과 친화성이 있어서 이온 결합을 한다. 하지만 히스톤 단백질을 구성하는 염기성 아미노산에 산성의 아세틸 잔기가 붙으면 히스톤의 염기성이 낮아져서 DNA와 친화력이 떨어져서 이온 결합을 못하므로 크로마틴 구조가 느슨하게 되어 프로모터를 노출시켜 전사인자가 결합하여 유전자 전사가 개시된다.

DNA 메칠화에 의한 유전자 발현은 강력한 조절로서 한번 메칠화가 되면 오랜 시간 메칠화 지역의 유전자들의 발현은 억제된다. 이에 비해 히스톤 아세틸화에 의한 히스톤 변형은 좀 더 미세한 조절이라 할 수 있어서 히스톤 변형에 의한 유전자 조절은 가변적이다. 즉, 로미오와 줄리엣 영화 촬영 시 감독이 대본에 연필로 수정을 가하는 것을 DNA 메칠화라고 하면 히스톤 변형은 대본에 포스트-잇(post-it) 메모를 통해 배우에게 영화 촬영 시 지침을 주는 것이라고 볼 수 있다. 결국 같은 대본에 지웠다가 다시 쓸 수 있는 연필 수정이나 포스트-잇 지침 같은 것에 의해 약간씩 변형된 메시지가 다르게 배우에게 전달되어 영화가 조금씩 다른 메시지를 주게 되는 것이다.

메칠화나 히스톤 아세틸화 등에 의한 변이를 후성돌연변이(epimutation)라 하는데 이러한 후성돌연변이도 DNA 변이에 의한 돌연변이처럼 다음 세대로 유전이 된다. 미국 워싱톤 주립대의 안웨이(Anway) 교수 팀은 내분비 교란 물질이 쥐 배(embryo)발생에 미치는 영향을 조사하기 위해 임신한 암컷 쥐에게 배(embryo)가 생식샘(gonad) 발생 단계에 있을 때 내분비 교란 물질인 빈코졸린(vinclozolin)이라는 살균제를 100mg/Kg(쥐의 무게가 0.5kg이면 50mg 주입)에 해당하는 양을 혈관에 주입하였다. 태어난 수컷(F1)들은 건강상태가 안 좋았으며 자식을 생산할 수 있는 임성(fertility)도 떨어졌다. F1 수컷을 정상의 암컷과 교미시킨 후 나타나는 수컷 자손(F2)들도 비슷한 효과를 보였으며 이러한 효과는 4세대(F4)까지 지속되었다. 2세대부터는 전혀 빈코졸린에 노출되지 않았는데도 F1세대에서 보이는 표현형 효과를 보인 것이다. 연구자들은 이들의 유전체에 무슨 일이 일어났는지 조사한 결과, F1 세대 및 자손들의 정자 유전체에는 많은 부분이 메칠화되어 있었으며, DNA 메칠화가 정자의 헤엄 능력 및 수정 능력을 저하시키는 것으로 나타났다. 즉 F1이 모친의 자궁에 있던 시절 내분비 교란 물질에 노출되어 DNA 메칠화된 것이 4세대까지 유전이 된 것이다. 여기에서 우려스러운 것은 우리들이 매일 일상생활에서 쓰는 플라스틱에 있는 BPA(bisphenol-A), DEHP[bis(2-ehtylhexyl) phthalate], DBP(dibutyl phthalate) 등의 물질들도 내분비 교란 물질들이다. 이들 플라스틱 유래 내분비 교란 물질들도 DNA 메칠화를 시켜서 비만, 생식이상, 정자 이상 등을 유발하여 여러 세대 동안 메칠화된 유전자들이 전달되는 것이 확인되었다. 갈수록 플라스틱 이용이 많아지고 있다는 것은 매우 염려되는 상황이라고 할 수 있다.

어렸을 때 정서적 또는 신체적으로 학대를 받은 경우 성인이 되어서 우울증, 약물 남용, 초조, 심장 질환 등으로 고생할 가능성이 학대 경험이 없는 사람들보다 높다. 이것은 어렸을 때의 스트레스 경험이 신경계나 내분비 호르몬 생성에 관련이 있는 유전자에 영향을 미치기 때문이라는 것이 밝혀졌다. 그렇다면 이러한 환경적 영향이 이들 유전자에 어떤 영향을 미친 것인가? 이를 증명하기 위해 캐나다 맥길 대학의 뇌과학자인 마이클 미에니(Michael Mianey) 교수팀은 쥐를 이용하여 실험하였다. 어미 쥐는 새끼가 태어나면 정성껏 새끼들을 입으로 핥아 준다. 이러한 어미의 행동은 막 태어난 새끼들에게는 안정감을 주어 생존에 큰 영향을 준다. 미에니 교수 팀은 새끼들에게 정성껏 핥아 주는 어미와 핥아주기를 게을리하는 어미의 새끼들을 분리하여 길렀다. 이들 중 정성껏 보살핌을 하는 어미로부터 태어난 암컷들은 자신의 새끼들에게도 정성껏 핥아주기를 하여 주는 반면, 어미로부터 정성껏 핥기를 받지 못한 것들은 자신의 새끼를 낳았을 때에도 새끼들을 등한히 하였다. 이러한 행동은 세대가 거듭되어도 관찰되었다. 연구자들은 어떤 유전자들에 이상이 있는지를 분석한 결과, 여성 호르몬인 에스트로겐 수용체 프로모터 지역의 메칠화가 보살핌을 적게 받은 새끼들에게 보살핌을 받은 새끼들보다 많이 되어 있었다는 것을 관찰하였다. 따라서 보살핌을 적게 받은 새끼들은 에스트로겐 수용체가 적은 양만 생성되고 이것은 결국 자신의 새끼들도 등한히 보살피는 악순환이 된 것이다. 하지만 흥미로운 것은 핥아주기를 등한시한 어미로부터 태어난 새끼를 핥아주기를 열심히 하는 어미에게서 양육시키면 이들은 자신의 새끼들에게 양육 어미처럼 정성으로 핥아주기를 하였다. 이러한 사실은 환경적 스트레스에 의한 특정 유전자 발현 조절은 유전적일 뿐 아니라 후성유전학적인 영향을 미치며 이것은 세대를 거쳐서 유전되는 것을 보여준다는 사실이다.

제2차 세계대전 말기인 1944년 9월부터 1945년 4월까지 나치는 네덜란드에서 퇴각하면서 암스테르담을 포함한 네덜란드 북서지역으로 통하는 모든 도로를 봉쇄하였다. 그 해 겨울은 혹독하게 추워서 암스테르담 주민들은 굶주림과 추위에 큰 고생을 하였다. 암스테르담 주민들의 하루 칼로리 섭취는 500칼로리 정도로 극심한 배고픔으로 고생하여 결국 추위와 배고픔으로 22,000명이 죽었다. 이 기간에 태어난 아이들은 태어나서 성인이 되었을 때 당뇨, 비만, 심장질환, 정신병 등으로 많은 고생을 하였다. 산모의 임신 기간 중 처음 4개월 동안 기근으로 고생한 산모에게서 태어난 여자 아이들이 성인이 되어 출산한 아기들은 정상아보다 몸무게가 많이 나가는 경향이 있었다. 임신 후반기 4개월 동안 기근을 가진 엄마에게서 태어난 아이들은 정상아 보다 작았지만 자라면서 회복되었다. 하지만 이들 중 여자아이들이 자라서 자신의 아이를 낳았을 때에는 정상아의 몸무게지만, 후에 자라면서 조현병이나 기타 다른 정신병적인 경향이 정상보다 높게 나타났다. 이들 2세대의 산모들은 임신 기간 동안 기근을 겪지 않았지만 자신들이 엄마의 자궁에서 발생단계에 있을 때 엄마가 겪은 기근을 기억하고 이를 자식들에게 물려준 것이다. 자궁에서 발생 단계에 있을 때 산모의 영양 섭취 제한이 태

그림 5.1 오드리 햅번

할리우드 배우 오드리 햅번은 나치의 암스테르담 봉쇄 시 어린 소녀였는데 이 당시의 극심한 영양 결핍으로 일생동안 여러 가지 질병으로 고생하였다. 유전학자들은 그녀의 질병들이 후성유전적 트라우마로 인해 생겼다고 한다.

아의 DNA에 후성유전학적 변이를 주어서 이것이 대물림된 것이라고 생각하고 있다. 하지만 난자 세포질은 거의 100% 산모의 세포질이며 배가 발생되고 있는 자궁도 산모의 조직이므로 이와 같은 현상이 산모의 세포질이나 자궁 효과라는 주장도 있다.

스웨덴에서는 매년 곡물 수확량을 정확히 기록하고 있다. 스웨덴 업살라 대학의 연구진은 1874년부터 1910년까지 스웨덴 북부지방 오버캘릭스(Överkalix) 지역의 곡물 수학 현황을 조사하여 청소년들의 연간 평균 칼로리 섭취와 이들의 아들 및 손주들의 건강 상태를 분석하였다. 놀라운 사실은 청소년기 이전에 기근으로 칼로리 섭취가 낮았던 남성의 아들 및 손주들은 그렇지 않은 사람들의 아들과 손주들에 비해 심장병 발병 가능성이 높은 것으로 나타났다. 위에서 설명한 네덜란드 기근에 노출된 임산모에 대한 연구는 임산모의 세포질이나 자궁에 의한 모친 효과가 있을 수 있었으나, 스웨덴 기근에 대한 연구는 부계 쪽만 분석을 하여 모친 효과가 배제되었으므로 할아버지 세대에서 환경에 의한 후성유전학적 변이가 3세대까지 유전된 것이다.

CHAPTER 6

유전자에 담겨 있는 모성애, 부성애 그리고 형제애

엄마가 자식을 사랑하는 모성애는 끔찍할 정도로 숭고하다. 인간의 모성애는 말할 것도 없고 곰이나 사자 같은 야생 동물들의 어미가 자기를 희생하며 새끼를 보살피는 행위도 매우 숭고하다. 곰의 임신 기간은 대략 180~200일 정도이다. 태아의 발달과 태어난 후 성장할 때까지 어미 곰은 새끼 곰을 온갖 역경에도 불구하고 끔찍이 챙긴다. 어미 까마귀도 새끼를 보호하기 위해서는 매우 공격적으로 변한다. 모성애이다. 그렇다면 유전자도 그럴까? 태아는 엄마의 유전자와 아빠의 유전자를 반반씩 가지고 있다. 태아 발생 시 엄마의 유전자와 아빠의 유전자, 그리고 태아와 엄마의 유전자 사이에 모성애 감정은 없다.

미국의 진화학자 로버트 트라이버스(Robert Trivers)는 부모와 자식 간의 진화학적 갈등을 부모-자식 갈등(POC; Parent Offspring Conflict)이라는 개념으로 설명했다. POC 개념에 의하면 자식은 자신의 생존을 위해서라면 형제들을 희생시키면서 모친의 자원을 독차지하는 것이 자신의 유전자를 후손에게 퍼뜨리는 데 유리하다. 하지만 모친의 측면에서는 한 명의 자식에게 자기의 자원을 모두 투자하는 것보다 여러 자식에게 골고루 분배하면 자신의 유전자를 더 많이 퍼뜨릴 수 있어서 유리하다. 모친은 자신의 유전자 50%를 자식에게 물려준다. 한 명의 자식에만 투자하면 자신의 유전자가 50%만 전달되지만 3명의 자식이 모두 성공적으로 성장하여 유전자를 퍼뜨린다면 150%가 되어 한 명의 자식이 살아남는 것보다 3배의 이득을 보는 것이다. 식물도 마찬가지다. 식물에서 한 개의 열매(과실이나 꼬투리에)에 달린 종자 수와 각 종자의 크기를 예로 들 수가 있다. 모식물로 보아서는 한 열매에 될 수 있는 한 많은 종자를 만드는 것이 이득이다. 한 열매에 있는 각 종자는 많은 종자가 생겨서 모 식물의 자원을 다른 종자들과 공유하기보다 종자가 적게 생기면 그만큼 모식물의 자원을 더 많이 받을 수 있으므로 이득이다. 따라서 열매 내에 종자가 많을 때에는 종자의 크기가 작다. 반대로 열매 내에 종자 수가 적을 때에는 각각의 종자는 건실하게 크기가 커서 다음해에 발아에 유리하다. 열매의 종자는 형제살해(siblicide) 화학 약품을 내서 배주(밑씨라고도 하며 자라서 씨가 되는 부분)에서 같은 열매 내의 다른 종자가 형성되는 것을 방해하여 적은 수의 종자만이 살아남게 한다. 모식물은 적은 수의 종자만이 성숙하고 있는 과실에 영양분 공급을 줄이고 대신에 종자가 많이 있는 열매로 양분 공급을 늘리는 방식으로 종자와 모식물 간에 일종의 무기 경쟁(arms race)을 한다. 참나무는 배낭(embryo sac, 동물의 자궁과 비슷하다고 보면 됨)을 닫아버리므로 화분관이 새로운 배주에 들어오지 못하도록 함으로서 이미 수정된 배주의 발생에 자원을 더 투자하도록 한다. 조류들은 더욱 POC가 명백하다. 새 둥지에서 새로 부화한 새끼들은 어미가 물어 오는 먹이를 먼저 차지하려고 경쟁을 한다. 열대지방 바닷가에 사는 부비새의 경우 먹이가 부족한 해에는 먼저 부화한 새끼가 나중에 부화한 새끼들을 둥지 밖으로 밀어서 죽여 버린다. 어미는 맏형이 동생들을 밀어 떨어뜨리는 것을 방지하기 위해 둥지를 깊게 하여 동생을 밀어내지 못하도록 한다.

포유 동물의 POC도 흥미롭다. 보통 암컷이 발정기가 되면 현재 기르고 있는 새끼의 보살핌과 수유를 중단한다. 레서스 원숭이 같은 경우 새끼들에게 수유를 중단하면 새로운 임신율이 높아진다. 침팬지는 암컷이 발정기가 되면 새끼와의 관계를 갑자기 중단하고 새로운 수컷과 데이트를 한다. 사자는 새로운 수컷이 무리의 대장 수컷을 물리치면 가장 먼저 하는 것이 지난번 수컷의 새끼를 물어 죽이는 일이다. 지난번 수컷과의 사이에서 태어난 새끼들이 죽임을 당하면 암컷들은 새로운 발정기가 시작되어 교미를 하여 임신을 한다. 암컷의 생식이 새끼와의 상호작용에 의해 영향을 받는 것이다. 레서스 원숭이들은 교미철이 되면 어미가 새끼를 돌보는 것에 소홀하며, 반대로 새끼들은 어미에게 더욱 적극적으로 접촉하려고 한다. 어미는 새로운 새끼를 낳는 것이 진화적으로 유리하지만 반대로 새끼는 동생들이 태어나면 그만큼 자신에게 어미의 접촉이 줄어들게 되므로 이득이 없기 때문이다.

유전자 수준에서의 부모-자식 간의 이해 충돌은 어떠할까? 위에서 설명한 것은 어미와 자식 간의 행동적인 경쟁에 의한 이해 충돌을 설명했다. 태반은 태아, 모친, 부친들 간의 이해 충돌이 일어나는 최전선이다. 태반은 태아와 모체 사이에서 태아 생존과 성장에 필요한 물질 교환을 담당하는 접시 모양의 구조물로 자궁 내벽에 붙어서 태아와 탯줄로 연결되어 있다. 배아 세포가 32~64개 정도의 세포로 되어 있을 때 내부세포괴(inner cell mass)와 세포영양막(trophoblast)으로 분화되는데 내부세포괴는 배아가 되며 세포영양막은 태반이 된다. 그러므로 태반은 태아와 유전적 조성이 같다. 태아는 최대한 모친으로부터 자원을 공급받으려고 하며 모친은 다음 임신을 고려하여 제한적으로 태아에게 양분을 공급하려 한다. 태반은 알로크라인(allocrine)이라는 호르몬을 분비하여 모친의 인슐린 감응성을 저하시키고 태반에 혈액의 당 농도를 증가시켜 태아가 이를 이용하도록 한다. 하지만 모친은 인슐린 생성을 증가시켜서 당 농도를 낮추려 한다. 그러면 태반은 인슐린 수용체를 가동하여 인슐린 분해 효소를 가동한다. 태반에서 분비되는 알로크라인을 포함한 여러 호르몬들이 산모의 혈당 조절에 필요한 인슐린의 작용을 억제하여 산모의 혈당이 상승하는 것을 임신성 당뇨증이라 한다. 임신성 당뇨병은 임신부의 13%에 발생하는데 임신 2기 또는 3기에 나타난다.

유전자의 모친 유래 대립유전자와 부친 유래 대립유전자가 표현형적 효과를 보이는 것을 유전자 각인(imprinting)이라 한다. 태반은 태아의 유전자형과 같으므로 모든 유전자가 모친 유래 대립유전자와 부친 유래 대립유전자쌍으로 되어 있다. 이때 모친 유래 대립 유전자는 태반의 발달을 약화시키려 하고 부친 유래 대립유전자는 반대로 태반 발달을 조장한다. 이와 같이 태반은 태아, 모친 유전자, 부친 유전자 간에 보이지 않는 분쟁의 전쟁터이다. IGF2(Insulin-like growth factor 2)는 태반 발달에 중요한 단백질이다. *IGF2*는 태반 발달에서 가장 중요한 각인 유전자 중 하나로서 태아로의 영양분 전달을 강화하고 태반 크기를 증가시켜 태반 성장과 기능을 촉진한다. 태반에 있는 아빠 유래 *IGF2* 대립유전자는 활발히 발현되지만 엄마 유래 *IGF2* 대립유전자는 메칠화되어 있어서 발현이 안 된다. H19는 IGF2에 대한 균형추 역할을 하여 태반과 태아 발달 성장 조절에 관여한다. 태반에서 아빠 유래 H19는 메칠화로 발현이 안 되지만 엄마 유래 H19는 활발히 발현된다. 즉, 태반 크기를 조절하는 IGF2는 아빠의 유전자가 발현되고 엄마의 유전자는 침묵하지만, H19는 반대로 엄마 유전자는 발현되고 아빠 유전자는 침묵하는 것이다. 이들 두 유전자들 외에도 태반에서 발현되는 유전자들에는 메칠화에 의해 각인된 유전자들이 많이 있는데 아빠의 유전자들은 태반의 발달 성장을 조장하지만, 엄마의 대립유전자들은 태반의 발달 성장을 억제한다.

인간의 15번 염색체 긴팔(장완)의 15q11~13 지역의 유전체 각인은 매우 흥미롭다. 염색체를 G-분염법으로 염색을 하면 염색체에 띠가 나타나는데, 15q11~13은 15번 염색체의 긴팔의 1번째 띠의 세부띠 1번과 3번 사이를 나타낸다. 엄마로 받은 15번 염색체의 15q11~13 부위가 결실되거나 메칠화되고 아빠의 15번 염색체는 온전하여 이 부위의 유전자들이 발현되면 엔젤만 증후군이 나타난다. 엔젤만 증후군은 중증의 발달 지연, 언어 장애, 운동이나 걸음 걸이 이상, 웃음이 많고 쉽게 흥분하는 성격이 있다. 반대로 아빠의 15번 염색체의 15q11~13 부위가 결실되거나 메칠화되고 엄마의 15번 염색체 유전자들이 발현되면 프래더 윌리 증후군이 나타난다. 프래더 윌리 증후군 아동은 저체중 태아로 태어나 체중 증가가 느리다가 1~3세까지는 계속 음식을 요구하여 비만이 되고 학습 장애 등의 증상을 보인다. 같은 지역의 유전자라도 발현되는 유전자가 부 또는 모 유래에 따라 나타나는 표현형이 다른 것이다. 프레더-윌리 증후군은 성별이나 인종에 관계없이 보통 12,000명에서 15,000명당 한 명 정도의 빈도로 나타난다. 엔젤만 증후군은 프레

더 윌리 증후군보다 약간 빈도가 낮아서 15,000~20,000명당 한 명 꼴로 나타난다.

우리는 엄마로부터 받은 23개 염색체 1번과 아빠로부터 받은 23개 염색체 1번을 가지므로 23쌍의 46개 염색체를 가진다. 그러므로 우리가 가지는 유전자들도 각각 엄마 아빠로부터 한 개씩 받은 것이다. X와 Y로 이루어진 성염색체는 예외적이다. 남자의 X 염색체에 있는 유전자들은 모두 엄마 것이다. 딸들의 XX 염색체 중 하나는 아빠, 하나는 엄마로부터 받은 것이다. 여자의 X 염색체에 있는 유전자들은 남자에 비해 두 배가 되므로 엄마 또는 아빠의 X 염색체 중 하나는 임의적으로 불활성화되는 유전자량 보정에 대해서 전 장에서 설명했다. 하지만 간혹 엄마 유래 X 염색체만을 가지거나 아빠 유래 염색체를 가지는 경우가 있다. 이들은 다른 사람들과 마찬가지로 46개의 염색체를 가지지만 엄마 유래 XX를 가지는 여성은 난소 기형성증(ovarian teratoma)이라는 질환을 겪을 가능성이 있다. 하지만 아빠 유래 XX 염색체를 가지면 포상기태(hydatide mole)라 하여 임신 과정 중 영양막이 비정상적으로 증식하여 태반만 발달되고 태아 조직은 발달되지 않으므로 유산이 된다. 이와 같이 한쪽의 부모로부터만 상동염색체를 모두 받는 현상을 단친 이염색체성(uniparental disomy, UPD)이라고 한다. 단친 이염색체성은 드물게 나타나는 현상으로 2019년에 미국 인간 유전학회지에 발표된 자료에는 23andMe라는 유전자 조사 바이오 테크 회사에 등록된 약 470만 명의 유전체를 조사한 결과 675명의 케이스를 발견하였다고 한다. 하지만 이것은 태어난 사람들을 대상으로 UPD를 조사하였으므로 유산이나 출생 후 조기 사망하는 케이스를 포함하면 이보다 훨씬 높을 수 있다.

식물에서도 유전체 또는 유전자의 각인 현상이 보고되었다. 주로 현화식물(속씨 식물)의 종자 발달에 관련된 유전자들에서 웅성(♂) 유래 대립유전자와 자성(♀) 유래 대립유전자들의 차별적 발현이 있다. 속씨식물의 종자는 배젖(endosperm) 또는 배유라고 불리는 조직과 배(embryo)라고 불리는 조직이 있다. 배는 발아해서 식물체로 자라는 부위이며 배젖은 양분을 종자에 저장하고 있다가 식물이 광합성을 하여 자체의 양분을 만들기 전까지 배에 이 양분을 제공한다. 배와 배젖 사이에는 배반(scutellum)이라는 조직이 존재하는데 배반의 역할은 태반동물의 태반과 비슷하여 배젖에 있는 양분을 발아하는 배에 전달하는 역할을 한다. 배유와 배반에서 특정 유전자의 모계 및 부계 대립유전자는 차별적으로 발현된다. 예를 들어, 영양소 흡수와 성장을 촉진하는 일부 유전자는 모계 대립자가 발현될 수 있고, 자원 분배를 조절하는 다른 대립유전자는 부계에서 발현된다. 모계 대립유전자가 발현되는 유전자로 *MEA*, *FIS2*, *FWA*와 같은 유전자가 있고 부계 대립유전자 발현의 예는 *PHE1*과 같은 유전자들이 있다. 이들은 배젖과 배의 성장 균형을 맞추는 역할을 한다. 모계 발현 유전자들은 (*MEA*, *FIS2*, *FWA*) 발현하며 배젖이 작아지도록 유도하는 반면, 부계 발현 유전자인 *PHE1*는 배젖의 크기가 크도록 유도한다. 모친 유래 대립유전자들의 발현은 하나의 종자에 너무 양분을 빼앗겨서 다른 종자가 불이익을 받지 못하도록 하는 반면, 부친 유래 대립유전자 발현은 배젖을 크게 하여서 자기가 있는 종자의 발아 및 생존율을 높이게 하는 것이다.

꿀벌 사회에서 일벌들은 이배체의 암컷들이다. 수컷들은 모두 반수체로서 이들은 드론이라고 부른다. 드론들은 체세포 분열에 의해 정자를 만들기 때문에 한 마리의 수컷이 만들어 내는 정자들은 모두 유전자형이 같은 클론이다. 일반적인 동물의 암컷들은 정상적으로 감수분열을 하여 난자를 만들기 때문에 한 마리의 암컷이 생산하는 난자들은 서로 50%의 유전자들을 공유한다. 마찬가지로 한 마리의 수컷이 생산하는 정자들도 서로 50%의 유전자들을 공유한다. 자식들이 가지는 유전자들의 절반은 부계이고 절반은 모계이므로 한 쌍의 부모로부터 생겨난 형제와 자매들은 서로 50%의 유전자를 공유한다[(50+50)/2=50%]. 부모와 자식들 간에도 유전자 50%를 공유한다. 하지만 벌목 곤충들은 이야기가 다르다. 한 마리의 여왕벌이 생산하는 난자들의 유전자 공유율은 50%이지만 이들 난자에 수정되는 정자들은 반수체 수컷의 유사분열에 의해 만들어지므로 서로 유전자 공유율이 100%이다. 따라서 한 벌통에 있는 이배체 암컷 일벌들의 유전적 유사도는 3/4이며 유전자 공유율은 75%이다[(50+100)/2=75%]. 그러므로 이배체 일벌 암컷들은 자신들의 유전자 50%를 공유하는 자손을 만들기 보다는 생식을 포기하고 자신과 75%의 유전자를 공유하는 자매 꿀벌들을 돕는 것이 자신들의 유전자를 퍼뜨리는 데 유리하다. 벌목 곤충들의 성 결정에 대해서는 다음 장에서 자세하게 다룬다.

CHAPTER 7

성의 분화는 진화를 촉진한다

성은 진화에서 매우 흥미롭고 중요한 주제이다. 성이 탄생하기 이전의 종들은 무성생식을 했으며 생물 다양성은 세포분열 시 일어나는 돌연변이에 의존했다. 원핵생물들은 무성생식에 의해 번식하고 있다. 일부 진핵생물들도 수정을 통하지 않고 무성생식에 의해서 번식하는 종들이 있다. 하지만 이들도 완전히 무성생식에만 의존하는 것은 아니고 유성생식을 하다가 환경에 따라서 무성생식을 한다. 무성생식에 의해 생산된 자식들은 모친과 형제들 모든 유전자형이 같은 클론이다. 성의 탄생은 감수분열을 통하여 배우체를 생산하여 배우체들이 접합하는 수정 과정을 거쳐 생식을 한다. 감수분열 과정에서 많은 다양성이 만들어지므로 성의 탄생으로 종의 다양성이 가속화되어 현재의 다양한 생물들로 진화된 것이다.

생물이 생장하고 번식을 하기 위해서는 세포분열이 필수적이다. 세포분열에는 유사분열과 감수분열이 있다. 유사분열은 체세포 분열이라고도 하는데, 효모와 같은 단세포 생물은 체세포와 정세포가 구분되어 있지 않으므로 단세포 생물의 유사분열을 체세포분열이라고 할 수는 없다. 유사분열은 염색체 DNA가 복제를 하여 딸세포로 균등히 나뉘어진다. DNA가 복제되기 전에는 각 염색체는 한 개의 염색분체(chromatid)로 되어 있는데, DNA 복제가 완료되면 각 염색체는 두 개의 자매 염색분체(sister chromatids)로 구성된다. DNA 복제 시 돌연변이가 생성되지 않았다면 모세포와 딸세포들은 염색체 수와 염색체에 있는 DNA 배열이 동일하므로 유사분열은 동형분열이라고도 한다. 유사분열은 난자와 정자를 만드는 정세포 외의 모든 체세포에서 일어나는 분열이다.

감수분열은 위에서 언급한 것과 같이 오직 정세포에서만 일어나는 세포분열로 난자와 정자를 만드는 세포분열이다. 감수분열에서도 유사분열과 같이 분열 전에 DNA가 복제를 하므로 각 염색체는 두 개의 자매 염색분체로 구성된다. 유사분열은 한 번의 DNA 복제와 한 번의 분열을 하는 데 비해, 감수분열은 한 번의 DNA 복제와 두 번의 세포분열이 있다. 1차 감수분열 후 만들어지는 딸세포에는 염색체 수가 절반으로 줄어든다. 유성생식을 하는 생물들은 염색체 한 벌을 모친에게서 받고 염색체 한 벌은 부친으로 받는다. 1차 감수분열 전기에 상동염색체들이 서로 정렬하며 짝짓기를 한다. 짝짓기하는 동안 각 상동염색체 쌍에서 엄마 염색체와 아빠 염색체 간에 서로 잘라서 이어붙이기를 하는 교차(cross-over)현상이 일어난다. 교차가 끝나면 한 자매 염색분체의 어느 부분은 엄마 자매 염색분체이고 다른 부분은 아빠 자매 염색분체이다. 염색체는 응축을 진행하여 1차 감수분열 중기에서 각 상동염색체 쌍들은 세포의 중앙에 정렬을 하는데 이때 각각의 상동염색체들이 상하로 정렬하는 것은 서로 독립적이다. 다시 말하면, 1번 염색체 쌍은 아빠 염색체가 위쪽에 있고 엄마 염색체가 밑에 있다면 2번 염색체에서의 엄마

·아빠 염색체가 상하 정렬은 1번 염색체 쌍과 무관하게 정렬하므로 인간의 경우 정렬 가능한 조합의 수는 2^{23}개이다. 이러한 유전적 기작을 독립 유전 법칙이라 한다. 그러므로 교차와 독립 유전으로 생성되는 유전자형 조합의 수는 어마 어마하게 많다. 예로 성인 남자가 사정 시에 방출되는 정자의 수가 1억 개 정도 되는데, 이들 중 같은 유전자형을 가진 정자가 생길 가능성은 없다. 감수분열은 4개의 딸 세포를 만드는데 이들은 염색체 수가 원래보다 절반으로 줄어들어 있으므로 염색체 수가 줄어든다는 의미에서 감수분열이라 한다. 인간은 체세포의 염색체 수는 46개이지만 감수분열로 인해 난자나 정자는 23개의 염색체를 갖게 되는 것이다. 감수분열이 정소에서 일어났다면 감수분열 딸세포들은 정자가 되고 난소에서 일어났다면 난자가 된다. 본 저서는 유전학 교재가 아니므로 난자 형성과정이나 정자 형성과정은 생략한다. 하지만 전달하고자 하는 메시지는 감수분열은 난자나 정자를 만드는 세포분열이므로 염색체 수가 반으로 줄어들고 무한한 다양성이 만들어진다는 것이다.

진화에서 성은 육체적 결합을 의미하는 것이 아니고 다른 두 개체 간에 유전 물질을 합한다는 것이다. 그리고 생식은 단순히 자손을 만드는 것으로 육체적 결합과는 관련이 없다. 무성생식은 육체적 결합에 의한 유전물질의 합이 없이 자손을 만드는 것을 의미한다. 난세포가 수정을 거치지 않고 발육하여 배(embryo, 胚)를 만들고 배가 발달하여 개체가 되는 것을 단위 생식이라 한다. 단위생식에서 난세포는 감수분열을 거치지 않은 모세포가 그대로 생식을 하는데 이러한 예로 진딧물, 깍지벌레, 물벼룩 등이 있다. 감수분열을 거치지 않았으므로 단위생식으로 태어난 자식들은 엄마와 유전자형이 같은 클론이다. 이에 비해서 개미나

벌 등의 수컷들은 감수분열을 거친 난자가 수정을 하지 않고 반수체(n) 상태로 발생하여 숫벌이 된다. 식물의 경우 꺾꽂이로 생산되는 개체들은 모두 무성생식에 의한 개체들이다.

유성생식은 감수분열의 결과 생성된 난자와 정자가 합쳐져서 수정을 하여 세대를 이어가는 것이다. 위에서 설명한 것처럼 감수분열 결과 난자나 정자에는 DNA 양이나 염색체 수가 체세포의 절반이다. 무성생식은 감수분열을 거치지 않으므로 자기의 유전자를 자손에게 모두 물려줄 수 있지만, 유성생식은 자신이 가지고 있는 유전자의 절반만 자손에게 물려준다. 또한 무성생식은 수정 파트너가 필요 없다. 유성생식은 수정 파트너가 없을 때에는 자신의 유전자를 자손에게 하나도 물려줄 수 없다. 그리고 유성생식을 하는 생물체는 생식을 할 때마다 자신의 유전자들 중에서 절반만 후대에 전달하므로 절반은 잃어버리는 것이다. 자신의 유전자를 자손에게 성공적으로 물려주는 것이 진화적 성공이라면 유성생식보다 무성생식이 훨씬 유리하다. 그러므로 모든 조건이 동일하다면 자연에서는 유성생식을 하는 개체들은 소멸되고 무성생식을 하는 개체들만 번성할 것이다. 하지만 우리 주위에 있는 대부분의 생물들은 유성생식을 한다. 분명히 유성생식이 무성생식에 비해 진화적 적응에 유리한 점이 있어서 소멸되지 않고 많은 생물들이 유성생식을 하는 것이다. 이에 대한 이유는 아마도 아래의 세 가지 정도로 설명할 수 있다.

첫째, 만약에 생물체가 가지고 있는 유전자 조합이 어떤 환경하에서 최상이라면 이 조합이 깨지면 개체에게 불리하다. 그러므로 무성생식이 유리하다. 하지만 환경이 바뀌면 지금까지 유리했던 유전자 조합이 최상의 조합이 아닐 수도 있으며 최악의 경우에는 자연선택에서 모두 제외되어 멸종되는 재앙이 생길 수도 있다. 유성생식은 감수분열에서 무한한 조합의 다양성이 만들어지므로 새로운 환경에 유리한 유전자 조합이 만들어질 수 있고 이 유전자 조합은 자손을 퍼뜨릴 수 있을 것이다.

둘째, 개체에게 불리한 돌연변이가 생성되었을 때 무성생식은 이것을 떨쳐 버릴 수 없다. 그러므로 세대가 거듭되면서 무성생식으로만 번식을 하는 집단에서는 해로운 돌연변이가 집적될 수 있다. 이러한 현상을 1940년대 노벨상을 받은 유전학자인 멀러(Herman J Muller)는 돌연변이의 톱니효과(Muller's Rachet)라고 하였다. 하지만 유성생식의 경우 해로운 돌연변이가 대립유전자 한 개에 생기면 이 돌연변이 대립유전자가 다음 세대로 전달될 가능성은 50%이다(이배체 생물은 모든 유전자가 한 쌍씩 존재한다. 대립유전자는 한 유전자의 다른 형태로서 예로 손바닥과 손등과 같은 관계이다. 우리는 두 개의 손을 가지고 있으므로 손등/손등, 손바닥/손등, 손바닥/손바닥과 같은 조합을 가질 수 있다). 반대로 돌연변이 대립유전자가 다음 대로 전달되지 않고 사라질 가능성도 50%가 되는 것이다.

셋째, 유성생식에 의해 유리한 돌연변이를 집적할 수 있다. A 유전자에 유리한 돌연변이가 생성되고 B 유전자에도 유리한 돌연변이가 있다면 무성생식에서 두 유전자에서 동시에 유리한 돌연변이가 일어날 가능성은 매우 낮다. 하지만 유성생식에서는 한 개체에서 A의 유리한 돌연변이가 생성되고 다른 개체에서 B 유전자 돌연변이가 생성되면 두 개체 간의 교잡으로 A 와 B 유전자 모두에 유리한 돌연변이를 가진 개체가 자손 중에서 나타난다.

결론적으로 유성생식의 탄생으로 진화의 속도가 빨라졌다. 무성생식에 비해 유성생식은 유전적 다양성이 창출되고 결국 변화무쌍한 환경에서 생존하는 변이가 생성되었을 것이다. 유성생식을 하는 대부분의 생물체들은 암·수 두 가지 성을 가진다. 어떤 생물들은 수컷과 암컷의 생식기관을 한 개체에 가지고 있는 자웅 동체들이 있다. 자웅 동체의 예로 많은 식물들이 수술과 암술을 동시에 가지고 있다.

생물들의 성 결정 기작은 다양하다. 성 염색체에 의해 성이 결정되는 것에는 여러 가지가 있다. 포유동물, 초파리, 은행나무 등에서와 같이 XX는 암컷이 되고 XY는 수컷이 되는 XX/XY 시스템에서는 같은 성염색체를 두 개 가지면 암컷(XX)이고 다른 성염색체를 가지고 있으면 수컷(XY)이 된다. 반면에 조류, 나비 등은 ZZ/ZW 시스템을 가지는데 이들은 같은 성염색체 두 개를 가지면 수컷(ZZ)이 되고 다른 성염색체 두 개를 가지면 암컷(ZW)이 된다. 벌목 곤충들 중 많은 종들은 반수체/이배체 시스템에 의해 성이 결정되는데 이배체는 암컷이며 반수체는 수컷으로 꿀벌과 개미 등이 이에 속한다. 여왕벌도 암컷이므로 감수분열을 하여 난자를 만든다. 수컷은 반수체로 감수분열을 거치지 않은 상태로 반수체 정자를 만든다. 여왕벌이 만든 난자가 정자와 만나서 수정이 되면 암컷들이 만들어지는데, 이들 중 한 마리는 어미 여왕벌에게 로얄젤리를 공급받으며 딸 세대의 여왕벌이 되고 나머지 딸들은 모두 일벌이 된다. 이들 암컷 일벌들도 감수분열을 하여 난자를 만드는데 일벌이 만드는 난자들은 수정이 안 되고 그대로 성체가 되어 반수체의 수벌이 된다. 이러한 반수체 수벌을 드론(drone)이라 한다.

환경에 의해 성이 결정되는 성결정 시스템이 있다. 도마뱀이나 악어 등은 알이 부화될 때 평균 기온이 섭씨 28도 이상이면 수컷이 되고 이

보다 낮으면 암컷이 된다. 거북이 류는 이와 반대로 고온 부화시 암컷이 되고 저온 부화 시에 수컷이 된다. 환경 의존적 성결정과 유전적 성결정 시스템을 동시에 가지고 있는 동물도 있다. 호주 남부의 타스메니아 섬에 살고 있는 눈 도마뱀(snow skink)은 선선한 환경에서는 알을 낳는 시기가 늦어지고 부화하는 새끼들은 수컷이 대부분인 반면, 고온 환경에서는 알을 낳는 시기가 빨라지고 부화하는 새끼들은 대부분이 암컷이다. 하지만 고도가 높은 곳에서는 기온의 영향을 받지 않고 유전자에 의해 결정되는데 이때 성 결정 유전자를 동형접합으로 가지고 있는 경우에는 수컷이 되고 이형접합으로 가지고 있는 경우에는 암컷이 된다. 어류 중에서는 살아가면서 성이 변하는 것도 있다. 아네모네라는 물고기는 암컷의 생식기와 수컷의 생식기를 같이 가지고 있는 자웅동체이다. 아네모네는 처음에는 수컷이었다가 자라면서 암컷으로 변한다. 암컷 우두머리가 사라지면 집단에서 가장 크고 힘센 수컷이 암컷으로 된다. 이보다 더 해괴한 성 결정시스템은 편형동물 중에 수도비세로스 베드포디(*Pseudobiceros bedfordi*)라는 동물이 있는데, 이들은 몸에 남성 생식기인 페니스를 가지고 있어서 생식시기가 되면 두 마리가 서로 엉켜서 싸우다가, 페니스로 상대에게 먼저 찌르는 녀석이 수컷이 되고

표 7.1 다양한 성 결정 시스템

	♀	♂
인간, 초파리	XX	XY
나방, 선충	XX(자웅동체)	XO
조류, 나비	ZW	ZZ
벌, 말벌	이배체	반수체
도마뱀, 악어	저온	고온
거북이	고온	저온
아네모네 물고기	나이든 성어	젊은 성어

찔린 놈은 암컷이 된다. 이러한 싸움을 페니스 댄싱(pennis dancing)이라고 한다.

XX/XY 성결정 시스템에는 인간을 포함한 포유류들의 성결정 시스템이므로 이에 대해서 더 설명한다. 사실 Y 염색체가 성을 결정하는 것이 아니고 Y 염색체에 있는 *SRY*(sex–determining Y, 고환결정인자)가 수컷을 결정한다. *SRY* 유전자는 전사 인자의 일종인 *SOX*라는 유전자가 중복이 된 후 변형되어 생성되었다고 여겨진다. 인간을 포함한 포유동물의 배 발생 초기에는 수컷과 암컷의 구별이 없다가 SRY 단백질이 만들어지면 수컷 생식기관이 발생된다. 난자와 정자가 만나서 접합자가 만들어지고 체세포 분열을 하여 배가 발생된다. 배가 발생된 후 약 6주 정도 후에 성이 결정된다. 배아는 처음에는 여아로 발생을 개시하지만 6주 정도 후에 SRY 단백질이 만들어지면 SRY 단백질은 몇 가지 유전자들을 발현시켜서 생식선에서 볼프관(Wolffian duct)을 발생시켜 정소를 만들고 남성 생식기관이 생성된다. SRY 단백질이 없으면 볼프관은 퇴화되고 생식선은 뮐러관(Müllarian duct)을 발생시켜서 난소를 만들고 여성 생식기관이 생성된다. SRY 단백질을 암호화하고 있는 *SRY* 유전자에 돌연변이가 일어나면 Y 염색체를 가지고 있어도 태아는 여아로 발생한다. 또한 SRY 부위가 X 염색체로 전좌가 일어나면 XX 염색체를 가지고 있어도 태아는 남아가 된다.

성염색체는 어떻게 처음 생성되었을까? 약 3억 년 전, 그러니까 호모 사피엔스와 파충류가 구분되지 않았던 당시에는 XY 염색체가 없었다. 우리 조상들이 조류들과 분지되고 난 후 상염색체 중 한 개에서 돌연변이가 생성되어 성결정인자를 갖는 성염색체가 만들어지고 성결정인자를 보유한 염색체를 전-Y 염색체(proto-Y, proto는 이전 또는 처음의 뜻임)라고 칭하며, 전-Y 염색체의 상동염색체는 전-X(proto-X) 염색체라고 칭한다. 이후 성 결정 인자 주위에 수컷 발생에 관여하는 유전자들이 모이게 되고 전-X 염색체와 감수분열 시의 전-X 염색체와 전-Y 염색체 간의 짝짓기가 염색체 양 말단 지역 외에는 일어나지 않아서 전-X 염색체와 전-Y 염색체 간에는 교차가 일어나지 않는다. 이후 전-Y 염색체에는 레트로트랜스포존 같은 전이인자들과 기타 반복 서열 DNA들이 집적되어 *SRY* 부위 이외의 지역은 고도로 이질염색질화되었다.

X 염색체에 있는 유전자는 약 1,500개 정도이다. Y 염색체는 약 40여 개 정도의 유전자를 가지고 있는데 이들 대부분은 남성 생식 기관과 정자 발생에 관련된 유전자들이다. 약 3억 년 전 Y 염색체가 처음 나타났을 때 Y 염색체에는 유전자가 1,400여 개 정도 있었지만, Y 염색체는 지속적으로 유전자들을 소실하다가 지난 1천만 년 전부터 소실이 가속화되었다. 염색체에 돌연변이가 생성되면 감수분열 중 상동염색체와 대합 및 교차에 의해 상동염색체의 정상 유전자로 대체시키며 변이를 수선한다. 하지만 감수분열 중 Y 염색체는 X 염색체와 대합 및 교차가 일어나는 부위는 염색체 말단의 일부 지역에서만 일어나므로 돌연변이를 수선할 수 없어서 돌연변이가 지속적으로 누적되며 유전자 소실로 이어지고 전이 인자와 기타 반복서열 DNA 등의 침투로 이질염색질화 되어 현재의 Y 염색체가 되었다. 호주 국립대학의 그레이브 교수는 Y 염색체가 약 1천만년 후에는 결국 사라질 것이라고 추측했으며 영국의 켄트대학 교수인 그리핀 박사는 이보다 더 빠른 4백 5십만 년을 예상했다. 그렇다고 우리 세대에는 걱정할 필요 없다 4백 5십만 년은 긴 세월이다. 현재 살아있는 포유류 중에서도 이미 Y 염색체를 소실한 종이 있

다. 두더지 들쥐는 Y 염색체가 없다. 그러면 이 두더지 들쥐들은 모두 암컷들만 있을까? 그렇지 않다. 이들도 수컷이 있어서 정상적인 유성생식을 한다. 유전학자들은 두더지 들쥐에서는 *SRY* 유전자가 성 염색체가 아닌 다른 염색체로 전좌되었을 것으로 추측한다. 하지만 Y 염색체 소멸설에 이의를 제기하는 학자들도 많이 있다. 미국 국립보건원의 올리버(Brian Oliver) 박사는 초파리의 Y 염색체는 여타 염색체에 있는 유전자들의 발현에 영향을 주므로 인간의 Y 염색체도 마찬가지로 사라지지 않는다고 주장한다.

그림 7.1 두더지 들쥐(왼쪽)과 염색체 핵형(오른쪽)

Y 염색체가 소실되어 없으며 Y 염색체에 있던 성결정 유전자가 상염색체로 전좌되었다.
출처: 핵형 https://doi.org/10.1186/1755-8166-4-22, CC Attribution Licences by 2.0

식물의 암수를 결정하는 성 결정 시스템 또한 매우 흥미롭다. 우리가 주변에서 보는 대부분의 식물은 암수 한 몸이다. 대부분 한송이의 꽃에 암술과 수술이 같이 있어 자가수정이 가능하다. 하지만 현화식물 약 37만 종 중 5% 정도인 약 20,000종은 암수가 따로 구분되어 자란다. 꽃을 피우지 않고 종자를 맺는 겉씨식물들 중 60% 정도가 자웅이주로 암나무·수나무가 있다. 가을에 노랗게 물든 은행나무 밑을 지나며 고약한 냄새를 풍기는 열매를 피하느라 애쓴 기억이 있을 것이다. 바로 암그루 은행나무 아래를 지나간 것이다. 하지만 어떤 은행나무 아래에서는 열매가 없는데 이 나무는 수그루이기 때문이다. 동물처럼 성염색체를 가지고 있는 식물은 현재까지 알려진 것으로는 70종 내외이지만 연구가 진행되면서 일부 더 늘어날 가능성이 있다. 성염색체도 동물과 같이 XX(암그루)/ XY(수그루)로 이루어진 종도 있고 ZW(암그루)/ZZ(수그루)로 이루어진 식물 종도 있다. 하지만 특정 유전자에 의해 결정되는 식물도 있고 환경에 의해 성전환이 되는 식물종도 있다. 한 개체 내에서 암꽃과 수꽃을 따로 만드는 개체도 있고 한 개의 꽃 내에서 암술과 수술의 발달시기가 틀려서 자가 수정을 방지하고자 하는 식물종도 있다. 산형과 식물 중 당귀나 방풍나물로 알려진 갯기름 나물 등 많은 식물은 꽃이 화려하게 핀 상태에는 꽃가루만 발달되어 있고 암술은 보이지도 않는다. 꽃가루가 퇴화되어 떨어지고 나면 암술이 발달되어 암술과 수술은 한 꽃에서 발달하지만 서로 만나지 못한다. 수술과 암술의 발달시간 차이를 이용하여 같은 꽃의 화분을 받아들이지 않고 개화시기가 다른 개체의 유전자를 받으려고 하는 자가불화합성 기작이다. 배추과 식물의 배추나 양배추 등 많은 식물에는 정상적인 암술과 수술이 동시에 발달하지만 암술머리에 자신의 화분이 앉으면 수정을 거부하고 다른 개체의 화분은 받아들여 자가수정을 방지하는 자가불화합성 기작이 존재한다. 또 어떤 식물은 수술이 발달하지 않아 생존을 위해서는 다른 개체의 화분을 반드시 받아야 하는 웅성불임 개체도 있다. 식물 육종가들은 식물의 이런 기작을 교묘히 이용한다. 잡종강세가 높은 1대 잡종 종자를 저렴하게 생산하기 위하여 웅성불임이나 자가불화합성 시스템을 현명하게 이용하고 있다.

대마와 호프는 대표적인 암수 딴그루 식물이며 두 식물 모두 암꽃만 귀하게 이용이 된다. 호프의 암꽃 꽃잎 사이에 생성되는 루풀린이라는 성분은 매우 귀한 성분으로 다양한 기능성 때문에 식품과 의약품의 소재가 되기도 하는데 맥주 제조에 꼭 필요한 성분이다. 루풀린 성분은 맥주의 투명한 청량감을 만들어주고 거품과 맛을 결정한다. 대마는 대마초나 마리화나로 알려져 있으며 우리나라에서는 마약성 식물로 엄격하게 취급되고 있지만 최근 전 세계에서는 대마의 마약성 규제를 해제하거나 완화하고 오히려 이 식물의 의학적 기능에 더 집중하는 경향이다. 또한 대마의 육종을 통해 마약성인 THC 성분은 안 만들어지고 이와 기능은 유사하지만 비마약성인 CBD라는 의약용 물질이 많이 만들어지는 품종이 개발되어 산업적인 가치가 더욱 주목받고 있다. 대마도 암그루(XX)와 수그루(XY)가 구분되는 식물이지만 음이온 화학물질에 의해 일시적으로 성전환이 가능하다. 대마초는 대마의 잎을 이용하는 것으로 알려져 있지만 실제 사용하는 것은 암꽃이다. 수꽃이나 잎 줄기에는 성분이 미미하다고 알려져 있다. 그래서 농민들은 암꽃 개체만 재배를 한다. 이런 암꽃 개체를 유지하기 위해 수꽃이 필요한데 이를 위해 특정한 호르몬을 처리하여 암꽃을 수꽃으로 성전환시키는 방법이 개발되었다. 종자회사는 성전환된 수꽃을 동일한 암꽃개체(XX)에 인공수정하여 암꽃만 피는 암그루 개체(XX)를 증식시켜 판매를 한다.

결론적으로 성 결정 시스템의 다양성은 어느 성 결정 시스템도 진화적으로 마지막 산물은 아니라는 것을 시사한다. 또한 성 염색체의 출현과 Y 염색체의 퇴화 등도 진화가 의도적으로 되는 것이 아니라는 것을 증명한다.

CHAPTER 8

수컷 공작의 화려한 깃털 유전자의 비밀

다윈은 공작새 수컷의 깃털이 질릴 정도로 화려하다고 하며 그의 저서 "종의 기원"에서 성 선택(sexual selection)에 대해서 다음과 같이 기술하였다.

> "성 선택은 생존 경쟁이 아니고 암컷을 차지하기 위한 경쟁이다. 그 결과는 패배자의 죽음이 아니라 자손 생산을 '하느냐' 아니면 '못하느냐'이다. 암컷과 수컷이 일반적인 특징은 같지만 몸 구조, 색깔, 화려함 등에서 차이가 있다면 이러한 차이는 주로 성 선택 때문이다."

성선택은 선택과 경쟁이라는 두 가지의 요소가 있다. 대부분의 경우 암컷이 수컷 파트너를 선택하는데 이 경우에는 수컷들 간의 경쟁이 필수적이다. 반대로 수컷이 암컷을 선택하는 경우도 있는데, 이럴 때에는 암컷들끼리 수컷에게 선택되려고 경쟁을 한다. 성선택을 이해하기 위해서 우선 암컷과 수컷의 표현형적 차이에 대해서 설명한다. 암컷과 수컷의 체형, 색깔, 크기, 그리고 이차적 성적 특성 등의 차이를 보이는 것을 성 이형화(sexual dimorphism)라고 한다. 크기의 차이를 보이는 대부분의 동물들은 수컷이 암컷보다 크지만 반대로 암컷이 수컷보다 큰 것들도 의외로 많이 있다. 암컷이 수컷보다 큰 생명체의 예로 거미류가 있다. 독거미인 *Tigrosa belluo*라는 종의 암놈은 몸무게가 보통 300mg 정도 되지만 수놈은 200mg 정도로 암놈이 수놈보다 1.5배가 크다. 수놈은 암놈 앞에서 특이한 행동을 하며 암놈의 주의를 끌고 암놈이 흥분되도록 한다. 암놈이 수놈을 받아들일 자세가 되면 수놈은 재빨리 정자 꾸러미를 암놈의 알 상자에 집어넣어 사정을 한다. 짝짓기가 끝나면 암놈이 수놈을 잡아먹는다. 따라서 수놈은 잡아먹히지 않으려면 사정 후 재빠르게 도망쳐야 한다. 이와 같이 짝짓기 후 파트너를 잡아먹는 현상을 성적 상호포식(sexual cannibalism)이라 하는데 거미류, 사마귀류와 같은 절지동물의 일부 종들에서 행해진다. 잡아 먹혀도 수놈은 유전자를 전달하였으므로 자신을 희생하여 암놈이 성공적으로 알을 부화시키도록 돕는 것이 자신의 유전자를 퍼뜨리는 데 도움이 되기 때문인지 모른다.

호주 동남부에 서식하는 개구리 종으로 레수아 개구리가 있는데 이 녀석들은 다 자란 성체 암놈은 몸 길이가 평균 7cm 정도 되며 수놈은 4.5cm 정도 된다. 수놈은 짝짓기 시기가 되면 피부색이 밝은 노란색을 띠게 되어 암놈의 주목을 받아 짝짓기에 성공한다. 유럽과 서아시아 지역에 분포하는 푸른박새의 날개 색깔은 수놈이 암놈에 비해 더욱 노란빛을 띠는데 이것은 수놈들이 노란 색소를 가진 나비 유충을 생식기 때 많이 섭취하여서 그렇다. 인간의 눈으로는 노랗게 보이지만 자외선 아래에서는 노란색이 보라색으로 보이는데, 자외선에서 더욱 화려한 보라색은 암놈들과 짝짓기 가능성을 높여 준다. 자외선 아래에서 짙은 보라색은 수놈이 먹이 활동을 더 활발하게 하였다는 것을 보여주는 징표이기 때문에 암놈들에게 선호적으로 선택을 받는다고 한다. 공작새 수놈의 꼬리 깃털 화려함은 암놈에게 과시하여 선택을 받기 위함이다. 이놈들의 꼬리 깃털은 화려하기도 하지만 크기도 커서 무게가 약 900g 정도나 되며 비에 젖은 상태에서는 2.5kg까지도 되어 자기 몸무게의 절반에 해당한다. 색깔이 화려한 것은 포식자에게 눈에 잘 띈다. 또한 거대한 꼬리 때문에 제대로 날지도 못하고 도망가기에도 거추장스러우므로 포식자에게 잡힐 가능성이 높아진다. 이러한 불리함에도 불구하고 화려하고 웅장한 꼬리 깃털을 갖는 것은 진화적으로 유리한 점이 있기 때문이다. 화려할수록 암놈에게 선택되어 짝짓기 가능성이 높아진다. 그러면 왜 암놈은 화려한 꼬리 깃털을 가진 수놈을 짝짓기 파트너로 선호할까? 화려함 때문에 섹시한 수컷 자식들은 포식자에게 더 쉽게 눈에 띄고 생존 가능성이 낮아질 가능성이 있지만 그래도 화려한 놈을 짝짓기 파트너로 선택한다. 섹시한 아들들이 암컷들에게 선택 받을 가능성이 높아지므로 자신의 유전자를 더 많이 퍼뜨릴 수 있기 때문일지도 모른다. 공작새는 다루기가 힘들고 비싸서 실험 동물로 적당하지 않다. 대신에 과학자들은 제비를 이용하여 실험을 했다.

유럽에 사는 제비는 겨울에는 따뜻한 아프리카에서 나고 여름에는 유럽에서 나며 암놈과 짝짓기를 한다. 수컷 제비의 꼬리 깃털을 인위적으로 짧게 자른 것, 자르지 않은 것, 그리고 인위적으로 꼬리를 길게 접착제로 붙여서 늘린 것 등 세 부류의 짝짓기 성공률을 조사한 결과, 인위적으로 꼬리 깃털을 길게 한 것들이 짧은 것들에 비해 짝짓기 성공률이 높았다. 과학자들은 이 결과를 긴 꼬리를 가지고 이동에 성공하였다는 것은 체력에 관해서 우수한 유전자를 가지고 있다는 것을 보여주므로 암놈에게 선호적으로 선택된다고 주장한다. 숫사자는 긴 갈기로 위용을 자랑한다. 더운 아프리카 지방에서 갈기를 유지하는 것은 체온 조절에 더 많은 에너지가 필요하다. 또한 길고 윤이 나는 깃털을 유지하기 위해서는 영양 상태도 좋아야 하고 질병도 없어야 가능하다. 숫사자들이 이러한 불리함에도 불구하고 갈기를 갖는 것은 암놈에게 자신이 건강한 유전자들을 가지고 있다는 것을 보여주어 선택받기 위함이다. 포유동물의 암컷은 일생 동안 생산할 수 있는 난자의 수가 몇 백 개 정도밖에 되지 않지만 정자는 수컷이 짝 짓기 시에 한번 사정에서 사출되는 정자는 수억 개가 된다. 정자는 핵 DNA만 수정 시 전달하지만 수정난의 세포질은 오롯이 암컷이 만들어낸 난자의 것이다. 또한 임신 기간 동안 태아에게 영양을 공급하고 태아가 태어나면 육아도 암컷 몫인 경우가 많다. 따라서 적어도 일부 동물에서는 건강하고 자신의 마음에 드는 수컷을 선택하는 것은 암컷의 특권인지도 모른다.

암놈에게 선택을 받기 위해서가 아니라 능동적으로 암놈을 차지하기 위해 목숨을 거는 녀석들도 있다. 무스 또는 엘크라고 하는 북미산 큰 뿔 사슴 수놈은 800kg 정도까지 나가며 암놈은 약 400kg 정도이다. 수놈과 암놈은 몸집뿐 아니라 뿔의 유무로도 차이가 난다. 암놈은 뿔이 없지만 수놈은 뿔이 있는데, 큰 것은 뿔이 2m에 달하는 것들도 있다. 엘크의 천적은 늑대인데 천적으로부터 도망칠 때 수놈들은 큰 뿔이 거추장스러워 빨리 뛸 수가 없으므로 불리하다. 수놈들은 짝짓기 철이 되면 암놈들을 차지하기 위해 처절한 싸움을 한다. 거대한 뿔로 서로 박치기를 하는데, 경우에 따라서는 목숨을 잃기도 한다. 하지만 결투에서의 승리는 달콤하다. 무리의 암컷들을 차지할 수 있으므로 목숨을 건 결투를 하는 것이다. 일부다처제 동물에서 이와 같은 수컷-수컷 대결에

그림 8.1 엘크 수사슴

북미 툰드라 지역에 사는 엘크 수사슴. 엘크 수사슴의 뿔 크기는 큰 것은 2m에 달하며 짝 짓기 계절이 되면 다른 수사슴과 뿔로 박치기 대결을 한다. 이기는 녀석이 집단 내의 암컷들과 짝짓기를 한다.

의한 암컷들을 차지하는 성선발이 흔하다. 죽음을 무릅쓰더라도 승리의 보상은 여러 마리의 암놈과 짝짓기를 하는 엄청난 보상이 따른다. 상식적으로 이해가 안 되지만 성선택은 짝짓기 파트너를 찾는 것과 생존성 간의 균형이다. 성선택은 개체에게는 생존에 위험이 있을지라도 자신의 유전자를 전달하는 보상이 있다. 자신의 목숨을 걸고 결투하여 암놈을 차지하는 것은 아마도 진화가 일종의 모험과 행운일지도 모른다.

구피라는 물고기를 관상용으로 기르는 사람들이 많이 있다. 구피는 남아메리카 강이나 호수에 많이 서식한다. 베네수엘라에 폭포로 나뉘어져 있는 두 호수가 있는데 하류의 호수에 사는 구피는 상류 호수로 물살 때문에 이동을 할 수 없다. 구피의 천적으로 강꼬치 고기가 있는데 상류 호수에는 강꼬치 고기가 없는 반면, 하류 호수에는 강꼬치 고기가 있어서 천적과 구피가 함께 서식한다. 천적이 없는 상류 호수에 사는 구피 수컷들은 옆구리 부위에 붉은 반점이 있고 꼬리에도 밝은 반점이 있다. 천적인 강꼬치 고기와 같은 환경에서 사는 구피 수놈은 이러한 화려한 반점들이 없고 표면 색도 빛나지 않는다. 천적이 없는 환경에서는 화려하게 장식하는 것이 암놈에게 선택될 가능성이 높아지는 반면, 천적과 같은 서식지에서 사는 녀석들은 화려한 색으로 강꼬치 고기에게 눈에 띄면 잡혀 먹히므로 화려함을 버린 것이다. 하지만 이러한 화려한 특징이 없는 수놈을 다시 강꼬치 고기가 없는 곳으로 옮겨서 기르면 다시 색깔도 빛나고 반점들도 생긴다. 구피는 생식과 생존 사이에서 적응하는 데 적절한 조화점을 찾아서 진화한 예이다.

일부일처제는 짝짓기 파트너가 암컷과 수컷 각각 오로지 하나씩이다. 영어로 monogamy라 한다. 이와 대조적으로 하나의 수컷이 암컷 여러 개체들을 거느리거나 또는 반대로 하나의 암컷이 여러 수컷들과 짝짓기를 하는 경우도 있다. 특정 파트너에 구별 없이 집단 내의 암컷과 수컷이 짝짓기를 하는 다부다처제 동물들도 있다. 일부일처제 이외의 짝짓기 시스템을 영어로는 polygamy라 한다. 진화에서는 어느 것이 더 효율적인가? 자기 배우자 외의 파트너와 성적 관계를 갖는 것은 인간 사회에서는 도덕적으로 비난받지만 자연계에서는 흔한 일이다.

과일 가게에서 흔히 발견되는 과실파리 혹은 초파리는 유전학 연구에 매우 유용한 동물이다. 초파리는 특정 파트너에 상관없이 암컷은 수컷과 짝짓기를 하고 수컷들도 여러 마리의 암컷들과 짝짓기를 한다. 초파리 암컷은 짝짓기에서 수컷의 정자 500여 개 정도를 자신의 수정낭에 보관하다가 자신의 알들이 성숙하면 수정하여 알을 낳는다. 수정되기 전에 암컷은 다른 수컷과도 짝짓기를 하여 암컷의 수정낭에서는 정자들 간의 전쟁이 일어나는데 수컷의 정액에는 다른 수컷의 정자를 죽일 수 있는 독소를 가지고 있다. 그런데 이 독소는 암컷에게도 독성이 있어서 해를 입힐 수 있으므로 암컷은 이를 무독화시키려 한다. 그러므로 수정낭에서는 수컷들의 정자들 간의 전쟁과 암컷과 수컷과의 3파전이 일어나는 전쟁터이다. 미국 산타크루즈에 있는 캘리포니아 주립대학의 윌리암 라이스와 그의 학생 브렛트 홀란드는 초파리 암컷과 수컷 한 마리를 한 병에 넣고 기르다가 새끼가 태어나면 다시 암수 한 마리씩 선발하여 한 병에 기르는 방법으로 인공적으로 강요하는 일부일처 시스템의 짝짓기를 시켰다. 36세대를 진행시킨 후 암컷과 수컷의 생식에 대해서 조사를 한 결과, 수컷은 암컷에게 접근 시 더욱 신사적이며 독소를 적게 생산하고 암컷은 수컷을 받아들이는 데 대해서 좀 더 수용적이었다. 즉, 일부일처제로 더 이상 짝짓기에 경쟁이 줄어드는 경우 암컷-수컷의 갈등과 관련된 형질을 억제하는 것을 보여준다.

일부일처제에는 사회적 일부일처제와 성적 일부일처제가 있다. 사회적 일부일처제는 한 쌍의 부부가 같이 살면서 짝짓기도 하고 거주하는 집이나 식량 조달 등을 공유한다. 성적 일부일처제는 한 쌍의 부부가 성적인 관계를 다른 파트너와는 하지 않는 시스템이다. 조류의 약 90% 정도가 일부일처제로 알려져 있다. 거위, 백조, 두루미 등은 일생 동안 부부의 연을 이어간다. 참새목에 속하는 새들은 한철에만 부부로 있다가 헤어지고 다음 철이 되면 다른 쌍과 부부의 연을 맺는다. 사회적 일부일처제는 파트너의 충실성을 고도로 요구하지 않는다. 예로 홍방울새 같은 경우 한 둥지 내의 10~30% 정도의 알이 다른 수컷 파트너와의 짝짓기로 태어난 것이라 한다. 현대 인간 사회에서는 성적 일부일처제가 요구되고 있으며 파트너의 외도를 대부분의 국가에서 법적으로 도덕적으로 금기시하지만 많은 부부들이 자신의 부부 외의 파트너와 성적 관계를 가지는 경우도 존재한다. 또한 아직도 많은 사회에서는 일부다처제를 사회적으로 묵인하고 있는데 이에 대해서 논하는 것은 사회생물학 범주에 속하는 것으로 본 저서에서는 유전 및 진화적 관점에서 설명한다.

영장류 중에서 일부일처제를 가지는 종은 인간을 포함하여 몇 가지 되지 않는다. 현생 인류와 가장 가까운 종인 침팬지는 여러 마리의 암컷과 수컷들이 모여서 혼음을 하며 고릴라는 수컷 한 마리가 여러 마리의 암컷을 거느린다. 반면에 인간들과 진화적 유연관계가 먼 긴팔원숭이(gibbon)는 완전한 일부일처제이다. 포유류에서 일부일처제가 많지 않은 이유로 과학자들은 체내 수정과 모친의 수유 시스템 때문에 수컷들은 다른 암컷과 짝짓기 할 기회가 많기 때문이라고 주장한다. 영장류 230종들의 짝짓기 패턴을 분석한 결과 영국 런던 대학의 크리스토퍼 오피(Christopher Opie) 교수 팀은 일부일처제는 수컷의 유아살해(infanticide) 때문이라고 한다. 일부다처제에서는 다른 수컷의 새끼를 죽이는 유아살해가 만연한다. 일부일처제를 가지는 동물들의 수컷은 암컷과 함께 자기영역을 지키고 다른 수컷으로부터 자식들을 보호한다. 그렇다면 인간들의 일부일처제는 언제부터 시작되었을까? 미토콘드리아는 모계유전을 하고 Y 염색체는 부계 유전을 하므로 미토콘드리아와 Y 염색체 다양성을 분석하면 인간의 결혼 풍습을 유추할 수 있다. 전 세계 인종들의 Y 염색체 단일 염기 다형성 돌연변이 분석 결과 Y 염색체 변이는 일부 주요한 변이들이 우점하다가 약 10만 년 전에 Y 염색체 변이가 다양하게 퍼진 것으로 나타났다. 이것은 인간들이 약 20~10만년 전까지 몇 명의 힘센 남자들이 여성들을 독점하는 일부다처제 사회였다는 것을 의미한다. 농업이 시작되면서 일부일처제가 시작되었다. 수렵 채취사회에서는 몇 명의 힘센 남성들이 사냥 성공률이 높으므로 여성을 우세적으로 차지할 수 있었지만 농경사회로 전환되면서 이들 일부 힘센 남자들의 영향력이 줄어들게 되어 많은 남성들이 더 공평하게 여성들을 차지할 기회가 생겼기 때문으로 보인다. 따라서 농업은 더 많은 남성들이 자신의 유전자를 퍼뜨릴 기회를 준 것이다.

전쟁에서 정복자들은 새로운 영도를 늘리고 정복지의 주민들을 노예로 삼는다. 정복지의 남성들을 죽임으로써 정복지에서 남성들의 다양성을 떨어뜨린다. 또한 정복자들은 정복지의 여자들을 취하여 자신의 유전자를 퍼뜨린다. 그러므로 전쟁에서의 패배는 여자들에게 큰 피해를 입히게 되는 것이다. 인류 역사상 징기스칸보다 넓은 영토를 차지한 정복자는 없었다. 14세기에 징기스칸이 이끄는 몽고 병사들은 한반도부터 동유럽까지 정복을 하여 자신의 흔적을 남겼다. 북중국부터 우즈베키스탄에 이르는 광범위한 지역 남자들의 Y 염색체 반수체형 분석 결과 분석에 참여한 남성들의 8%에 이르는 남성들이 특정한 반수체형을 가지고 있었는데 이 반수체형은 징기스칸과 그의 일족들의 반수체형으로 밝혀졌다. 이것을 전 세계 남성 비율로 계산하면 전 세계 남성의 0.5%에 이른다. 자신의 유전자를 퍼뜨리는 것이 진화적 성공이라면 징기스칸만큼 성공한 남성은 없었다. 아마도 그는 동물 세계에서도 가장 성공적으로 자기 유전자를 많이 퍼뜨린 수컷이었을지도 모른다.

CHAPTER
9

유전자가 동일하면 성격과 품성도 같을까?

성격은 어느 정도 유전의 영향을 받지만 동시에 환경, 경험, 양육 등에 의해서도 형성된다. 하지만 마치 어떤 사람의 성격이 그 집안의 유전적 내력으로 치부되는 경우가 많이 있다. 수줍음, 공격성, 대담함, 감정적 소외와 같은 특성은 유전과 환경의 영향을 받는다. 유전은 특정 행동에 대한 소인을 제공하지만, 삶의 경험, 양육, 사회적 환경은 이러한 특성이 표현되는 방식에 많은 영향을 미친다. 즉, 본성이나 양육은 단독으로 작용하여 성격을 결정하는 것은 아니다. 인간을 포함한 동물종 모두에서 행동에 영향을 미치는 중요한 역할을 하는 여러 유전자들이 밝혀졌다. 이러한 유전자들은 뇌 기능, 신경 경로, 심지어 호르몬 조절의 다양한 측면에 영향을 미치며, 이 모든 것이 행동에 기여한다.

많은 사람들은 혈액형이 어떤 사람의 성격과 관련 있다고 믿는다. 심지어는 필자 주위의 과학적 지식이 높은 사람들조차도 자신은 O형으로 침착하며 남의 말을 잘 믿지 않고 자부심이 강하다고 주장하는 사람들도 있다. 어떤 사람은 자신은 A형으로 조심성이 있고 감동을 잘하는데, 자기 부인은 B형으로 사교적이고 성격이 좋아 무엇이든 마음에 오래 품지 않는다고 한다. 이른바 "혈액형 성격 이론"이다. ABO 혈액형에는 A, B, AB, O 형 등 네 가지가 있다. 혈액형을 결정하는 유전자는 I 유전자로서 이 유전자는 적혈구 표면의 탄수화물(당) 분자를 변형하여 항원으로 결정하는 글리코실트랜스퍼라제라는 효소를 암호화하고 있다. I 유전자는 I^A, I^B, i의 대립유전자를 가지는데 I^A와 I^B는 우성/열성의 관계가 없는 공우성이고 i는 I^A와 I^B에 열성이다. I^A대립유전자가 만드는 글리코실트랜스퍼라제는 N-아세틸갈락토스아민이라는 당을 적혈구 표면에 부착시켜 A형의 항원을 형성하고, I^B가 만드는 글리코실트랜스퍼라제는 갈락토스를 부착시켜 B형의 항원을 형성한다. I^AI^B형은 A형 항원과 B형 항원을 모두 적혈구 표면에 부착시킨다. 반면 i는 열성으로 어떤 항원도 적혈구 표면에 부착시키지 못한다. A 혈액형은 I^AI^A, 또는 I^Ai의 유전자형을 가지며 B형은 I^B I^B 또는 I^Bi 유전자형이고, AB형은 I^AI^B 유전자형을 가지며 O형은 ii 유전자형이다.

A 혈액형은 B형 혈액을 응고시키는 항체를 가지며, B 혈액형은 A 형 혈액을 응고시키는 항체를 가진다. 반면 AB 혈액형은 항체를 가지지 않고, O 혈액은 A형과 B형 혈액을 응고시키는 항체를 가진다. 따라서 A 혈액형을 가진 사람은 A형이나 O형의 혈액을 수혈받을 수 있으며, B 혈액형은 B 형이나 O형의 혈액형을 수혈받을 수 있다. AB형은 모든 혈액형으로부터 수혈받을 수 있고, O 혈액형은 O형의 혈액형을 가진 사람에게만 수혈을 받을 수 있다. 따라서 AB형은 모든 혈액형의 피를 받을 수 있는 보편적 수혜 혈액형인 반면, O형은 모든 혈액형에게는 피를 줄 수 있는 보편적 수여형이며 수혈을 받을 수 있는 것은 O형만 가

능하다. ABO 혈액형 시스템은 1901년도에 오스트리아의 생화학자 칼 랜드스타이너가 발견하였는데 ABO 혈액형 발견으로 전쟁터에서 전장에서 부상을 입은 수많은 군인들이 안전하게 수혈을 받을 수 있었다. 랜드스타이너는 이 공로로 1930년도에 노벨 생리학상을 받았다. ABO 혈액형은 다른 영장류 동물에도 존재한다.

그러면 혈액형은 성격과 관련이 있을까? 이에 대한 답은 "아니다"이다. 혈액형은 위에서 설명한 것처럼 유전자의 변이에 따라 결정되므로 성격 형성과 전혀 관련이 없다. 인터넷에는 혈액형에 따라 사람들의 성격을 분류한 것들이 많이 있지만 이것은 과학적 근거가 전혀 없다. 위키피디어 자료에 의하면 우리나라 사람들의 혈액형 분포를 보면 A형이 33.8%, B형 26.6%, O형 28.2%, AB형 10.9%이다. 일본은 A형 39.8%, B형 19.9%, O형 29.9%, AB형 9.9%이다. 반면 미국인들은 A형 35.7%, B형 8.5%, O형 37.4%, AB형 3.4%이며 영국인과 프랑스인들의 혈액형 분포도 미국과 유사하다. AB형이 네 가지 혈액형들 중에 가장 빈도가 낮다. 한국과 일본인들은 유럽인들이나 미국인들 보다는 AB형 빈도가 높은 편이다. 인터넷의 혈액형과 성격을 설명한 자료를 보면 AB형은 예술적이고 감성적이며, 논리적이고 이성적이라고 설명한다. 그러면 한국인들과 일본인들은 영국인들이나 프랑스인들에 비해 더 예술적인가? 독자들도 여기에는 동의하지 않을 것이다.

XYY 삼염색체증(47, XYY 증후군이라고도 함)은 남성에게 여분의 Y 염색체가 있는 유전적 상태이다. 일반적으로 남성은 X 염색체 하나와 Y 염색체 하나(46, XY)를 포함하여 46개의 염색체를 가지고 있다. 그러나 XYY 삼염색체증에서는 46개의 염색체와 추가로 Y 염색체가 하나 더 있는 것이다. 1965년 스코틀랜드에서 행해진 한 연구는 사회적으로 큰 반향을 일으켰다. 이 연구 결과에 따르면 교도소 수감 남성들 중 XYY 염색체를 가진 사람들의 빈도가 교도소 밖의 일반인들보다 높다는 것이다. 1970년도에 미국 필라델피아에서 행해진 죄수들과 일반인들의 XYY 빈도 비교에서도 죄수들에서 XYY 빈도가 일반인들보다 더 높은 결과를 바탕으로 XYY 남성이 공격적이거나 반사회적 행동을 더 많이 할 가능성이 있다는 가설을 발표했다. 이에 많은 언론에서는 "범죄 유전자(criminal genes)를 발견했다고 대서특필하였다. 그러나 이러한 연구들은 표본 크기가 작고 편향되어 있다는 등 여러 가지 결함이 있었다. 이어지는 여러 연구 따르면 XYY 증후군이 범죄, 공격성 또는 폭력적 행동을 직접적으로 유발한다는 결정적인 증거는 없었다. 일부 연구에서는 XYY 사람들에게서 행동 문제 비율이 약간 더 높다고 제안했지만 이러한 경향은 일반적으로 경미하며 범죄 행동을 나타내지 않는다. XYY 개인의 행동 문제는 추가 Y 염색체 자체의 존재보다는 환경적 요인(예: 양육, 사회적 지원)의 영향을 더 많이 받는 것이라고 많은 학자들은 믿고 있다. XYY 증후군이 있는 대부분의 남성은 뚜렷한 신체적 이상이 없지만 일부는 평균보다 키가 크다. IQ 점수는 일반적으로 정상 범위 내에 있지만 일부 개인은 특히 언어 및 독서에서 경미한 학습 장애가 있을 수 있다. XYY를 가진 많은 사람들은 평범하게 일반적인 삶을 살지만 일부는 충동성이나 기분 장애와 같은 감정적 또는 행동적 문제를 경험할 수도 있지만 이러한 특성은 일반인들의 특성과 크게 다르지 않다.

세로토닌, 도파민, 노르에피네프린과 같은 신경전달물질을 조절하는 모노아민산화효소 A(MAOA)는 특이한 환경에서 공격성과 관련이 있는 것으로 알려졌다. 종종 "전사 유전자(warrior gene)"라고 불리는 *MAOA*

유전자의 변이를 가진 사람들은 어린 시절 학대와 같은 환경 요인과 결합될 때 공격성이 증가하는 것과 관련이 있다. 하지만 범죄성과 같은 복잡한 행동은 하나의 "범죄 유전자"에 의한 것이 아니고 여러 유전적 요인과 환경적 요인(예: 빈곤, 교육, 트라우마)과의 상호작용에 의해 영향을 받는다. 유전적 소인은 충동성이나 감각 추구와 같은 성격 특성에 기여할 수 있으며, 이는 범죄 활동에 참여할 위험을 증가시킬 수 있지만, 유전자만으로는 누군가의 운명을 결정할 수 없다.

인간의 성격 중에서 가장 뚜렷한 것은 여성과 남성의 성격의 차이일 것이다. 아기 때부터 여자 아이들은 남자아이들과 다르다. 가지고 노는 장난감도 여자 아이들은 인형과 같은 것을 가지고 놀지만, 남자아이들은 자동차나 장난감 총 등을 가지고 논다. 성격이 여자처럼 섬세한 남자들도 있고 남자처럼 괄괄한 성격을 가진 여장부들도 있다. 자신의 성 정체성 때문에 고민을 하는 사람들도 주위에 많이 있다. 여자와 남자의 성격상 차이도 생물학적인 것일까? 남아와 여아는 이미 Y 염색체에 있는 *SRY* 유전자에 의해 결정된다는 것을 이전 장에서 설명했다. 태아가 남성적 성격을 갖는지 여성적 성격을 갖는지는 태아 발달 과정에서 호르몬에 의해 결정된다. *SRY*는 고환 발달을 유도하며 임신 7주 경부터 고환에서는 남성 호르몬인 테스토스테론을 생성하고 이 호르몬은 남성 생식기의 발달을 촉진하고 뇌와 기타 조직에 남성성 분화를 돕는다. *SRY*가 없으면 생식샘은 고환 대신 난소가 발달되는데 남성 호르몬을 생성하는 정소와 달리 난소는 태아 발달 중에 여성 호르몬 에스트로겐을 생성하지 않는다. 대신 XX 태아는 모체의 혈류를 순환하는 여성 호르몬 에스트로겐에 노출되어 여성 생식기가 발달된다. XY 태아의 경우 테스토스테론은 뇌가 성적으로 분화되는 중요한 시기에 영향을 미친다.

이 과정은 공간 탐색이나 공격성과 같이 종종 "남성에게 전형적인" 행동에 관련된 특정 뇌 영역을 형성하도록 한다. XX 태아는 발생과정 중 테스토스테론 수치가 높지 않아 뇌 발달이 다른 경로를 따르게 되어 언어적 유창성과 감정 처리에 관련된 뇌 영역이 종종 "여성에게 전형적인" 방식으로 발달한다. 그러나 테스토스테론과 기타 호르몬은 태아 발달 중 신체적 성적 특성을 결정하는 데 중요한 역할을 하며 뇌 구조의 특정 측면에 영향을 미칠 수 있지만, 개인의 생애 후기 성 정체성이나 성 표현에 대한 감각을 완전히 결정하지는 않는다. 성 정체성, 남성성, 여성성은 더 복잡하며 생물학적, 환경적, 문화적 요인의 조합에 의해 형성된다.

자신의 성 정체성에 혼란을 겪는 것을 성별이상증상(gender dysphoria)이라고 하는데 이것은 정신의학적 질병으로 분류된다. 성별이상 증상은 심리적, 사회적 측면이 강하지만, 유전적 요인, 호르몬 노출, 태아기 동안의 뇌 발달을 포함한 생물학적 요인도 영향을 미친다. 성 호르몬 수용체 유전자 변이를 가진 사람들은 자신의 생물학적 성에 혼란을 겪을 수 있다. 예로 남성호르몬 앤드로젠 수용체 유전자인 *NR3C4*에 변이를 가진 사람들은 여성적인 성격을 가질 수 있다. 그리고 태아 기간 동안 여성 호르몬인 에스트로겐에 과다 노출된 XY 태아 또는 남성 호르몬인 안드로젠에 과다 노출된 XX 태아는 태어난 후 자라면서 성 정체성 혼란을 겪을 수 있다. 한 조사 연구에 따르면 성전환을 하는 사람들 중 많은 사람들이 생물학적인 원인에 의해 성정체성 장애를 가진 사람들이라고 한다.

쌍둥이 연구는 성격이 유전적 요인과 환경적 요인에 얼마나 영향을 받는지 이해하기 위한 행동 유전학에서 중요한 방법으로 성격형성의 유전성을 탐구하기 위해 많은 연구가 수행되었다. 일란성 쌍둥이는 모든 유전자형이 동일하지만 이란성 쌍둥이는 유전자형 공유가 50%이다. 일란성 쌍둥이들의 성격적 차이와 이란성 쌍둥이들의 성격적 차이를 비교하면 성격에 대한 유전적 요인과 환경적 요인을 분석할 수 있다. "짐 쌍둥이"라고 알려진 흥미로운 사례를 소개한다. 짐 스프링거(Jim Springer)와 짐 루이스(Jim Lewis)는 1940년 오하이오에서 태어나서 겨우 4주 만에 헤어졌다. 그들은 서로의 존재를 알지 못하는 다른 가정에 입양되었다. 놀랍게도, 두 입양 가정 모두 아들의 이름을 제임스라고 지었고, 두 소년은 모두 짐이라는 이름으로 자랐다. 그들은 1979년에 재회하기 전까지 39년 동안 만난 적도 없고 서로의 존재에 대해 몰랐다. 하지만 서로 다른 환경에서 자랐음에도 불구하고, 만났을 때 그들은 거의 믿을 수 없을 정도로 비슷한 점을 발견했다. 둘 다 린다라는 여성과 결혼 후 이혼하고 베티라는 여성과 재혼했으며, 아들 이름의 철자는 약간 다르지만 제임스 알렌으로 지었으며, 둘 다 보안관 대리 직업을 가진 적이 있고, 취미로 목공과 건축을 좋아하며, 손톱을 씹는 버릇이 있었고, 자동차도 같은 쉐보레 자동차를 몰았다. 이외에도 이들은 음식 선호도, 생활 방식, 습관, 의사결정 과정과 같은 더 복잡한 측면에서도 많은 유사점들이 있었다. 이 사례는 성격과 행동을 형성하는 데 있어 유전학의 역할을 강조했기 때문에 심리학자와 유전학자를 매료시켰다. 환경 요인이 인간 발달에 중요한 역할을 한다는 것은 분명하지만, 짐 쌍둥이 사례는 유전적 영향이 개인적 또는 환경적 영향에 더 많이 영향을 받는 것처럼 보일 수 있는 취미와 삶의 선택과 같은 영역에서도 놀라울 정도로 강할 수 있음을 보여주었다.

쌍둥이에 대한 다른 연구들은 본성과 양육에 대한 논쟁에 기여하여, 연구자들이 유전적 소인과 자라온 환경 간의 균형을 이해하는 데 도움이 되었다. 가장 유명한 쌍둥이 연구로 태어난 후 헤어져서 다른 환경에서 자란 미네소타의 일란성 쌍둥이 연구이다. 1979년 미네소타 대학의 연구진은 태어나서 다른 환경에서 자란 81쌍의 일란성 쌍둥이들과 56쌍의 이란성 쌍둥이들의 성격적 특성을 분석하였다. 일란성 쌍둥이들은 이란성 쌍둥이들보다 비슷한 성격적 특성을 보였다. 연구자들은 개방성, 성실성, 습관, 신경증, 친화성 등의 성격적 차이들의 40~60% 정도가 유전적 요인에 의한다고 보고했다. 여기에서 유전적 요인이란 어떤 특정 한 사람의 성격이 40~60%는 유전자에 의해 결정되고 나머지는 환경에 의한다는 것은 아니다. 조사된 일란성 쌍둥이들 간의 성격적 차이와 이란성 쌍둥이들 간의 성격적 차이들 중 40~60%가 유전적 원인에 의한다는 것이다. 하지만 미네소타 연구진들의 연구는 분석한 샘플의 수가 적고 이들 쌍둥이들이 생육 초기에 입양되었어도 양육 가정들의 사회경제적 환경이 완전히 다르다고 할 수는 없다. 그러나 그럼에도 불구하고 이들의 연구는 성격에 미치는 유전적 영향이 환경적 영향과 비교하여 적지 않음을 시사한다.

심리학에서 성격에는 외향성, 친화성, 개방성, 성실성, 신경증 등 5가지의 기본 차원이 있다고 믿고 있는데 이를 "빅 5" 성격 특성이라고 한다. 1996년에 캐나다 연구자들은 일란성 쌍둥이 123쌍과 이란성 쌍둥이 127쌍을 사용하여 빅 5 성격 특성에 대한 유전과 환경에 대한 평가를 실시하였다. 연구 결과 5가지 성격 특성에 대한 유전적 영향은 신경증 41%, 외향성 53%, 개방성 61%, 친화성 41%, 성실성 44%로 추산되었다. 그러므로 환경적 영향, 특히 공유되지 않은 환경(각 개인에게 고유한 경험)도 성격 발달에 상당히 기여하는 것이다. 즉, 삶의 경험, 사회적 맥락, 문화가 유전적 요인과 상호작용하여 개인의 성격을 형성하는 것이다.

CHAPTER 10

생물종의 분화와 다양화의 비밀

현재 지구상에는 약 870만 종(species)의 진핵 생물이 살고 있다. 원핵 생물은 종의 구분을 명확하게 한정할 수 없는 경우가 많지만 진핵 생물보다 더 많을 수 있다. 약 35억~40억 년 전 생명체가 처음 등장한 이래로 지금까지 5조 개의 종이 존재했을 것으로 과학자들은 추정한다. 지구의 역사에서 많은 종들이 나타났다가 일정 기간 생존하다가 사라졌다. 인간(*Homo sapiens*)이 지구상에 나타난 것은 연구마다 차이가 있지만 약 195,000년 전이라고 추정한다. 아무것도 없던 것에서 인간이 갑자기 탄생한 것이 아니고 그 이전에 존재하던 고생 인류들 중 한 계통이 인간으로 진화한 것이다. 그렇다면 종은 어떻게 생성되는 것일까?

종의 기원을 설명하기 전에 우선 종의 개념을 설명한다. 가장 두드러진 것은 생물학적 종 개념으로, 종을 다른 종과 생식적으로 고립된 교배 개체군으로 정의한다. 즉 서로 다른 종은 교배나 교미에 의해 자식을 생산할 수 없다. 간혹 다른 종간의 1대 잡종 자식을 생산해도 1대 잡종은 불임이다. 예로 사자(Lion)와 호랑이(Tiger)의 잡종 라이거(Liger)

는 라이거 새끼를 낳지 못한다. 사자(*Panthera leo*)와 호랑이(*Panthera tigris*)는 서로 다른 종이기 때문이다. 하지만 박테리아와 같은 경우 서로 다른 종이라 해도 쉽게 접합이 일어나서 새로운 종을 탄생시킬 수 있어서 생식적 고립으로 종을 구분할 수가 없다. 유전학자들은 박테리아 종의 구분을 위해 16S rRNA 유전자의 염기서열을 비교하여 DNA 유사성이 95~96% 이상이면 같은 종으로 분류한다. 이러한 방법을 유전적 차이에 의한 종 분류라 한다. 그리고 형태학적 종 개념이 있는데 이것은 생물종들의 물리적 특성과 구조적 특징에 기반하여 분류하는 것이다. 같은 종에 속하는 것들은 형태적 특징이 비슷하다. 하지만 이것도 문제가 있다. 예를 들어 브로콜리, 양배추, 케일, 콜리플라워, 콜라비, 방울다다기 양배추 등은 형태가 매우 다르지만 모두 양배추 종(*Brassica oleracea*)에 속하는 동일한 식물그룹이다. 형태적 특성과 재배형태 등은 다르지만 꽃이 피면 큰 차이가 없고 서로 교잡되어 자유로이 자식을 만들 수 있는 동일 식물종이다. 농업을 시작한 신석기시대 이후 케일과 유사한 식물로부터 독특하게 특정 기관이 발달한 것을 골라 재배하면서 현재와 같이 모양이 전혀 다른 재배형 품종화가 진행된 것이다. 최근에는 육종가들이 이들 간 상호 교잡을 통해 편이 되었던 유전자들을 다시 도입하여 잡종강세를 유도하기 위한 품종개발을 하고 있다. 형태학적 종 개념과 더불어 화석에서 발견되는 고대 식물의 형태적 특징을 현존하는 종과 비교하여 같은 종인지 유사 종인지를 확인한다. 종 개념에는 이외에도 생태학적 종 개념은 생태적 지위와 환경에 따라 종을 구분하는 방법이 있다. 종을 설명하는 각 개념에는 장점이 있으며 연구된 맥락과 생물 종 분류에 따라 적용된다. 이러한 개념을 함께 사용하면 생물학자가 생명의 다양성을 분류하고 이해하는 데 도움이 된다.

찰스 다윈(Charles Darwin)은 1859년에 출판한 그의 저서 종의 기원(Origin of Species)에서 **"더 유리한 특성을 가진 개체들은 평균적으로 경쟁자보다 더 나은 성적을 거두고 생존하며, 그 유리한 특성을 자손에게 물려줍니다."**라고 진화에 대한 설명을 했다. 하지만 그는 종이 어떻게 분화되는지에 대해서는 언급을 하지 않았다. 다만 그는 변이가 점차적으로 축적되어 선발에 유리한 특성이 생긴다고 생각했지만 정작 변이가 어떻게 생기는지에 대해서는 전혀 알지 못했다.

그렇다면 종이 분화되는 기작은 무엇일까? 종 분화는 새로운 종이 발생하는 진화 과정이다. 동일한 종의 개체군이 지리적, 생태적 또는 생식적으로 고립되어 유전자 교환이 감소하거나 없어지면서 종이 분화하기 시작한다. 이러한 고립은 여러 가지 방식으로 발생할 수 있는데, 예를 들어 이소성 종 분화는 개체군이 물리적 장벽(예: 산이나 강)으로 지리적으로 분리되는 경우이고, 동소성 종 분화는 종종 생태적 특수화 또는 유전적 원인으로 인해 동일한 지리적 영역 내에서 종 분화가 발생하는 경우이다. 일단 고립되면 이러한 개체군(집단)은 돌연변이, 자연 선택 및 유전적 부동을 통해 유전적 변화가 동반된다. 서로 다른 환경적 압력이나 선택적 힘이 분리된 그룹에 작용하여 형태, 행동 또는 생리학과 같은 특성의 분화로 이어진다. 시간이 지남에 따라 이러한 차이가 축적되고 집단은 특정 환경이나 생태적 니쉬(niche)에 적응한다. 결국 유전적 및 생식적 장벽이 너무 심해져 다른 집단에 속한 개체 간에 더 이상 생존 가능하고 번식 가능한 자손을 생산할 수 없게 되면 각 집단은 서로 다른 종이 생성된다. 종 분화는 생물다양성의 원동력으로, 진화적 시간 척도에 걸쳐 지구상의 다양한 생명체를 형성했다.

미국 미시간 대학교의 유전학자인 다이앤 도드(Diane Dodd)는 식단의 선호도가 종 분화에 영향을 주는지를 보기 위해 과실파리 개체들을 한 그룹은 말토스 당이 있는 배지에서 다른 그룹은 전분 배지에서 12세대까지 연속으로 키운 후 두 그룹을 같은 배지로 옮겼다. 같은 식단을 섭취한 파리들은 서로 짝짓기를 선호하며 다른 식단을 섭취한 파리들을 멀리 하는 것으로 나타났으며, 이는 생식적 고립이 시작되었음을 입증한다. 이 실험을 통해 저자들은 행동 변화를 통해 종 분화를 촉진하는 식단의 역할을 강조했다.

마데이라(Madeira) 제도는 북아프리카 동쪽 대서양에 있는 작은 섬들로 이루어져 있다. 마데이라 제도의 한 작은 섬에는 15세기 포르투갈 상선이 정박하기 전에는 집쥐(*Mus musculus domesticus*)가 없었으나 상선에 있던 집쥐들이 섬에 상륙하면서 집쥐들의 개체수가 늘어났다. 이 섬은 중앙에 있는 높은 산을 두고 골짜기마다 고립되어 있다. 지난 수백 년 간 각 골짜기 마다 고유한 집쥐 개체군들이 형성되었는데 각 개체군 들 간에는 산으로 막혀 있어서 서로 생식적 고립이 자연히 형성되었다. 대부분의 집쥐들은 염색체를 24개 가지고 있었으나 한 집단은 두 염색체 간의 상호 전좌가 일어나 염색체 수를 22개를 가지고 있었다. 결국 이 두 집단의 개체들은 이제 지리적 장벽을 제거하여도 서로 교미에 의해 잡종을 생산하지 못한다. 주목할 점은 이 쥐에서 관찰된 빠른 염색체 진화가 인간이 섬에 도입한 이후 약 500~1,000년이라는 비교적 짧은 기간 내에 일어났다는 것이다.

1995년 여름, 강력한 허리케인 멀린(Marilin)이 카리브해에 몰아쳤다. 허리케인에 의해 뿌리 채 뽑힌 나무들이 떠밀리며 최소 15마리의 이구아나들이 아주 작은 외딴 섬인 카리브해 섬인 앵귈라(Anguila)로 왔다. 이것은 진화에서의 자연 실험으로 새로운 섬에서의 고립은 시간이 지남에 따라 유전적 부동(genetic drift), 적응 또는 종 분화로 이어질 수 있다. 이 사건은 종 이동, 적응 및 생태계의 상호 연결성을 연구하는 생물학자에게 흥미로운 사례 연구 역할을 제공했다. 과학자들은 이들 살아남은 이구아나들이 원래의 집단과의 지역적 분리에 분화를 추적 연구하고 있다.

천만 년 전까지 동아프리카는 여러 가지의 과일과 열매들이 풍부하고 나무들이 무성하여 포식자로부터 숨을 수 있어서 원숭이들에게 낙원과 같은 곳이었다. 하지만 지각판이 이동하면서 거대한 땅덩어리가 서로 뭉쳐 오늘날의 에티오피아에 그레이트 리프트 밸리(Great Rift Valley)라고 불리는 새로운 지형과 산맥이 형성되었다. 새로운 산과 계곡은 지중해에서 공급되는 해양 수분 공급을 방해하여 그레이트 리프트 밸리 동쪽의 숲은 천천히 광활한 열린 초원으로 점차 변모되었지만 서쪽은 수분 공급의 방해가 없으므로 울창한 숲이 그대로 유지되었다. 그레이트 리프트 밸리 동쪽과 서쪽의 생태적 니쉬(niche)가 완전히 달라져서 그곳에 살던 생물들도 다른 진화적 압력을 받게 되었다. 그 이전에는 한 종이었던 원숭이 종의 하나가 약 600만 년 전에 그레이트 리프트 밸리에 의해 분리되어 다른 생태적 니쉬와 지리적 고립으로 서로 다른 진화의 길을 걷게 되었다. 서쪽의 숲이 풍부한 환경에서 적응한 계통은 오늘날의 침팬지가 되었다. 반면에 그레이 리프트 밸리 동쪽에서는 죽어가는 나무와 점점 더 열린 초원이 있는 환경에 적응하며 진화하여 결국 현생 인류가 되었다.

우장춘 박사는 식물의 진화에 대한 새로운 개념을 제시한 위대한 과학자이다. 식물의 진화를 설명하는 기작에 대해서는 찰스 다윈의 분화 개념과 더불어 유사종이 합쳐져서 신종이 될 수 있다는 우장춘 박사의 종의 합성 이론이 최근에 와서는 더 주목받고 있다. 식물의 경우 한 종이 분화하여 두종으로 분화되기도 하지만 두 종이 합쳐져서 새로운 한 종이 되는 경우도 많이 있다. 배수체이다. 동물은 배수체가 드물지만 식물에서는 배수체가 매우 흔하다. 현존하는 40여 만 종의 식물 모두 수차례 이상의 배수화 현상 이후 이배체로 안정화되는 과정을 거쳐 왔다. 같은 지역에서 생존하던 유사한 두 종류의 식물 종이 보통은 교잡이 되지 않지만 매우 특이한 상황에서 종간 잡종 종자를 생성할 수 있다. 이를테면 호랑이와 사자가 생식을 한 후 라이거를 출산한 것과 비슷한 현상이다. 동물의 경우 이 개체는 정상적인 생식세포를 만들지 못해 불임이라서 종족이 유지되지 못하지만 식물의 경우 불임상태로 자라던 잡종식물이 성장과정에 특수한 환경에서 염색체가 그대로 중복 복제되어 배가(倍加) 되면서 임성을 회복할 수 있다. 유사한 식물인 배추와 양배추가 교잡하여 유채가 만들어진 현상이다. 교잡 당시 배추와 양배추 잡종종자는 배추 염색체 10개와 양배추 염색체 9개, 즉 19개의 염색체를 가지고 있어 쌍을 이루지 못하는 반수체 식물 상태이며 불임이다. 하지만 성장과정에서 19개 염색체가 중복된 상태의 세포가 되면 19쌍의 염색체를 보유한 정상 세포가 되고 임성을 회복하여 종자를 생성할 수 있는데 이것이 현재의 유채 종이 되었다. 이러한 배수체의 예로 스파게티밀(*Triticum turgidum*)은 두 종의 잡종이며 빵밀(*Triticum aestivum*)은 세 가지 종의 잡종이다. 달고 맛있는 딸기는 네 가지 종이 합쳐진 8배체 종이다. 인간이 잡종의 식물을 만든 경우도 있다. 빵밀은 밀가루 품질이나 수량은 많지만 냉해나 병해에 약하다. 반면에 호밀(*Secale cereale*)은 여러 가지 병해에 강하고 저온에 견디는 힘도 있지만 밀가루 품질은 좋지 못하다. 이 두 식물의 장점을 살리기 위해 과학자들은 Triticale이라는 새로운 식물을 만들어서 1950~80대에 캐나다, 브라질, 러시아(당시에는 소련) 등에서 많이 재배하였다. 더 자세한 설명은 "**3장 돌연변이가 없다면 인류가 생존하였을까?**"를 참조하길 바란다.

진화에는 계통 진화(phylectic evolution)와 도약진화(saltation evolution)가 있다. 계통 진화는 한 종이 점진적으로 변하여 중간종을 거쳐서 다음 단계의 종으로 이른다는 설이며 도약 진화는 변화가 아닌 급작스러운 "도약" 진화가 진행될 수 있다는 것이다. 일반적으로 돌연변이나 교잡과 같은 메커니즘으로 인한 생물체 내 유전적 또는 표현형적 변화에 초점을 맞춘 이론이다. 예로 어류에서 진화하는 육상동물을 설명한다. 어류에서 육상동물로 진화하기 위해서는 여러 가지 형질이 변해야 한다. 육상에 정착한 척추동물로 진화한 어류는 총기아강의 엽-지느러미(lobe-finned fish)어류였다. 엽-지느러미 어류에는 현존하는 폐어류(lung fish)와 실라칸스(coelacanths)가 있다. 실라칸스는 6,600만 년 전에 멸종된 것으로 알려졌지만 최근에 인도네시아 부근의 인도양에서 발견되었다. 이 어류들은 아가미를 통해 물에서 산소를 추출하는 것 외에도 공기를 호흡할 수 있는 구조를 가지고 있다. 부레는 폐와 유사한 구조에서 진화했으며 주로 부력을 조절하는 데 사용된다. 엽상어류에서 동일한 조상 폐는 사지동물에서 볼 수 있는 복잡한 쌍의 폐로 더욱 발전했다.

틱타알릭(Tiktaalik)은 사지동물 진화에서 중요한 어류 화석으로, 물고

그림 10.1 틱타알릭

틱타알릭은 이미 멸종되었지만 어류에서 사지 육상 동물로 진화한 초기 동물이다.

기와 초기 육상 척추동물을 연결한다. 머리를 받치고 있는 목은 물고기들은 가지고 있진 못한 새로운 특징이다. 목을 가지고 있으므로 머리가 몸과 독립적으로 움직일 수 있다. 이러한 적응은 지상에서 환경을 살피면서 이동하는 데 필수적이었다. 앞다리는 상완골(humerus), 반경골(radius), 척골(ulna)을 포함한 튼튼한 뼈와 원시적인 손목 관절을 가지고 있어 얕은 물이나 육지에서 몸을 지탱할 수 있다. 틱타알릭은 이러한 특징을 가지고 어류에서 육상 동물로 연결시켜주는 중간종의 어류 화석이다. 이러한 특징들은 사지 구조와 이동성의 진화를 강조하는데, 이는 초기 사지동물이 수생에서 육상 생활로 전환하는 데 중요했다. 현대 분자생물학자들은 이러한 전환이 여러 유전자의 점진적인 돌연변이가 아니라 호메오 유전자인 *Hox* 유전자의 일부 염기변이로 나타났다고 한다. 즉, 도약 진화의 예이다.

진화적 시간에서 어느 특정 시기에 특정 종들이 폭발적으로 많이 나타났다. 이러한 진화를 분기진화(cladogenesis)라 한다. 좋은 예로 약 5억 4천만~5억 2천만 년 전의 캄브리아기 대폭발(Cambrian Explosion)이다. 캄브리아기 대폭발은 생명의 급속한 다양화를 의미하며, 대부분의 주요 동물 문(phylum)이 화석 기록에 등장했다. 이 진화적 폭발은 복잡한 신체 평면, 단단한 껍질, 특수한 구조를 특징으로 했다. 이러한 갑작스러운 종들의 등장은 환경적, 유전적, 생태적 요인에 의해 주도되었을 가능성이 높으며, 지구의 생물권을 변형시켜 현대 동물 다양성의 기초를 형성했다. 분기 진화의 다른 예로 현화식물(속씨식물)의 출현을 들 수 있다. 찰스 다윈은 중기 백악기(약 1억 년 전)의 약 3,000만 년 정도 되는 짧은 지질학적 기간의 화석에서 다양하고 많은 종의 속씨 식물들이 발견되는 것을 보고 그의 친구인 식물학자 조셉 후커(Joseph Hooker)에게 보낸 편지에 "**혐오스러운 미스터리(abominable mystery)**"라고 기술하였다. 다윈 시대 이후, 고식물학과 분자 계통학의 발전으로 속씨식물의 기원에 대한 새로운 사실들이 많이 발견되었다 아케프럭터스(*Archaefructus*)와 같은 원시 속씨식물이 쥐라기(약 2억~1억 4,500만 년 전) 화석에서 발견되지만, 속씨식물의 종 확장은 백악기까지 지연되어 일어났다.

진화는 이론이 아닌 사실이다. 아직도 많은 사람들은 진화를 믿지 못하고 지구상의 모든 생물들은 동시에 만들어 졌다는 창조설을 주장하고 있다. 고고학적이고 과학적 증거들에 의하면 인간들이 야생 식물과 동물들을 길들이고 농업을 시작한 것이 대략 10,000~12,000년 전의 신석기시대부터였다. 하지만 아직 많은 사람들은 지구의 나이가 약 10,000년이라고 믿으며 선사시대에 큰 홍수가 있어서 생물 종들의 암·수 한 쌍이 커다란 배로 피난하였다가 살아나서 지금의 생물종으로 번성하였다고 믿는다. 종 분류의 체계를 세운 18세기의 과학자 칼 본 린네(Carl von Linne)도 종은 불변한다고 믿었다. 하지만 종은 환경에 적응하면서 변한다. 급격하게 변하기도 하고 천천히 변하기도 하며 한 종이 두 개 이상의 종으로 분화할 수 있다. 또한 두 가지 이상의 종들이 합쳐져서 새로운 합성종이 탄생하기도 한다. 지금 이 순간에도 많은 종들이 사라지고 또 새로운 종들이 나타나고 있다.

PART 2

유전자로부터 지배되는 인류의 건강

전 세계적으로 신생아의 3~5% 정도가 유전적 질환이나 결함을 가지고 태어난다. 모든 사람들이 두려워하는 암도 세포가 분화하고 분열하는 데 관련 있는 유전자 돌연변이에 의해 발생하는 유전적 질환이다. 하지만 유전학 및 유전체학의 눈부신 발전으로 암을 조기 발견하고 특정 암에 대한 맞춤의료도 가능해졌다.
생명의 정의는 매우 난해해서 과학과 철학 분야에서 많은 논쟁이 되고 있다. 임신 중 태아는 언제부터 생명으로 존중받을 수 있을까? 이는 종교적, 법률적, 과학적, 의학적으로 견해가 다를 수 있다. 낙태에 윤리적 문제와 여성의 낙태 권리에 대해서 논한다. 우리는 모두 죽음이라는 과녁으로 날아가는 화살과 같다. 왜 나이가 들면 노화되는 것일까? 죽는 것은 무엇인가? 의사가 “사망”이라고 판정하는 기준은 무엇인가? 마지막 주제로 감각이 인간 진화에 어떤 역할을 했는지 등에 대해서 설명한다.

CHAPTER 11

유전자결함은 어떤 질병을 유발할까?

유전질환은 한정하기에 달렸지만 전 세계적으로 신생아의 약 3~5% 정도가 유전적 질환이나 유전적 결함을 가지고 태어난다. 신생아 100명 중 1명이 단일 유전자 변이에 의한 유전질환을 가지며 150명 중 1명이 다운 증후군과 같은 염색체 이상을 가지고 태어난다. 인간 유전질환에 대한 정보를 제공하는 Online Mendelian Inheritance in Man(OMIM, https://www.omim.org/)에는 2024년 7월 16,000가지의 유전적 질환과 인간 유전자 변이들을 정리하고 있는데, 거의 매일 업데이트되며 다른 유전학 리소스에 링크되어 풍부한 자료를 제공한다.

대부분의 유전질환은 열성이지만 드물게 우성인 유전질환이 있으며, 이들 유전자가 상염색체에 존재하는지 또는 성염색체에 존재하는지에 따라 유전양상이 다르다. 상염색체란 성염색체 X/Y를 제외한 다른 염색체들을 통칭한다. 상염색체 우성질환의 경우 적어도 부모 중 한 명은 질환을 가지며 부모 중 한 명이 동형접합이면 매 세대마다 질환자가 나타난다. 엄마·아빠가 질환을 보여도 이들이 이형접합형이면 자식 세대에서 질환을 보이지 않을 수도 있다. 상염색체 열성질환은 엄마·아빠가 정상이어도 이들이 이형접합형이면 자식이 열성질환을 보일 가능성이 25%로 근친결혼의 경우 이러한 유전양상이 많이 나타난다. 반면 부모가 모두 열성 질환을 가지면 자식들은 모두 질환을 보인다. 희귀 열성의 경우 수평적 패턴의 유전 양상을 가진다. 즉, 이전 세대에서는 질환을 보이지 않았지만 어떤 세대에서는 형제 또는 자매 중 여러 명이 질환을 보일 수 있다.

헌팅톤 질환은 일단 발병이 되면 치유가 되지 않는 퇴행성 신경질환이다. 헌팅톤 질환은 상염색체 우성 질환으로 질환 유전자(*HTT*)는 4번 염색체의 단완에 있다. 질환은 뇌의 신경세포가 퇴화하면서 중추신경에 영향을 주어 걸음걸이나 움직임이 부자연스러워 마치 무도회에서 춤을 추듯 걷는다 하여 무도병이라고도 한다. 무도병이라 하여 무도회를 연상시킬 수 있지만 사실은 매우 무서운 질환으로 질환자는 정신적인 증상이나 극단적인 행동을 보이기도 한다. 헌팅톤 질환은 천천히 진행되어 30~50세까지 증세가 없다가 일단 발병하면 치료할 방법이 없다. 보통 이 나이가 되면 가정을 이루어 자식들이 부모를 필요로 하는 시기인데 증세가 시작되어 고생하다가 결국 사망하게 되는 안타까운 질환이다. *HTT* 유전자에는 CAG의 삼염기가 반복적으로 존재하는데, 반복 횟수가 정상의 경우 36회 이하이며, 36회 이상이면 발병하는데 반복 횟수가 많을수록 일찍 발병한다. CAG는 글루타민이라는 아미노산을 암호화한 코돈이다.[2] 글루타민이 40회 이상 반복되면 헌팅턴 단백질의 모습이 바뀌어 신경세포에 손상을 주어서 헌팅톤 질환을 유발한다. 헌팅

2) 3개의 염기가 하나의 아미노산을 암호화한다. 아미노산을 암호화하는 3염기를 코돈이라 하며 각 아미노산은 1개 이상의 코돈을 가진다.

톤 환자의 비율은 영국인의 경우 10만 명당 8명 정도이며 우리나라에도 건강심사 평가원 보고에 따르면 2022년 기준 340명의 헌팅톤 환자가 있다고 한다.

낭포성 섬유증(Cystic Fibrosis, CF)은 상염색체 열성 질환이다. 7번 염색체 장완에 있는 *CFTR*(Cystic Fibrosis Transmembrane Regulator) 유전자의 돌연변이에 의한 질환이다. CFTR은 폐, 췌장, 내장, 간 세포의 세포막을 통과하는 염소이온과 물을 조절하는 기능을 한다. 낭포성 섬유증은 돌연변이로 CFTR이 제 기능을 못하므로 이들 기관에 끈적거리는 점액이 만들어져서 해당 장기가 기능을 못하는 질환이다. 낭포성 섬유증 환자들은 20세기 중반만 해도 한 살을 못 넘기고 사망하였으나 현대에는 의료 기술의 발달로 성인 나이를 넘겨서 생존하는 사람들이 많이 있다. 이 질환을 가진 사람들의 수명은 42~50세 정도이지만 살아가는 동안 호흡곤란, 기도 점액질 누적으로 인한 만성 기침, 생육 부진 등으로 고생한다. 주로 백인들에게 많이 발생하며 유럽 백인들은 2,500~3,000명당 1명 정도의 비율로 나타나며, 북유럽인 25명 중 한 명 정도가 돌연변이를 가진 보인자이다. 하지만 한국인을 포함한 동아시아인들의 *CFTR* 변이 보인자 비율은 백인들과 비교하여 매우 낮아서 100~300명당 한 명 정도이고 CFTR 환자는 100,000~350,000명당 한 명 정도이다. 낭포성 섬유증 변이를 가진 사람들은 콜레라나 장티푸스 등에 저항성을 보인다고 하는데, 이것이 낭포성 섬유증 열성 대립유전자가 사라지지 않고 계속에서 남아 있는 원인 중 하나로 보인다.

상염색체 열성 질환으로 겸형빈혈증을 유발하는 헤모글로빈 유전자 *Hb*가 있다. 정상의 헤모글로빈 대립유전자는 Hb^A로 표시하고 돌연변이 대립유전자는 Hb^S로 표시한다. 헤모글로빈은 혈액의 적혈구에 있는 단백질인데 기능은 산소를 체내의 기관에 전달하는 것이다. 정상의 Hb^A에서 만들어지는 헤모글로빈은 도너츠 모양으로 산소와 결합하지만 Hb^S변이에서 만들어지는 헤모글로빈은 마치 풀을 베는 낫 날의 모양으로 되어 있어서 산소 결합능력이 떨어지므로 빈혈을 유발한다. 이러한 빈혈을 겸형빈혈증이라 한다. Hb^A/Hb^A동형접합과 Hb^A/Hb^S 이형접합은 정상의 환경에서는 모두 정상이나 Hb^A/Hb^S 이형접합은 심한 운동을 하거나 산소 농도가 낮은 조건에서는 빈혈 증세를 보인다. Hb^S/Hb^S동형접합은 정상의 환경에서도 심각한 빈혈을 보인다. 의료 체계가 발달된 선진국에서는 Hb^S/Hb^S 동형접합형도 성인까지 살 수 있으나, 의료체계가 발달하지 못한 나라에서는 유아시기를 넘기지 못하고 사망한다. 따라서 겸형 빈혈에 대해서는 Hb^A가 우성이고 Hb^S이 열성이다. 그런데 말라리아가 성행하는 지역에서는 Hb^S 빈도가 높다. 그 이유로 Hb^A/Hb^A는 말라리아에 잘 감염되는 이병성이지만 Hb^S에 의해 생성되는 낫형의 헤모글로빈은 말라리아를 유발시키는 말라리아 원충(*Plasmodium falciparum*)과의 결합력이 낮으므로 Hb^A/Hb^S는 말라리아에 저항성을 보인다. 그러므로 말라리아 저항성에 대해서는 Hb^S가 Hb^A에 우성인 것이다. 따라서 같은 유전자이지만 빈혈에 대해서는 Hb^A가 우성이지만 말라리아 저항성에 대해서는 Hb^S가 우성이다.

성염색체 구성은 여성은 XX 남성은 XY이며 Y 염색체에는 성 결정에 관련된 소수의 유전자들만 존재하므로 X 염색체에 있는 유전자들의 유전 양상은 약간 복잡하다. X 염색체에 존재하는 유전자들을 X-연관 유전자(X-linked gene)라고 한다. X-연관 우성 질환은 아빠가 질환을 보이면 딸들은 모두 질환을 보인다. 하지만 아들은 아빠의 X 염색체를 받지 않으므로 아빠의 X-연관 우성질환으로부터 안전하다. 엄마가 질환 유전자를 동형접합으로 가지면 이 엄마의 아들 딸 모두 질환을 보이지만, 이형접합이면 아들 딸들은 질환을 보일 가능성이 50%이다. X-연관 열성 유전자는 여성은 XX이므로 하나의 X 염색체에 열성 유전자를 가지고 있더라도 다른 X 염색체에 우성 유전자를 가지는 이형접합은 질환을 보이지 않는다. 하지만 남성은 XY이므로 열성 유전자를 덮어줄 우성 유전자를 동시에 가질 수 없기 때문에 이러한 질환은 여성 보다 남성에게 흔하다. 아빠가 X-연관 열성질환을 가질 경우 아들들은 아빠의 X 염색체를 받지 않으므로 질환으로부터 안전하다. 하지만 딸들은 모두 아빠의 X 염색체를 가지기 때문에 질환을 보이지 않지만 유전자 보인자가 되어 이들의 아들(X-연관 열성 질환 손자)들은 50% 확률로 질환을 보인다.

X-연관 우성질환의 대표적인 질환으로 취약 X 증후군(fragile X syndrome)이 있다. 취약 X 증후군은 X 염색체 장완의 말단 부위에 있는 FMR1 유전자에 있는 CGG 삼염기의 반복이 더 확장되어 발생한다. CGG 반복이 30회 이하이면 정상 대립유전자, 45~54회이면 전-돌연변이(premutation) 대립 유전자이며, 55~200회이면 완전 돌연변이(full mutation) 대립유전자로 분류한다. 취약 X 증후군의 증세는 지능 장애, 자폐증, 긴 턱 등의 특징을 가지는데 이러한 증세는 완전 돌연변이 대립유전자를 가지고 있어도 CGG 반복 정도에 따라 차이가 있다. 남아의 경우 IQ가 35~50이며 여아는 70~80 정도로서 극심한 학습장애와 지능 장애를 보인다. 취약 X 증후군에 의한 정신박약은 정신 지체 장애를 겪는 환자들 중 약 2~3% 정도를 차지한다. 완전 돌연변이 보인자 비율은 남성은 700명당 1명, 여성은 200~300명당 1명이다. 그리고 증후군

그림 11.1 취약 X 증후군 어린이

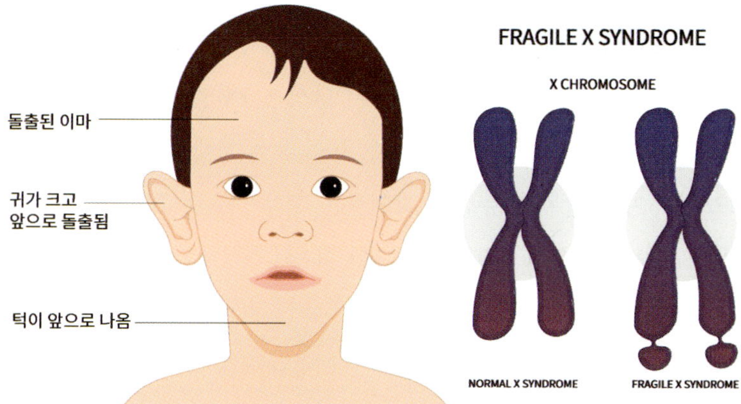

취약 X 증후군 어린이. 지능장애, 자폐증, 긴 턱 등의 표현형을 보인다. 정신 지체 장애를 겪는 환자들 중 2~3%가 취약 X 증후군을 겪는다.

증세를 보이는 환자들의 빈도는 남성의 경우 2,000~4,000명당 1명, 여성은 4,000~8,000명당 1명 정도로 오히려 남성에서 높게 발생한다. X-연관 우성으로 여성의 보인자 비율은 높지만 발병 빈도가 낮은 것은 여성은 유전자 양 보정(gene dosage compensation)에 의해 초기 배 발생 당시에 X 염색체가 무작위로 불활성화되기 때문이다. 유전자 양 보정은 **"7장 성의 분화는 진화를 촉진한다"**에서 자세하게 설명한다. 취약 X 증후군을 보이는 엄마의 자식들(아들 딸 모두)은 취약 증후군을 보일 가능성이 50%이다. 취약 X 증후군 아빠의 딸들은 취약 X 증후군 가능성이 약 50% 가량 있지만 아들들은 이로부터 안전하다.

X-연관 열성 질환의 예시로 혈우병(hemophilia)이 있다. 혈우병은 혈액이 혈전을 형성하여 응고되는 데 도움이 되는 혈액 응고인자 이상으로 생기는 유전질환이다. 혈액 응고인자는 13가지가 있는데 X 염색체

에는 응고인자 VIII(응고인자 F8)과 응고인자 IX(응고인자 F9)를 암호화하는 유전자들이 있다. 이들은 각각 *Hemophilia A*와 *Hemophila B* 유전자에 암호화되어 있고 이들 혈우병 대립유전자들은 모두 열성이다. 발생 빈도는 전 세계적으로 혈우병 A는 남성 5,000명 중 한 명이며 혈우병 B는 남성 20,000명 중 한 명이다. 이들의 X 염색체는 엄마로부터 받았으므로 여성 혈우병 유전자 보인율은 혈우병 A는 1/5,000 정도이고 혈우병 B는 1/20,000 정도이다(하지만 여성의 보인자 비율은 혈우병 대립유전자를 가진 여성들이 결혼을 안 하거나 아들을 낳지 못한 여성들도 있으므로 이 비율보다 높을 수 있음). 여성은 돌연변이 대립유전자를 가진 X 염색체를 부모 모두에게 물려받아야 하므로 혈우병을 가진 여성은 남성에 비해 빈도가 매우 낮다. 우리나라의 혈우병 환자 수는 2022년도의 혈우 재단 백서의 보고서에 따르면 혈우병 A는 1,789명이고 혈우병 B는 451명이 있다. 혈우병의 완치 방법은 아직 개발되지 않았지만 부족한 응고 인자를 주사하면 정상 생활이 가능하다. 보통 응고 인자 주사를 2주에 한 번씩 맞는다. 응고인자를 제때에 투여하지 않으면 미세한 출혈이 계속 발생하여 관절 손상으로 이어질 수 있고 뇌출혈, 고혈압, 이상 지질혈증 등의 합병증을 가질 수 있다.

지금까지는 한 개의 유전자 돌연변이에 의한 우성, 열성이 뚜렷한 유전질환에 대해서 설명했다. 하지만 질병에는 이와 같이 유전양식이 뚜렷하여 예측 가능한 질병 외에도 우·열성의 관계가 불분명하며 여러 개의 돌연변이들과 관련 있는 질병들이 많이 있다. 이러한 질병들은 유전적인 요인 외에도 환경적인 요인에 의해 영향을 받는다. 대표적인 질병들로 고혈압, 당뇨병, 우울증, 비만 등을 들 수 있다.

다양한 인종들로 구성된 수천 명의 유전체를 해독하고 비교한 결과 인간 유전체에는 약 1천만 개 정도의 단일염기다형성(Single Nucleotide polymorphism, SNPs)을 발견하였다. SNP는 두 개체 간의 DNA 서열 비교 분석에서 염기 한 개가 서로 다른 것이다. 친족 관련이 없는 두 개인 간에는 적어도 4~6 백만개의 SNP들이 있다. 질병관련 SNPs를 찾는 방법으로 전장유전체 연관분석(Genome-Wide Association Studies, GWAS)이라는 방법을 이용한다. 예를 들어 고혈압을 가지는 사람 집단의 공통적인 SNPs와 정상인 집단의 공통적인 SNPs를 비교하여 서로 다른 SNPs들을 발견하면 SNPs들과 고혈압의 상관 관계를 통계분석할 수 있다. 최근 영국 글라스고 대학의 연구팀은 고혈압 집단과 정상인들의 GWAS 분석으로 30개 이상의 유전자들과 1,477개의 SNPs이 고혈압에 관련이 있음을 보고했다. 이들 각각의 SNP이 고혈압에 미치는 영향은 미미하지만 이들 1,477개의 SNP들은 고혈압 발병 원인의 약 30% 정도를 설명할 수 있다. 또 다른 연구에서는 유럽인 1백만 명을 대상으로 GWAS 연구를 실시한 결과 2,103개의 SNPs들을 찾아냈는데 이 연구에서는 이들 2,000여 개의 SNPs들은 113개의 유전자에 흩어져 있고 고혈압 발병 원인의 약 60% 정도 차지한다고 하였다. 이와 같이 많은 수의 유전자가 관련된 형질을 폴리진 형질(polygene trait)이라고 한다.

비만은 대표적인 폴리진 질환이다. 과거에는 비만을 질환으로 치부하지 않았으나 최근에는 질환으로 인정되고 있으며 국제 질병 분류 기호도 붙어 있다. 과체중 또는 비만은 고혈압, 당뇨병, 뇌졸중, 담석, 수면 무호흡증 및 일부 암을 발병할 위험을 높인다. 2022년 질병청 자료를 보면 우리나라 국민 3명 중 1명이 비만이고 30대 남성의 절반이 비만이다. 비만에 대한 과학적 연구는 자신의 몸무게(kg)를 키(m)의 제곱으로 나눈 값인 체질량지수(BMI)라는 측정값을 사용한다. BMI가 23~25이면 과체중이고 25 이상이면 비만으로 분류한다. 비만은 유전자와 환경이 관련이 있다. 쌍둥이들과 광범위한 가족력 등을 분석한 결과 비만의 유전력은 0.55인데 이것은 비만을 유발하는 원인의 55%는 유전에 의한 것이고 나머지 45% 정도는 유전 외의 환경에 의한 것이다(주의: 비만 환자 한 사람에 대한 비만의 원인이 55%는 유전이고 45%는 환경이라는 의미가 아니고, 전체 비만 환자들과 정상인 사람들을 비교 시 원인의 55%가 유전에 의한 것이고 45%는 환경에 의해서 발생한다는 의미이다). 즉, 유전적으로 비만과 관련이 없어도 과도한 음식 섭취는 궁극적으로 과체중을 유발한다. 음식 섭취와 비만에서 자주 인용되는 예가 있다. 피마 인디언은 미국 애리조나 남부부터 멕시코 북부 시에라 마드레 산맥에 살고 있는데 애리조나 주의 피마 인디언들과 멕시코 피마 인디언들은 지난 수백 년간 서로 격리되어 살았다. 애리조나 피마인들은 지난 수 세대 동안 칼로리가 높은 고 지방 육류를 식단으로 섭취(자신들의 에너지 섭취의 약 40%)한 반면, 멕시코 피마인들은 기존의 전통적인 식단으로 비교적 칼로리가 낮은 음식을 섭취하였다. 애리조나 피마인들의 35세 성인 평균 몸무게는 멕시코 피마인들에 비해 평균 26kg이 높았으며 애리조나 성인 피마인들의 절반은 당뇨로 고생한다. 비만에 관련된 유전자로 지금까지 300여 개가 보고되었으며 1,000개 이상의 SNPs들이 확인되었다. 1962년 미국 로체스터 대학의 제임스 닐(James Neel)은 **"절약유전자 가설(Thrifty gene hypothesis)"**을 주장하였다. 그는 수렵·채집을 하던 우리 조상들은 지방을 효율적으로 보존할 수 있는 유전자를 가지고 있었다고 제안했다. 하지만 오늘날 음식이 풍부한 시기에는 오히려 이 절약 유전자가 해롭게 작용할 수 있다. 렙틴(leptin)은 지방조직에 있는 호르몬으로서 음식 섭취와 체내 에너지 사용을 조절하여 체중을 조절하는 역할을 한다. 음식을 많이 섭취하면 렙틴은 뇌의 시상하부 영역으로 이동하여 신경세포의 수용체와 결합하여 신호를 보내 식욕을 떨어뜨린다. *LEP*는 렙틴을 암호화하고 있는 유전자인데 렙틴 유전자에 돌연변이가 일어나서 렙틴이 기능을 못하거나 렙틴 수용체에 변이가 생기면 음식을 충분히 섭취하여도 포만감을 느끼지 못해 탐식하여 과체중이 된다. 위는 비만 관련 단백질의 또 다른 공급원이다. 그렐린(Ghrelin)은 위에서 생성되는 소형 펩티드 호르몬으로, 배고픔에 반응하여 시상하부에 더 많은 식욕 촉진 물질을 생성하라고 신호한다. 따라서 렙틴 신호를 조절하거나 그렐린의 효과를 차단하는 약물 개발에 생명공학 회사들이 많은 투자를 하고 있다.

우울증은 최근 현대인들에게 가장 심각한 질병 중 하나이다. 우울증은 유전적 요소가 있을 수 있지만, 여러 요인의 영향을 받는 복잡한 질환이다. 연구에 따르면 특정 유전자들은 우울증 발병 가능성에 영향을 미칠 수 있지만 유전이 유일한 원인은 아니다. 쌍둥이와 가족을 포함한 유전 연구에 따르면 우울증은 가족 내에서 유전되는 경향이 있다. 부모나 형제 자매와 같은 가까운 친척이 우울증을 앓고 있는 경우, 우울증을 앓을 위험이 더 높을 수 있다. 과학자들은 각각 작은 영향을 미치는 여러 유전자가 이러한 위험 증가에 기여한다고 믿고 있다. 또한 스트레스, 트라우마, 삶의 경험과 같은 환경적 요인도 우울증을 유발하는 데 중요한 역할을 한다. 우울증은 유전적 소인과 환경적 스트레스 요인의 상호 작용으로 인해 발생하는 것으로 여겨진다. 예를 들어, 우울증에 대한 유전적 소인이 있는 사람이 스트레스 요인과 같은 특정 트라우마를 경험하면 우울증이 발병할 가능성이 높아진다. 또한 후성유전적 영향도 우울증에 영향을 미친다. 일부 연구에 따르면 삶의 경험은 우울증과 관련된 특정 유전자가 발현되는 방식에 후성유전적으로 영향을 미쳐 우울증 발병에 기여할 수 있다고 한다. 요약하자면, 유전적 요인은 우울증 발병 위험을 증가시킬 수는 있지만 일반적으로 유전적, 환경적, 심리적 요인이 결합되어 우울증이 발병한다.

CHAPTER 12

암발생 유전자와 암억제 유전자

국가암 정보센터의 발표에 따르면 우리나라 국민 사망 원인의 1위가 암이다. 의료 기술의 발달로 암완치율이 많이 개선되었지만 아직도 전체 사망자 5명 중 1명이 암으로 사망한다. 2022년 암으로 인한 사망자는 약 8만 3천명이었다. 사망률이 가장 높은 암은 폐암(전체 암 사망자의 22.3%)이며 그 다음으로 간암(12.2%), 대장암(11.0%), 췌장암(8.8%), 위암(8.6%)의 순이다.

암은 유전적 질환으로서 세포가 분화하고 분열하는 데 관련이 있는 유전자들의 돌연변이에 의해 발생한다. 유전학과 유전체학의 눈부신 발전으로 암발생에 대한 분자생물학적 또는 병리학적 이해도가 많이 향상되었지만 아직 암을 정복하기에는 더 많은 연구와 노력이 필요하다. 지금까지 암의 분류는 주로 발병 부위에 따라 위암, 폐암, 간암 등으로 분류하였다. 하지만 2014년도에 미국의 연구진들이 3,527명의 12가지 종류의 암 환자들을 대상으로 한 유전자 검사 결과 12가지 종류의 암을 11가지로 재분류하였다. 이 중에서 5가지는 거의 같은 종류의 암이었으며 기존에는 다른 암으로 분류되던 것들이 같은 암으로 분류되었다. 이러한 결과를 토대로 연구 팀은 유전적 발생 원인에 기초하여 암치료를 위한 새로운 전략을 주장하기도 하였다. 이에 대해서는 **'16장 유전자형에 따른 환자 맞춤 의료'**에서 더 자세하게 다룬다.

정상 세포가 종양 세포가 되고, 암세포가 커져 다른 세포로 전이되고 결국 여러 가지 물리화학적 치료에 저항성을 보이게 되어 사망으로 이르게 되는 분자생물학적 또는 병리학적 과정은 매우 복잡하다. 보통 우리 몸을 구성하는 체세포는 30~40회 정도 분열을 하면 더 이상의 분열을 멈추고 스스로 사멸한다. 하지만 암 세포는 사멸하지 않고 계속해서 분열을 한다. 즉 세포가 죽지 않고 계속 분열하는 것이다. 정상 세포가 암세포화되는데 관련이 있는 유전자에는 두 가지 종류가 있다. 첫 번째는 암유전자(oncogene)로 이들은 세포가 계속 분열하도록 한다. 돌연변이가 일어나지 않은 정상적인 암유전자들은 세포가 계속 분열하지 못하고 정해진 세포의 운명에 따라 사멸하도록 한다. 이러한 정상적인 상태의 암유전자를 원암유전자(protooncogene)라고 한다. 하지만 원암유전자에 돌연변이가 일어나서 정상 기능을 못하면 정상 세포가 계속 분열하여 종양세포가 된다. 두 번째는 암억제 유전자(tumor suppressors)들로서 이들은 암유전자에 돌연변이가 생기면 이를 수선하여 정상 유전자로 회복시키는 기능을 한다. 하지만 암억제 유전자 돌연변이는 암유전자에 발생한 돌연변이를 수선하여 회복시키지 못하므로 정상세포가 종양세포로 된다.

암유전자는 지금까지 약 100~200개 정도 알려져 있다. 이들 중 많이 연구된 것 중의 하나가 *EGFR*(Epidermal growth factor Receptor, 상피 성장

인자 수용체)이다. EGFR은 타이로신 인산화 수용체의 계열에 속하는 단백질인데 이것의 정상적인 기능은 세포 성장, 생존, 증식, 분화를 제어하는 신호 전달 경로에 관여한다. 돌연변이에 의해 *EGFR* 유전자가 비정상적으로 과발현 되면 위와 같은 세포 기능에 이상이 생겨서 정상세포가 사멸하지 못하고 계속 분열하므로 암세포로 된다. *EGFR* 변이는 특히 폐암의 일종으로 전체 폐암의 85~90%를 차지하는 비소세포성 폐암(Non-small cell lung cancer, NSCLC)을 유발한다. 비소세포성 폐암 환자에서 *EGFR*(상피 성장 인자 수용체) 돌연변이의 비율은 지역, 민족, 흡연 등 여러 요인에 따라 다른데, 전 세계적으로 비소세포성 폐암 중 *EGFR* 돌연변이의 유병률은 약 10~20%로 추산된다. 북미나 유럽인들의 경우 이 비율이 10~15%이지만 동아시아인들의 경우 전체 비소세포성 폐암 환자 중 *EGFR* 변이에 의한 유병률이 상당히 높아 30~50%에 이른다. 특이한 것은 *EGFR* 변이가 흡연자에 비해 비흡연자에게 더 많이 발생한다는 사실이다. 비소세포성 폐암 환자 중 흡연자들의 *EGFR* 변이 유병률은 10% 미만이지만 비흡연 비소세포성 폐암 환자들의 50% 이상이 *EGFR* 돌연변이에 의해서 발병한다. 흡연이 폐암을 유발한다는 것은 잘 알려져 있으므로 흡연에 의한 폐암 발생은 *EGFR* 변이 보다는 다른 원인이 있는 것 같다.

암억제 유전자는 지금까지 약 100~200여 개 정도 알려져 있는데 이 중에서 잘 알려진 것으로 *BRCA*(Breast Cancer)유전자가 있다. *BRCA* 유전자는 *BRCA1*과 *BRCA2* 등 두 가지가 있다. 이 유전자들이 정상적으로 작동할 경우 손상된 DNA를 정확하게 복구할 수 있도록 도와 유전체 안정성을 유지한다. 이런 역할은 세포가 비정상적으로 증식하지 않도록 조절하여 암발생을 억제하는 역할을 하므로 이 유전자의 기능이 손상되면 암세포로 발전할 수 있는 위험이 증가한다. 할리우드 영화 배우 안젤리나 졸리의 엄마는 비교적 젊은 나이에 난소암 판정을 받아 고생하다가 2007년에 난소암으로 사망했다. 졸리의 외할머니도 난소암으로 사망했으며 엄마의 동생인 졸리의 이모 역시 2013년도에 유방암으로 사망했다. 졸리는 유전자 검사를 통해 유방암 유전자 *BRCA1*의 변이를 발견하고, 예방차원에서 2013년도 유방절제를 하고 2015년에는 난소 절제를 하였다. *BRCA* 유전자 돌연변이가 있는 여성들에게는 유방암 및 난소암 발생의 집중적인 감시와 선제적인 유방 및 난소 절제술이 제시되고 있다. 서양에서는 *BRCA* 돌연변이를 가진 것으로 확인된 여성 중에서 예방적 유방절제술은 20~40%, 난소절제술은 50% 정도에서 행해지고 있다고 한다. 우리나라의 경우 이와 비슷한 수치라고 생각한다. 2018년도 지방 신문에 43세의 한 여성이 *BRCA* 유전자 검사를 받은 결과 양성이 나와서 유방과 난소 절제 수술을 하여야 하는지에 대한 기사를 읽은 기억이 난다. 사실 *BRCA* 변이가 있다고 모두 유방암이나 난소암이 발생하는 것은 아니므로 담당의사와 충분히 상의한 후 결정하여야 하지 않을까 생각한다. 국내 한 연구에 의하면 70세까지 *BRCA1* 보인자의 암 발생 누적 위험도는 유방암에 대해 72.1%, 난소암에 대해 24.6%이고 *BRCA2* 보인자는 유방암에 대해 66.3%, 난소암에 대해 17.3%라고 한다. 그렇다면 모든 유방암은 *BRCA* 유전자 변이 때문에 발생하는 것일까? 그렇지는 않다. 유방암의 원인은 *BRCA* 변이 외에도 다양하며 일반적으로 전체 유방암 환자 가운데 *BRCA* 변이로 인한 유방암은 전체의 5~10% 정도에 불과하다. 전체 유방암/난소암 환자들 중 *BRCA1* 보인자가 3~5%이며 *BRCA2* 보인자는 2~3% 정도 되므로 전체 유방암 난소암 환자 중 5~10% 정도가 *BRCA* 보인자이다.

염색체 전좌(translocation)는 두 개의 서로 다른 염색체들이 절단되어 서로 연결되는 현상이다. 서로 떨어져 있던 유전자들이 염색체 전좌에 의해 융합되는 것을 유전자 융합(gene fusion)이라 하는데 유전자 융합에 의해 암이 생성되는 경우도 많이 있다. 지금까지 10,000개 이상의 유전자 융합이 암 환자에게서 발견되었는데, 특히 백혈병, 림프종, 육종 등에서 많이 발견되며, 소아 백혈병의 70%는 유전자 융합에 의해 생성된다. 염색체 전좌에 의한 유전자 융합은 부모에게서 유전된 것일 수도 있고 바이러스 등에 감염되어 생길 수 있다. 지금까지 수천 가지의 암 유발 유전자 융합이 알려져 있다. 유전자 융합에 의한 암의 예로서 *Bcl−Abl1* 유전자 융합을 소개한다. 9번 염색체에 있는 *Bcr*이라는 유전자에서 만들어지는 *BCR* 단백질은 아폽토시스(apoptosis)라는 세포자연사를 조절하며 22번 염색체에 있는 *Abl1* 유전자의 *ABL* 단백질은 세포분열과 분화 등의 과정에 관여한다. 그런데 염색체 전좌에 의해 9번 염색체의 *Bcr* 유전자 부위와 22번 염색체의 *Abl1* 유전자 부위가 서로 융합되어 *Bcr−Abl1* 유전자 융합이 일어날 수 있는데, 이 두 유전자 융합은 소아 백혈병을 유발한다. 우리에게 글리벡이라고 알려진 항암치료제는 이 *Bcr−Abl1* 융합에 의한 백혈병에 특이적인 치료 효과를 가지고 있다. 1960년도에 필라델피아 병원에 근무하던 피터 노엘(Peter Nowell)과 데이비드 헝거포드(David Hungerford)가 발견한 9번 염색체와 22번 염색체 전좌(translocation) *Bcr−Abl1* 유전자 융합을 '필라델피아 염색체'라고도 한다.

유전자 사본수 변이(CNV, copy number variation)란 특정 유전자나 염색체 부위의 사본수가 증가하거나 감소하는 유전적 변이이다. 참고로 유전자 사본수 변이는 재미 한국인 과학자 찰스 리(Charles Lee)가 하버드 대학 교수 시절 발견하여 노벨상 후보까지 올랐었다. 유전자 사본수 변이도 여러 가지 암과 관련이 있는데 The Cancer Genome Atlas(TCGA)라는 국제적인 암 관련 유전체 연구 컨소시움에서는 약 10,000개 이상의 사본수 변이가 암과 관련이 있다고 한다. 위에서 예로 들은 상피 성장 인자 수용체(*EFGR*) 유전자 부위의 사본수 증가가 비소세포성 폐암과 긍정적인 관련성이 있다는 보고가 있으며, 남성 호르몬 수용체인 *Androgen Receptor*(*AR*) 유전자의 사본수 증가는 남성의 전립선암과 양의 상관관계가 있다고 보고되었다.

미세부수체(microsatellite) 또는 SSR(simple sequence repeat)은 유전체 정보 중 DNA 염기 길이가 1~10개 정도로 짧은 서열이 연속적으로 15~40회 정도 반복하여 존재하는 구조인데 이들 미세부수체는 염색체 DNA가 복제시 DNA 복제 효소에게 혼란을 야기하여 반복 단위 수에 변이를 빈번하게 유발한다. 이들 미세부수체 반복수는 사람들 간의 변이가 매우 높아서 법의학에서 DNA 지문으로 개인 식별에 이용되기도 한다. 암 발생도 미세부수체 변이와 관련이 있는 것으로 보고되고 있다. 대장암과 결장암의 경우 환자들의 15% 정도에서 미세부수체 변이가 발견되었다. 미세부수체 변이를 교정해주는 단백질을 암호화한 *MMR*(Mismatch Repair)유전자에 돌연변이가 일어나면 미세부수체 변이를 교정하지 못하므로 정상세포가 종양세포로 발달한다는 보고들이 있다.

위에서 설명한 기작들은 DNA 돌연변이에 의한 임빌생이다. 암 유전자에 돌연변이가 없이도 후성유전적 변이에 의해서도 암이 발생한다. 후성유전학은 DNA 염기서열 자체의 변이에 관련되지 않고 생기는 유전자 발현의 변화이다. 이러한 후성유전적 변이는 환경 요인, 생활 방식 및 기타 외부 요인의 영향을 받을 수 있다. 후성유전적 변이에는 사이토신(C) 염기에 간단한 메틸기(CH_4)가 결합하여 유전자 발현을 조절하는 메커니즘과 염색체 DNA의 기본 구조인 크로마틴 구조를 변형시켜서 유전자 발현을 조절하는 두 종류가 있다. 사이토신(C)과 구아닌(G)이 붙어있는 것을 CpG 섬(island)이라고 하는데 인체 유전체에는 CpG 섬들이 20,000~30,000개 정도 존재한다. 그 중 약 80%의 C 염기가 메틸화되어 있지만 암 환자의 평균 CpG 메틸화 수준은 40~60%라고 보고되었다. CpG의 C 부위 메칠화에 의한 암발생의 예로 ZNF516이라는 단백질이 있다. ZNF516은 전사인자의 일종으로 암유전자 *EGFR* 발현을 억제하는 역할을 한다. 그런데 *ZNF516* 유전자의 프로모터 부위가 메틸화되어서 ZNF516 단백질이 적게 생성되면 *EGFR* 유전자 발현을 억제하지 못하여 과발현되므로 정상 세포가 암세포로 변할 수도 있다. 특히 유방암의 발생과 전이에 *ZNF516* 유전자의 후성 유전학적 발현 억제와 *EGFR* 과발현이 관련이 있는 것으로 알려져 있다.

암유전자나 종양억제 유전자 변이는 왜 발생할까? 첫째는 암유전자나 융합유전자를 유전 받아 생성되는 경우이다. 안젤리나 졸리처럼 가족 중에 특정한 암발생이 빈번한 경우가 유전적인 요인에 의한 것이다. 가까운 친척들 중에 특정한 암환자가 많이 발생하였다면 우선 전문의와 상의 후 유전자 검사를 받고, 검사 결과가 양성이면 가족과 전문의와 상담 후 생활 습관(흡연, 과음 등)을 조심하면 충분히 암발생을 늦추거나 피할 수 있다. 두 번째는 노화나 일생 동안 자신의 환경 등에 암 관련 유전자 돌연변이가 생성되어 암이 발생하는 것이다. DNA 복제는 매우 정확하지만 1백만 개의 염기마다 한 번 정도 실수가 일어난다. 대부분의 복제 실수는 단백질을 암호화하지 않은 부위에서 일어나지만 단백질 암호화 부위에서도 복제 실수 돌연변이가 일어날 수 있는데 이러한 돌연변이들은 세포 내 복제 실수 수선 메커니즘에 의해 원래의 상태로 회복된다. 이러한 2중 3중의 안전 시스템이 있어도 탐지하지 못한 돌연변이들이 발생할 수 있다. 그리고 나이가 들어가면서 돌연변이 수선 효소들의 기능이 약화되어 수선을 못할 수도 있으므로 돌연변이들이 나이가 늘어 감에 따라 세포에 축적된다. 또한 우리 주위에는 암을 유발시킬 수 있는 발암물질(carcinogen)들이 많이 있다. 우리는 이미 폐암이나 구강암 환자 빈도가 비흡연자에 비해 흡연자들에서 확실히 더 높게 발생한다는 것은 알고 있다. 담배 연기에는 벤젠, 포름알데히드와 같은 잘 알려진 발암물질 외에도 70여 가지 이상의 발암 물질 또는 발생 가능성이 있는 화학 성분들이 있다. 또한 고기를 숯불에 구워 먹을 경우 검게 탄 부위가 있는데 탄 부위에도 벤조피렌, 헤테로사이클릭아민 등과 같은 발암물질이 생성되므로 탄 부위는 제거하고 먹는 것이 좋다. 플라스틱도 고온이나 햇빛 등에 오래 노출되면 비스페놀 A와 같은 발암물질이 생성되므로 좋지 않다. 자외선은 강력한 발암원이므로 강한 햇빛에 피부를 장시간 노출시키지 않는 것이 좋다. 우리 게놈에는 티민(T)염기가 붙어있는 TT부위가 많이 있는데 이러한 부위를 티민 이분자라고 한다. 자외선은 티민 이분자의 인접한 티민끼리 강력한 화학결합인 공유결합을 시키므로 DNA 복제를 훼방한다. 세포는 이와 같은 자외선에 의한 티민 이분자를 수선하는 기작이 있지만 수선되지 못한 티민 이분자들이 암발생 유전자들에 많이 생성되면 암이 유발된다. 특히 자외선은 피부암을 유발한다. 젊은 사람들보다 노인층에서 전체적인 암발생 빈도가 높은 것은 일생 동안 이와 같은 여러 가지의 암발생원에 더 많이 노출되고 수선되지 못한 돌연변이의 축적이 암을 유발하는 것이다.

만성 염증은 세포의 종양화에 선구적인 증상이다. 만성 염증은 원암유전자 또는 종양 억제 유전자에 돌연변이를 야기할 수 있다. 만성 염증에 의한 산화 스트레스나 DNA 손상은 세포를 통제할 수 없는 상태의 증식상태로 이어질 수 있다. 염증이 치유되지 않고 몇 주 동안 계속되면 세포 내에 활성 산소나 일산화질소와 같은 반응성 질소가 생성되어 DNA에 손상을 준다. 또한 염증이 오래 지속되면 세포는 세포 생존, 증식 및 혈관 생성을 촉진할 수 있는 다양한 사이토카인과 성장 인자를 방출하는데 이러한 환경은 원암유전자와 종양 억제 유전자에 돌연변이를 선택적으로 생성시켜 결국 암으로 이어질 수 있다.

바이러스 등의 병원체 감염도 암 발생 원인이 될 수 있다. 바이러스 중에서 레트로바이러스 종류들은 자신의 유전물질을 기주 생물의 유전체 내로 삽입할 수 있는데, 원암유전자나 종양억제유전자에 근접하여 유전체내로 삽입되면 이들 유전자들의 정상기능을 방해하여 암이 생길 수 있다. 엡스타인−바 바이러스(Epstein−Barr Virus, EBV)는 유전체 내에 삽입하면 염색체 전좌를 유발할 수 있는데, EBV 유발 염색체 전좌에 의해 *Myc*이라는 암유전자가 면역글로빈 유전자와 연결되면 항체를 만들어내는 B 세포가 공격적으로 분열하여 악성림프종이 생긴다. 인두유종 바이러스(Human Papillomavirus, HPV)는 인체 유전체에 삽입하면 E6와 E7 단백질들을 만드는데 이들은 종양억제 유전자인 *p53*이나 *Rb* 유전자 등에 결합하여 종양억제 유전자를 불활성화시키므로 자궁경부암을 유발시킨다. 다행히 인두유종 바이러스 백신이 개발되어 미국, 캐나다, 호주, 영국 등 서구에서는 12~13세의 소녀들에게 의무적으로 백신접종을 실시하며, 우리나라에서는 12세에서 27세의 여성들에게 무료로 인두유종 바이러스 백신을 접종한다.

CHAPTER
13

유전자 검사를 통한 질병의 예방과 회피

유전자 검사는 유전자, 염색체 또는 단백질의 변이를 식별하는 일종의 의료 검사이다. 검사결과 의심되는 유전적 상태를 확인하거나 배제할 수 있으며 유전적 질환이 발병할 가능성을 판단하는 데 도움을 준다. 검사는 유전적 질환의 위험을 유발하거나 증가시킬 수 있는 유전자의 변형(돌연변이)을 식별하기 위해 DNA 서열을 분석한다. 염색체나 유전자 검사는 전체 염색체 또는 암 유전자를 분석하여 유전적 상태를 유발하는 염색체의 추가 사본과 같은 큰 유전적 변화가 있는지 확인한다. 생화학적 유전자 검사는 단백질이나 효소의 양이나 활동 수준을 측정한다. 둘 중 어느 것의 이상도 유전적 질환을 초래하는 DNA 변화를 나타낼 수 있다. 검사에는 이점과 한계, 위험이 있기 때문에 검사를 받을지 여부에 대한 결정은 개인적이고 복잡하다. 유전학자나 유전 상담사는 검사의 장단점에 대한 정보를 제공하고 검사의 사회적, 정서적 측면에 대해 논의함으로써 도움을 줄 수 있다.

필자가 40년 전 외국에서 공부하던 시절이었다. 수강하던 과목 중에 세포유전학 실험 과목이 있었는데 수강생이 8명이었다. 실험 주제 중의 하나가 자신의 염색체 핵형을 분석하는 것이 있었다. 수강생 중에 켈리라는 예쁜 여학생이 있었다. 핵형 분석 보고서를 제출하고 그 주말에 켈리가 자신의 집에 수강생 모두를 초청하여 즐거운 시간을 가졌다. 켈리는 다운증후군을 가진 남동생이 있었는데 이 남동생은 21번 염색체 일부가 14번 염색체에 연결된 염색체 14/21 전좌에 의한 다운증후군이었다. 형제 중 14/21 전좌 다운증후군을 가지면 다른 형제는 세 가지 유형이 각각 약 33%의 확률로 나타난다. 46개의 염색체를 가지는 정상 핵형, 45개 염색체를 가지며 14/21 전좌를 가지지만 정상인 보인자, 46개 염색체를 보이며 14/21 전좌를 가지는 다운증후군을 보일 수 있다. 그러므로 켈리는 정상이지만 45개 염색체를 가지며 14/21 전좌를 가지는 보인자일 가능성이 있었다. 켈리는 자신이 전좌 보인자라면 그녀의 자식들 중 14/21 전좌 다운증후군을 보일 가능성이 1/3이므로 매우 초조해 했다. 다행히 그녀는 46개 염색체를 가지는 정상 핵형으로 나타나 같이 수강하던 우리들을 초대하여 조촐한 파티를 한 것이었다. 켈리의 설명을 듣고 우리는 모두 그녀를 축하해 주었던 기억이 있다.

미국 뉴욕에 사는 피터(Peter)는 마타(Martha)와 약혼을 하고 곧 결혼을 할 예정이었다. 피터는 얼마 전 자신이 입양되었다는 사실과 생모가 헌팅톤 질병(HD)으로 40대 후반에 사망한 사실을 알았다. HD는 염색체 우성 질환으로 40대부터 나타나는 신경성 퇴행 질환으로 일단 발병하면 10~15년 내에 사망한다('3장 돌연변이가 없다면 인류가 생존하였을까?' 참조). 피터는 마타와 함께 상담사를 찾아서 조언을 구했다. 유전 상담사는 피터가 *HD* 유전자를 가지고 있을 가능성이 50%라며 그는 증상이 시작될 때까지 "위험군"으로 분류된다고 하였다. 그러나 그는 *HD*를 물려받았는지 여부를 알려주는 "예측" 유전자 검사를 받을 수 있다고 조언했다. 만약 그가 *HD* 유전자를 유전받았다면 그는 증상과 징후가 시작되기 전에 "발현 전" 상태로 분류된다고 했다. 피터는 자신의 유전정보를 알고 싶어 하지 않았지만 마타는 다르게 생각했다. 그녀는 *HD*를 가진 아이를 갖고 싶지 않았다. 유전 상담사는 피터가 만약에 *HD* 유전자를 가지고 있어도 태아에게 이 유전자를 물려줄 가능성이 50%이므로 임신 후 태아의 돌연변이를 검사할 수 있다고 조언하였다. 다행히 이들은 결혼 후 산전 태아 유전자 검사 결과 정상의 태아로 확인되어 아이를 가지게 되었다.

산전 유전 검사는 산모가 임신 중에 태아의 유전 검사를 하는 것이다. 양수 검사는 초음파 영상을 보면서 산모의 복부를 통해 주사 바늘로 양수를 채취하여 검사한다. 보통 임신 15~20주경에 시행한다. 융모막 검사는 임신 10~13주 사이에 산모의 복부 또는 자궁 경관을 통하여 태반 조직을 채취하여 태아의 유전자 검사를 한다. 임신 초기에 시행하므로 태아의 이상을 일찍 발견할 수 있는 장점이 있다. 하지만 양수검사나 융모막 검사는 침습적 방법으로 주사 바늘로 양수나 융모막을 채취하므로 태아에게 손상을 줄 우려가 있으며 검사 후 약 1~2% 정도의 유산 위험이 있다. 비침습적 방법으로 태아의 태반으로부터 떨어져 나온 조직이 혈류를 따라 산모의 혈액에 있으므로 산모의 혈액을 채취하여 태아의 유전 분석을 실시한다. 유전병에 대한 가족력이 있거나 고령의 산모들에게 산전 유전검사를 실시한다. 태아가 유전질환 유전자를 가지거나 염색체 이상을 가질 경우 태아의 엄마나 아빠는 임신을 계속할지를 결정할 수 있다. 많은 유전질환도 잘 치료하면 성인까지 많은 고통 없이 살 수 있으므로 태아가 유전병을 가지고 있다면 이를 위해서 집안 환경을 태어날 아기에게 맞추는 등의 방법을 알아보고 미리 준비하는 것이 필요하다.

신생아 유전검사는 많은 가족들에게 고통을 경감시킨다. 페닐케토뇨증(Phenylketonuria, PKU)은 페닐알라닌 수산화 효소가 결핍되어 발생하는 생화학 대사질환으로 우리나라 사람들은 70,000~80,000명당 한 명 비율로 나타난다. 영유아기에 PKU가 지속적으로 나타나면 소두증, 간질, 심각한 인지장애, 그리고 행동학적 문제가 나타날 수 있다. 생후 1 주 정도되는 신생아 시기에 PKU 테스트를 실시하여 PKU 질환으로 판명되면 특별하게 고안된 분유를 먹이고 뇌가 충분히 발달되는 사춘기 때까지 저 페닐알라닌 및 저 타이로신 음식을 섭취하면 증상을 피할 수 있다. 글루타르산뇨증(Glutaric aciduria)은 상염색체 열성 질환이다. 미국 필라델피아에서 태어난 매튜 코리는 출생 당시에는 소두증 외에는 별 증상이 없지만 생후 3개월경부터 증상이 나타나 심각한 인지 장애와 함께 뇌성마비와 비슷한 증세를 보였다. 유전자 검사결과 매튜는 글로타르산뇨증을 가지고 있는 것으로 나타났다. 글로타르산뇨증은 조기에 발견하면 저 라이신, 트리프토판 식이와 경구 카르니틴 보충 등으로 예방할 수 있다. 매튜의 부모는 둘째 아기인 엠마가 태어나자마자 글루타르산뇨증 검사를 하여 엠마도 질환 유전자를 동형접합으로 가지고 있는 것을 발견하고 의사의 지시에 따른 적절히 치료하였다. 다행히 엠마는 오빠 매튜와 달리 해당 질환으로부터 해방되었다.

유전 질환 가족력을 가진 사람들은 꼭 유전자 검사를 받아야 할까? 미국 할리우드의 여배우 안제리나 졸리가 유방암 관련 유전자 검사 후 예방 차원에서 유방 및 난소 절제 수술을 한 사례는 이미 널리 알려져 있다. 하지만 위에서 예로 든 헌팅톤 질환 같이 치유가 안 되는 질환인 경우 만약에 *HD* 유전자를 가진 것으로 판명되면 발병을 피할 수 없으므로 불안한 삶을 살게 될 것이다. 이런 사람들은 자신의 유전자형을 모르고 사는 것이 더욱 편안할 것이다. 실제로 HD 가족력을 가진 사람들은 유전자 검사를 하지 않는 경우가 많다. 가족성 고콜레스테롤혈증(Familial Hypercholesterolemia, FH)은 저밀도 지단백질(Low Density Lipoprotein, LDL)이 피부나 힘줄에 축적되어 혈관 질환의 위험이 급증하는 질환이다. FH 질환 대립유전자는 우성으로 동형접합을 가진 사람은 조기에 관상동맥질환이 발생할 확률이 높으며 어린 나이에 심장 마비 등으로 사망할 수도 있다. FH 질환 대립유전자를 이형접합으로 한 개의 질환유전자를 가진 사람들은 동형접합보다 덜 심각하지만 이들도 나이가 들면서 LDL이 혈관에 축적되므로 관상동맥 질환 같은 질병의 위험도가 높아진다. FH 질환 발생률은 250명 중의 1명 정도로 높은 빈도로 나타나고 있지만 환자들의 90% 정도는 자신들이 이를 가지고 있는지 모른다. FH 유전자 검사결과 자신이 질병 유전자 보인자로 확인되면 식단 조절, 운동, 금연 등에 의해 FH 발생을 지연시키거나 증상을 완화시킬 수 있으므로 도움이 된다.

헌팅톤 질환(HD)이나 가족성 고콜레스테롤혈증(FH)과 같은 질환은 단일 유전자 돌연변이에 의한 질환이다. 하지만 제2형 당뇨, 비만, 고혈압, 알코올 중독 등 현대인이 겪는 많은 성인 질환들은 단일 유전자의 변이에 의하지 않고 여러 유전자들과 환경의 복합 작용으로 발병한다. 이러한 복합 질환들은 정상인 집단과 질환 집단들이 가진 유전체 비교로 특정한 단일 염기 변이(SNP)들의 차이를 분석한다. 환자 집단에서 흔하게 발견되는 SNP들을 가지는 경우 생활 습관 조절, 식이, 운동 등으로 조절하며 이들 복합 질환을 예방하므로 이러한 질환에는 유전자 검사가 매우 도움이 된다.

유전 상담사는 의학 유전학 분야에서 전문 교육과 훈련을 받은 의료 전문가이다. 유전 상담사는 가족력을 사용하여 유전적 질환이나 선천적 결함과 같은 유전적 질환에 대한 개인 또는 가족의 위험을 평가한다. 유전 상담은 의학적, 심리적, 사회적, 윤리적 문제를 다루며, 동시에 의학적, 과학적, 의사소통 기술을 갖추어야 한다. 유전 상담사는 DNA 검사 결과를 해석할 수 있을 뿐만 아니라 환자가 불안, 두려움 또는 죄책감에 대처하도록 도울 수도 있다. 우리나라에서는 떠오르는 직업으로 유전자 상담사를 꼽고 있다. 하지만 아직 국내에 유전자 상담사 프로그램을 개설한 대학은 없지만, 의학유전학회에서 인정하는 대학원 교육과정을 수료하고 자격증 시험을 거쳐 상담사 자격증을 받을 수 있다. 미국에서는 스탠포드 대학교, UCLA, 존스 홉킨스 대학교 등 유명대학을 포함하여 44개 대학에서 유전 상담사 석사과정을 운영하며 유전 상담 인증 위원회(Accreditation Council for Genetic Counseling, ACGC)에서 자격증을 수여한다. 미국이나 캐나다에서는 대부분의 대형 병원에는 유전학과가 설치되어 희귀 질환을 포함한 유전질환을 전문으로 한다. 우리나라는 희귀 유전질환에 대한 상담을 제공하는 병원은 서울대 병원, 서울 아산병원, 세브란스 병원 등 15개 정도에 불과하다.

유전자 분석과정은 유전자 검사회사에 연락하면 샘플 추출 키트를 보내 준다. 키트에 들어 있는 면봉을 입안의 피부 소식을 한번 문지른 다음 DNA 추출 및 안정화 물질이 들어 있는 튜브에 면봉을 넣어서 반송 봉투에 넣어서 보내주면 1주일 후에 고객의 DNA 테스트 결과를 볼 수 있다. 소비자-직접 구매-유전자검사(Direct-to-Consumer Genetic Test, DTC GT)이다. DTC GT는 의사의 추천이나 병원에 직접 방문하지 않고 직접 자신의 유전에 대한 정보에 접근하는 방법이다. 우리나라에서는 생명윤리법에 고시된 70개 항목에 대해서만 한정적으로 유전자 검사를 할 수 있었으나 보건 복지부에서는 DTC GT 인증제를 2023년에 도입하고 곱슬머리, 후각 민감도, 각질, HDL 콜레스테롤 농도, LDL 콜레스테롤 농도, 체지방량, 혈청 단백질 농도, 수축기 혈압, 이완기 혈압, 빛 재채기 반사, 눈썹 굵기 등 101개 항목으로 늘리고 5개 회사를 DTC GT 검사기관으로 지정하였다.

DTC GT는 임상 유전자 검사에 비해 저렴하고 소비자는 자신의 조상, 건강상태에 대한 잠재적 유전 소인, 운동 능력 및 음식 선호도 등을 알 수 있어서 식단 조절이나 운동 같은 라이프 스타일 선택의 정보를 제공받을 수 있으므로 자신의 웰빙에 대한 사전적 결정을 내리는 데 도움이 될 수 있다. 그리고 건강에 대한 정보는 아니지만 다인종들로 이루어진 미국과 같은 사회에서는 자신의 계통에 관한 정보는 매우 큰 호기심을 불러일으킨다. DTC GT는 가족력 및 혈통에 대한 호기심을 충족시킬 수 있다. 하지만, DTC GT 검사는 장점만 있는 것은 아니다. 일반적으로 복잡한 유전 데이터를 단순화하였으므로 임상 검사에서 밝혀질 수 있는 유전적 요인들을 놓칠 수 있다. 그리고 건강 위험 정보가 불완전하거나 오해의 소지가 있어 잘못된 안심이나 불필요한 불안을 유발할 수도 있다. 유전 상담사의 지도 없이 사용자는 특히 건강 위험과 관련하여 결과를 잘못 해석할 수 있어서 오히려 실제 건강 위험을 무시할 수 있다. 결론적으로 DTC GT 유전자 검사는 개인적인 통찰력과 건강 인식에 대한 흥미로운 기회를 제공하지만 신중하게 접근해야 한다.

그림 13.1 DNA 테스트 키트

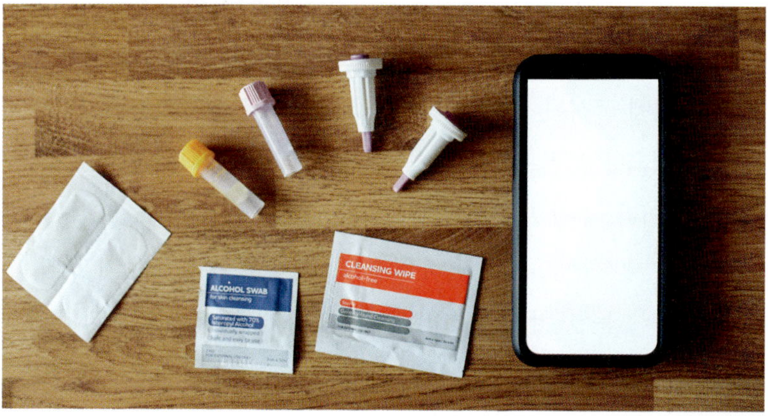

DNA 테스트 서비스회사에서 보내주는 키트의 면봉으로 볼 안쪽의 피부를 문지른 다음 조그만 테스트 튜브에 면봉을 넣고 회사로 보내면 약 2주 후 테스트 결과를 온라인으로 보내준다.

건강 관련 우려 사항의 경우 정확한 이해와 결과에 따른 적절한 조치를 보장하기 위해 항상 의료 서비스 제공자 또는 유전 상담사와 상담하는 것이 좋다.

유전자데이터는 정보화 및 빅 데이터 시대에 매우 중요한 핵심 정보이다. 일부 회사는 유전 정보를 저장하고 연구, 마케팅 또는 기타 목적으로 제3자와 공유할 수 있다. 2013년에 미국의 인기 있는 DTC GT 유전자 검사 회사인 23andMe가 약물 개발 목적으로 익명화된 유전자 데이터를 제3자 연구원 및 제약 회사와 공유하고 있다는 사실이 밝혀졌다. 23andMe에는 검사 신청 시 동의 절차가 있지만 모든 고객이 자신의 데이터가 어느 정도 사용될 수 있는지 완전히 알지 못한다. 따라서 데이터가 익명화되었음에도 불구하고 개인정보 보호 옹호자들은 매우 개인적이고 개인에게 고유한 유전자 정보가 잠재적으로 재식별되거나 오용될 수 있다고 주장한다. 미국의 또 다른 유전자 검사회사인 Ancestry.Com은 미국 펜실베이니아 법 집행기관으로부터 미제 사건 해결을 위해 소환장을 받았지만, 고객들의 DNA 정보 데이터 보호를 이유로 소환장을 거절하였다. Ancestry.com은 법 집행 기관으로부터의 요청이 지나치게 광범위하고 사용자의 개인 정보를 침해한다고 주장하였는데, 법원은 이들의 주장에 동의하여 Ancestry.com에 유리하게 판결되었다.

CHAPTER
14

바이러스는 우리 역사에 어떤 영향을 미쳤을까?

아돌프 마이어(Adolf Mayer)는 독일의 식물 병리학자이다. 그는 1886년에 담배 식물의 신비한 "모자이크 질병"을 연구하며 이 질병이 수액을 통해 병든 식물에서 건강한 식물로 전염될 수 있음을 보여주었다. 그는 이 병원체가 일종의 박테리아일 수 있다고 가설을 세웠다. 하지만 1892년 러시아의 식물학자 이반노프스키(Ivanovsky)는 병든 식물의 수액을 박테리아는 통과하지 못하는 아주 미세한 필터로 걸러냈음에도 여전히 모자이크 질병을 일으키는 것을 보고 그는 아마도 모자이크 병을 일으키는 것이 독소일지도 모른다고 생각했다. 네덜란드 미생물학자인 마르티너스 베이에링크(Martinus Beijerinck)는 이바노프스키의 연구를 반복하고 확장했다. 1898년 그는 실험 결과를 토대로 감염원이 알려진 모든 박테리아보다 더 작은 무엇인가 이어야 하며 "유체" 상태에서 활성 상태를 유지해야 한다는 것을 인식하고, 이를 "살아있는 전염성 액체"라는 용어인 "contagium vivum fluidum"(라틴어로 "살아있는 전염성 액체")라고 명명하였는데, 이것이 우리가 지금 이것을 바이러스라고 부르게 되는 기원이 되었다. 1935년 미국의 생화학자 웬델 스탠리(Wendell Stanley)는 담배 모자이크 바이러스를 결정화하여 화학 물질(단백질 등)과 유사한 형태로 분리할 수 있음을 보여주었다. 그의 결과는 바이러스가 화학적으로 정제된 상태에서도 감염성을 유지할 수 있다는 것을 보여준 획기적인 발견이었지만 이는 당시 과학자들이 알고 있던 "생물"의 정의에 깔끔하게 들어맞지 않았다.

바이러스는 복제를 위해 다른 유기체(숙주)의 세포 분자 시스템에 전적으로 의존하는 극히 미세한 감염원이다. 즉, 박테리아나 다른 살아있는 세포와 달리 바이러스는 스스로 대사 과정을 수행하거나 번식할 수 없다. 바이러스는 숙주 세포에 침입하여 숙주 세포가 가진 복제 시스템을 이용하여 자신을 복제하고 자신의 바이러스 구성요소를 구성한다. 바이러스는 독립적으로 번식하거나 생화학적 대사 과정을 할 수 없기 때문에 종종 생명의 가장자리에 있다고 설명된다. "생명체와 같은(life-like)" 활동은 숙주 세포 내부에서만 발생한다. 요약하자면, 바이러스는 살아있는 세포 외부에서는 불활성 입자로 존재하지만 숙주의 생물학적 시스템에 침입하여 활용하면 강력한 복제자가 되는 세포 내 절대 기생충이다.

바이러스는 단백질 껍질과 내부에 자신의 유전 물질인 DNA나 RNA를 가진 구조로 되어 있다. 바이러스는 구형, 정이십면체형, 나선형/필라멘트형 또는 복합형 등 다양한 형태로 존재한다. 일부 필라멘트형 바이러스(예: 에볼라 바이러스)는 길이가 최대 800~1,000nm에 달하지만 직경은 약 80nm에 불과하여 일반 광학 현미경으로는 관찰이 되지 않고 전자현미경으로만 볼 수 있다(참고: 1nm $=10^{-9}$m).이러한 크기 차이에도 불구하고 모든 바이러스는 독립적으로 복제하는 데 필요한 유전적 기구가 없다는 근본적인 특성을 공유한다. 바이러스의 복제 주기는 숙주 세포의 수용체에 결합하여 숙주 세포내로 진입하고 난 후 숙주의 세포 기구(복제, 전사, 번역 등)을 사용하여 유전 물질을 복제하고 바이러스 구성 요소를 생성한다. 이렇게 만들어진 새로운 바이러스 입자는 숙주 세포 내부에서 조립되어 결국 숙주 세포를 파괴하고 인접한 세포를 감염시킨다. 모든 유형의 생명체(동물, 식물, 균류, 박테리아, 심지어 다른 바이러스)에서 바이러스가 발견되었지만, 각 바이러스는 일반적으로 특정 숙주 종 또는 세포 유형만 감염시킨다는 것이다. 한 예로 박테리오파지는 박테리아만을 감염한다. 박테리아는 박테리오파지의 공격으로부터 자신을 보호하기 위해 DNA 복제시에 박테리아 자신의 DNA에는 메틸기를 붙여서 박테리오파지 DNA와 차별화한다. 이를 통해 박테리오파지 침입 시 박테리오파지 DNA를 식별하여 제한효소로 절단시켜 무력화시킨다. CRISPR–Cas9은 박테리아가 자신을 공격하는 박테리오파지 DNA를 선별하고 절단시킬 수 있는 획득면역시스템이다. 이 시스템을 최근 과학자들은 식물이나 동물의 특정 유전자를 선별하고 절단하고 다시 연결시키는 유전자 편집 기술로 개발하여 생명공학기술 중에 가장 주목받는 기술로 개발되었다.

바이러스는 자신의 유전 정보를 외가닥 RNA 또는 DNA, 두 가닥 RNA 또는 DNA로 가지고 있다. 모든 종류를 설명하는 것은 본 저서의 범주를 넘으므로 인간 질병과 관련된 바이러스들을 소개한다. 우리는 모두 코로나 바이러스를 기억한다. 코로나 바이러스 팬데믹은 2019년 겨울에 시작하여 2023년 5월 국제 보건기구(World Health Organization, WHO)가 공식적인 종료를 선언할 때까지 전 세계적으로 약 7백만 명의 죽음을 야기했다. 코로나 팬데믹의 여파로 경기 침체는 수십 년 만에 가장 심각했으며, 글로벌 무역, 고용 및 공급망에 큰 혼란이 발생했다. 코로나 팬데믹이 가장 심하였던 2020년 전 세계 GDP는 약 3~4% 감소한 것으로 추산되며, 많은 국가에서는 더욱 급격한 감소를 경험했다. 사회는 의료, 업무 문화 및 사회적 상호 작용에서 지속적인 변화를 겪었으며, 심각한 정신 건강 문제와 심화된 사회적 불평등이 발생했다. 팬데믹의 파장은 전 세계의 경제 정책, 공중 보건 관행, 교육 시스템 및 일상생활에 계속 영향을 미치고 있다.

코로나 바이러스는 인간과 동물에서 호흡기 감염을 유발한다. 코로나 바이러스는 외피를 가진 단일 가닥 RNA 바이러스 계열이다. "코로나 바이러스"라는 용어는 전자 현미경으로 볼 때 바이러스 입자의 독특한 왕관 모양 때문에 붙여졌다. 코로나바이러스 계열에는 SARS－CoV, MERS－CoV, 그리고 일반 감기 바이러스인 HCoV－229E, HCoV－OC43 등이 있다. 코로나바이러스 표면에 있는 스파이크(S) 단백질은 인간 세포(예: 호흡기)의 표면에 있는 안지오텐신 전환 효소 2(ACE2) 수용체 단백질과 결합하여 호흡기 세포 내로 침투한다. 인간 호흡기 세포에 침입한 RNA 바이러스는 기주 세포의 전사, 번역 등의 분자 기구들을 이용하여 코로나바이러스 입자들을 무수히 만들고 기주 세포를 파괴하고 인접한 세포들을 침입한다. 스파이크 단백질은 바이러스 구조의 중요한 구성 요소이며 인간 세포 감염에 필수적인 역할을 한다. 코로나바이러스 백신은 주로 SARS－CoV－2의 스파이크(S) 단백질을 표적으로 삼아 이 단백질과 결합함으로써 코로나 바이러스를 무력화시키는 특정항체와 면역 반응을 유도하여 감염을 예방한다.

그림 14.1 코로나 바이러스

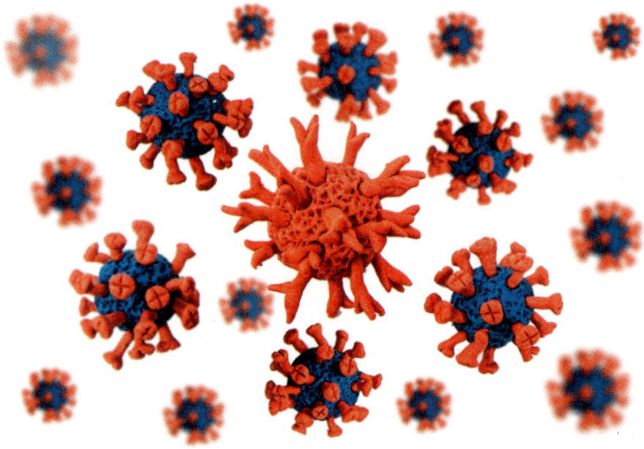

전자 현미경으로 코로나 바이러스를 보면 겉 표면에 독특한 왕관 모양의 스파이크 단백질로 된 돌기들이 있다. 코로나 백신은 주로 이 표면 단백질을 표적으로 결합하여 바이러스를 무력화시킨다.

인플루엔자(독감) 바이러스는 폐와 기도를 감염시키는 급성 호흡기 질환이다. 인플루엔자 바이러스는 A형, B형, C형으로 구분되는데 A형과 B형이 사람에게 독감을 유발하며, C형도 인간을 감염시킬 수 있지만 증세가 심하지는 않다. A형 인플루엔자 바이러스는 돼지, 닭, 기타 조류 등도 감염시킬 수 있는데 가끔 이들 동물 감염 인플루엔자 바이러스에 돌연변이가 일어나 인간을 감염시키기도 한다. 1918~1919년에 유행했던 스페인 독감으로 약 5천만 명이 사망했다. 스페인 독감이 유행했던 시기는 제1차 세계대전 시기와 겹쳐서 어떤 통계는 1억명 이상이 사망했다고도 하는데, 학자들은 이 숫자는 전쟁으로 군인들이 위생 시설이 빈약한 참호에서 부실한 영양 상태에서 생활하며 숨진 병사들도 있으므로 이들이 모두 독감으로 숨진 것으로 볼 수 없다는 견해도 있다. 그럼에도 불구하고 21세기에 코로나바이러스가 전 세계에 영향을 미친 것처럼 스페인 독감도 당시의 의료 시스템, 경제, 사회적 행동에 심오한 영향을 끼쳐서, 공중 보건 정책과 의학 연구에 커다란 변화를 가져왔다. 스페인 독감은 인플루엔자 바이러스의 파괴적인 잠재력을 뚜렷이 상기시켜주며, 미래에 발생할 수 있는 팬데믹의 영향을 완화하기 위한 대비, 감시, 신속한 대응의 중요성을 강조한다.

인플루엔자 바이러스는 바이러스 표면에 있는 당단백질인 헤마글루티닌(Hemagglutinin, HA)과 뉴라미다제(Neuramidase, NA)의 유형에 따라 분류하는데 헤마글루티닌은 18개의 유형(subtype, (H1~H18))이 있고 뉴라미다제는 11개의 유형(N1~N11)이 있다. 매년 유행하는 독감은 HA와 NA 유형의 조합이 다르므로 독감 예방 주사를 매년 맞아야 효과가 있다. 스페인 독감의 원인은 H1N1 바이러스였으며, 2023년에는 H1N1과 H3N2 형이 세계적으로 유행했다. 동물에게 있었던 주목할 만한 독감으로 1996년에 중국에서 유행했던 조류독감은 H5N1과 2013년에 중국에서 유행했던 돼지 독감은 H7N9이었다. H5N1 조류독감 바이러스는 인간도 감염되는데 치명률이 매우 높다. 2003년부터 2022년 10월까지 아시아·중동·미국·영국 등의 18개 국가에서 868명이 H5N1 바이러스에 감염되어 456명이 목숨을 잃었다.

DNA 바이러스도 인간에게 질병을 야기한다. DNA 바이러스는 사마귀와 감기와 같은 가벼운 감염에서 암, 간염과 같은 심각하고 생명을 위협하는 상태에 이르기까지 광범위한 인간 질병을 일으킬 수 있다. 그러므로 이러한 바이러스를 이해하는 것은 효과적인 백신, 항바이러스 요법 및 감염을 예방하고 통제하기 위한 공중 보건 전략을 개발하는 데 중요하다. 중요한 몇 가지 DNA 바이러스를 소개한다. 인유두종바이러스(Human Papillomaviruses, HPV)는 우리가 흔히 알고 있는 사마귀 바이러스이다. 인체의 피부 여러 곳에서 발생할 수 있다. 또한 특정 고위험 HPV 유형(예: HPV－16 및 HPV－18)은 자궁경부암 및 기타 항문 및 생식기암의 주요 원인이다. 200개 이상의 HPV 유형이 확인되었으며, 그중 약 40개가 생식기 부위를 감염시키는데 다행히도 가장 위험한 유형의 HPV에 대한 백신이 개발되어 있다. 많은 사람들에게 발병하는 헤르페스도 DNA 바이러스인 헤르페즈바이러스(herpesvirus, HSV)에 의해 발생한다. 헤르페스바이러스는 HSV1과 HSV2형이 있으며 HSV1은 입 주변의 열성포진 또는 열성 물집을 생성하거나 눈에 감염되면 시력 상실로 이어질 수 있다. 특징은 신경 세포에 평생 잠복기를 형성하며 스트레스나 면역 억제 기간 동안 주기적으로 재활성화 될 수 있다. B형 간염 바이러스(Hepatitis virus, HBV)도 DNA 바이러스이다. HBV는 B형 간염을 유발하며 급성 및 만성 간 감염으로 간경변 및 간세포암(간암)으로 이어질 수 있다. 혈액 및 체액을 통해 전파(예: 보호되지 않은 성관계, 바늘 공유, 출산 시 어머니에서 아이에게)되며 감염을 예방하는 데 매우 효과적인 백신이 있다.

인간 유전체의 약 8~10%는 바이러스 서열로 구성되어 있으며, 이들은 주로 내인성 레트로바이러스(Endogenous retrovirus, ERV)와 기타 여러 가지 바이러스에서 유래했다. 레트로바이러스는 생식세포를 감염시키고 레트로바이러스가 가지고 있던 역전사효소(Reverse Transcriptase, RT), 삽입효소(integrase, Int) 유전자를 발현시켜 인간 유전체에 삽입되었다. 바이러스 서열은 유전적 부동(genetic drift), 선택 및 유전체 안정성 메커니즘을 통해 인간 유전체에 고정되었다고 추정한다. 인체 유전체에 있는 바이러스 DNA는 유전자 발현 조절에서 역할을 할 수 있지만, 일부는 암과 같은 질병과 관련이 있다. 바이러스 DNA 삽입과 확산은 인간 유전체 유전적 다양성과 태반 형성과 같은 복잡한 특성의 발달에 기여하여 인간 진화에 상당한 영향을 미쳤다. 결국 인간 유전체에서 바이러스 DNA가 미치는 광범위한 영향을 이해하면 인간과 바이러스 사이의 깊고도 복잡한 관계를 조망하여, 고대 바이러스 감염이 어떻게 우리의 유전적 청사진에 지울 수 없는 흔적을 남겼는지 알 수 있다.

바이러스성 종양 유전자(Viral oncogene)는 특정 바이러스가 운반하는 유전자로, 바이러스가 감염시킨 숙주 세포를 암세포로 변형시킬 수 있다. 이러한 유전자는 세포 성장, 분열 및 사망을 제어하는 정상적인 조절 메커니즘을 방해하여 통제되지 않는 세포 증식과 종양 형성으로 이어진다. 바이러스성 종양 유전자는 종종 숙주의 유전자, 특히 세포 성장과 분화를 조절하는데 일반적으로 도움이 되는 유전자인 원-종양유전자(proto-oncogene)을 모방하거나 방해한다. 바이러스성 종양 유전자의 예로 인간 유두종 바이러스(Human Papillomavirus, HPV)의 E6 단백질은 종양 억제 단백질 p53에 결합하여 p53을 분해시키고, E7 단백질은 또 다른 종양 억제 단백질인 레티노블라스토마 단백질에 결합하여 불활성화 시켜 자궁경부암이나 항문암 등을 유발한다. 엡스타인-바 바이러스(Epstein-Barr Virus, EBV) 잠복막(Latent Membrane Protein 1, LMP1) 단백질은 수용체 단백질을 모방하여 세포 생존과 증식을 촉진하는 전달 경로를 활성화시켜 버킷 림프종(Burkitt lymphoma), 호지킨 림프종(Hodgkin lymphoma) 및 비인두암(nasopharyngeal carcinoma) 등을 유발한다.

CHAPTER 15

면역 기능을 담당하는 유전자들

면역은 바이러스, 박테리아, 기생충과 같은 유해한 감염원으로부터 생물체가 자신을 보호하는 동시에 위협적이지 않은 물질은 묵인하는 생물학적 방어 시스템이다. 면역의 기본 기능은 자기와 비자기를 구분하는 것이다. 비자기에는 병원체뿐만 아니라 일부 종양 세포와 이식된 세포도 포함된다. 면역이 이들 "비자기"를 구분하지 못하면 감염원에 의한 질병이나 암이 발생하고 심하면 사망에 이르기도 한다.

면역은 선천면역(Innate Immunity)과 적응면역(Adaptive immunity)이라는 두 가지 주요 부분으로 구성된다. 선천 면역은 신체의 첫 번째 방어선으로, 광범위한 병원체에 대한 빠르고 비특이적인 보호를 제공한다. 선천 면역은 태어날 때부터 존재하며 유해한 침입자를 인식하기 위해 사전 노출이나 "기억"이 필요하지 않다. 물리적 장벽은 선천 면역의 필수 구성 요소를 형성한다. 피부는 미생물에 대한 튼튼한 방패 역할을 하는 반면, 호흡기와 소화관을 덮고 있는 점막은 분비된 점액의 도움으로 병원체를 가두어 둔다. 눈물과 타액은 박테리아 세포벽을 분해하는 리소자임과 같은 효소를 함유하여 미생물의 성장을 더욱 억제한다.

선천 면역 체계에는 이러한 물리적 및 화학적 장벽 외에도 병원체 인식 및 제거에 중요한 역할을 하는 특수 세포가 포함된다. 대식세포(macrophages)와 호중구(neutrophils)와 같은 식세포(phagocytes)는 신체 조직을 순찰하며 식세포작용 과정을 통해 이물질을 섭취하고 파괴한다. 수지상세포(dendritic cells)는 침입하는 미생물을 감지하고 분자적 특징(항원)을 적응 면역 체계에 제시하여 보다 집중적인 반응을 촉진한다. 자연살해세포(Natural Killer Cell, NK)는 감염된 세포를 식별하고 제거함으로써 바이러스 감염을 제어하는 데 도움이 되며, 이는 종종 바이러스가 광범위하게 복제되기 전에 이루어진다.

선천 면역의 또 다른 중요한 메커니즘으로 보체계(complement system)가 있다. 보체계는 신체를 부상과 박테리아, 바이러스와 같은 외부 침입자로부터 방어하는 면역체계의 일부이다. 보체계는 면역체계와 함께 작용하여 신체를 건강하게 유지하는 단백질을 활성화한다. 이러한 단백질은 함께 작용하여 파괴할 병원체를 표시하고, 감염 부위로 염증 세포를 모집하고, 미생물 세포막에 구멍을 뚫어 직접 파괴하는 복합체를 형성한다. 염증은 또한 선천 면역의 중요한 특징이다. 손상된 조직은 면역 세포를 감염 또는 손상 부위로 끌어들이는 화학 신호를 방출하여 발적, 부기 및 발열로 이어진다. 이 과정은 조직 복구를 촉진하는 동시에 병원체를 분리하고 제거하는 데 도움이 된다. 전반적으로 선천면역은 초기단계에서 감염을 제어하는 데 중요한 즉각적이고 비특이적인 방어를 제공한다. 병원성 물질을 빠르게 감지하고 공격함으로써, 매우 특이적이고 오래 지속되는 반응을 특징으로 하는 적응 면역 체계가 동원되어 더욱 특화된 보호를 제공할 수 있는 시간을 벌어준다.

적응 면역은 특정 병원체나 이물질에 대한 반응으로 신체의 고도로 전문화되고 표적화된 방어 메커니즘이다. 빠르고 비특이적인 보호를 제공하는 선천 면역과 달리 적응 면역은 초기 반응을 일으키는 데 시간이 걸리지만 놀라운 정밀성과 오래 지속되는 기억력을 가지고 있다. 적응 면역의 핵심 요소는 림프구, 즉 T세포와 B세포이다. T 세포는 골수에서 유래하여 흉선에서 성숙하며, 여기서 "자기" 항원과 "비자기" 항원을 구별한다. 반면 B세포는 골수에서 성숙하며 항체를 분비하는 형질 세포로 분화할 수 있다.

병원체가 신체의 선천적 방어를 뚫으면 항원제시세포(예: 수지상세포)가 항원을 포착하여 처리한다. 처리된 항원은 항원제시세포 표면에 표시되어 T세포가 특정 분자적 특징을 인식할 수 있다. 보조 T세포는 대식세포와 B세포를 포함한 다른 면역세포를 활성화하는 사이토카인이라는 신호 분자를 방출하여 면역 반응을 조정한다. 세포독성 T세포는 바이러스나 기타 세포 내 병원체에 감염된 세포를 직접 죽인다. B세포는 보조 T세포의 지원을 받아 특정 항원을 만나면 증식하여 항체를 생성하는 형질세포로 분화한다. 이러한 항체는 혈액과 림프를 순환하면서 병원체의 항원에 결합하여 중화하거나 다른 면역세포가 파괴하도록 표시하거나 보체계를 활성화한다.

적응 면역은 다양성, 특이성, 기억 등 세 가지의 특징이 있다. 적응 면역의 다양성은 수백만 개의 고유한 항원 수용체를 생성하여 엄청난 범위의 잠재적 위협을 감지할 수 있다. 특정 T세포와 B세포가 고유한 항원을 인식하여 병원균을 정확하게 인지한다. 그리고 이러한 항체 생산

그림 15.1 항체

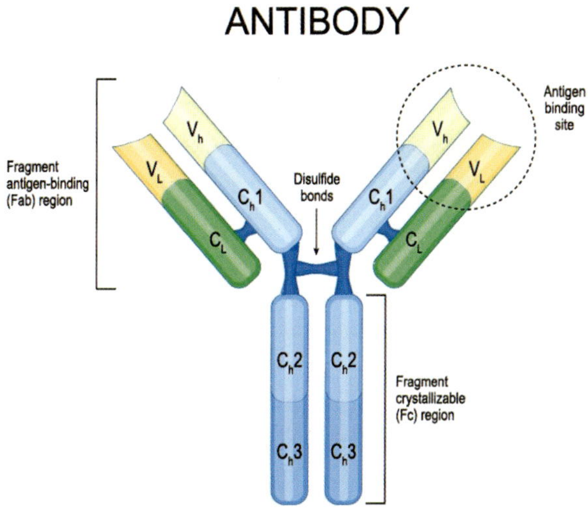

항체는 두 개의 중사슬과 두 개의 경사슬이 결합하여 Y자 모양을 하고 있다. Y 모양의 작은 팔 말단에 항원(antigen) 결합부위가 있다.

능력은 후에도 지속되어 T세포와 B세포가 특정 항원에 노출되면 재감염이나 후속 접촉 시 더 빠르고 강력한 대응이 일어난다. B세포의 기억력은 대단하여 1918년에 스페인 독감에 걸렸던 환자가 수십 년이 지난 후에도 1918년에 유행했던 H1N1 타입 독감 바이러스에 대응하는 항체 생산능력을 가지고 있었다고 한다.

항체는 면역글로불린(immunoglobulin, Ig)이라고도 하며, 적응 면역 반응에 필수적인 Y자 모양의 특수 단백질이다. 각 항체는 4개의 폴리펩타이드 사슬로 구성되어 있다. 두 개의 동일한 중사슬과 두 개의 동일한 경사슬이 이황화물 결합으로 연결되어 있다. Y의 "팔"에는 항원 결합을 담당하는 가변(V) 영역이 있고, "줄기"(Fc 영역)는 효과기 기능을 제공한다. 이러한 효과기 기능에는 병원체를 직접 분해할 수 있는 보체계를 활성화하고, 대식세포나 호중구와 같은 면역세포를 동원하여 병원체를 삼켜 파괴하는 것을 포함한다. 항체는 박테리아, 바이러스 또는 독소의 항원에 특이적으로 결합하여 이러한 침입자를 중화하고, 숙주 세포로 들어가는 것을 막거나, 제거를 위해 표시한다.

인간은 IgG, IgM, IgA, IgE, IgD의 다섯 가지 동종형(isotype) 항체가 있다. 각 동종형 항체는 구조적 특징과 역할이 다르다. 예를 들어, IgG는 혈류에 풍부하여 태반을 통과하여 태아를 보호할 수 있는 반면, IgA는 점막 부위(예: 장과 호흡기)에서 분비되어 병원균의 침입을 예방하는 데 도움이 된다. IgM은 일반적으로 1차 면역 반응에서 생성되는 첫 번째 항체이고, IgE는 알레르기 반응과 기생충 감염과 관련이 있으며, IgD는 B세포 활성화에 역할을 한다.

B세포는 가변(V), 다양성(D), 결합(J) 유전자 절편의 체세포 재조합을 통해 다양한 항체를 생성한다. 중사슬은 V, D, J 절편을 결합하는 반면, 경사슬은 V와 J를 쌍으로 이룬다. 이 과정은 무작위로 발생하여 수백만 개의 고유한 항원 결합 부위를 생성한다. 항체의 중사슬 폴리펩디드의 V 유전자는 40~50개의 절편들이 있고, D 유전자는 약 23개의 절편, 그리고 J 유전자는 6개의 절편으로 구성되어 있다. 반면 경사슬 폴리펩티드의 V와 J 유전자들은 각각 30개와 5개의 절편들로 이루어져 있다(경사슬 폴리펩티드는 D 절편을 가지지 않음). 특정한 항원(병원균 또는 바이러스 등)에 노출이 되면 B세포에서는 이들 V, D, J 유전자들의 재조합이 일어나서 새로운 항원에 대항할 수 있는 항체를 만든다. 예를 들어 옷장에 속옷 40장, 바지 23개, 벨트 5개가 있다고 하자. 외출 시 입을 수 있

는 속옷, 바지, 벨트의 조합을 생각해보면 소수의 항체 유전자에서 어떻게 수많은 항체 생산이 가능한가를 이해할 수 있다.

적응 면역 결함에 의한 유전 질환에는 여러 가지가 있으며 본 저서에서는 두 가지만 예로 설명한다. 아데노신 디아미나제(Adenosine Deaminase, ADA) 결핍증은 *ADA* 유전자의 돌연변이로 인해 발생하는 상염색체 열성 질환이다. 돌연변이로 인해 아데노신과 디옥시아데노신이 축적되어 B, T, NK 림프구의 발달과 기능을 손상시키는 독성이 발생한다. 임상적으로 ADA 결핍증은 재발성 중증 감염, 성장 부전, 림프 조직 결여와 함께 중증복합면 결핍증(Severe Combined Immune Deficiency, SCID)의 한 형태로 나타난다. "39장 유전자 치료가 가능한가?"에서 ADA 결핍증 환자의 생명공학적 유전자 치료에 대해서 설명하고 있다.

디조지 증후군(DiGeorge Syndrome, 22q11.2 결손)은 흉선이 없거나 심하게 발달하지 못해 T세포 생성이 심각하게 손상된 경우로 세계적으로 약 3,000~6,000명의 신생아당 한 명의 비율로 나타난다. T세포는 적응 면역에서 핵심 역할을 하는 것으로 면역 반응을 조정하거나, B세포를 돕고, 세포 방어를 조율한다. 때문에 DiGeorge 증후군 환자는 종종 지속적이고 생명을 위협하는 감염을 겪는다. 또한 심장 결함과 특징적인 얼굴 특징을 포함한 추가 이상이 있을 수 있다. 흉선이나 골수 이식을 통한 적절한 진단과 처방은 T세포 기능을 회복하고 감염 위험을 줄이는 데 도움이 될 수 있다.

임산부의 면역학적 갈등은 임신기간 중 일부 산모에게 나타날 수 있는 현상이다. 태아의 유전자 중 절반이 아빠로부터 온 것들이므로 임산부와 태아 간에 미묘한 면역학적 갈등으로 나타날 수 있다. Rh 불화합성은 이러한 산모와 태아의 면역학적 갈등의 예이다. Rh 인자는 적혈구 표면에 있는 유전 단백질이다. Rh 부적합은 Rh 음성인 임산부가 Rh 양성 태아를 임신했을 때 발생하며, 신생아 용혈성 질환(Hemolytic Disease of Newborn, HDN)의 위험으로 이어진다. 대부분의 사람은 Rh 양성이지만 백인의 약 15%, 아프리카계 미국인의 5~8%, 아시아인의 1~2%는 Rh 음성이다. 임신 또는 분만 중에 소량의 태아 혈액이 모체 순환계로 유입될 수 있는데, 임신모가 Rh 음성이고 태아가 Rh 양성인 경우 모체 면역 체계는 태아 Rh 항원을 이물질로 인식하고 IgG 항-Rh 항체를 생성할 수 있다. 이러한 항체는 일반적으로 태반을 통과하여 태아 적혈구를 공격할 수 있으므로 차후 임신에서 Rh 양성 태아에게 큰 위협이 된다. 의학적 개입이 없으면 태아나 신생아에게 용혈성 빈혈이 발생하여 황달, 빈혈, 심한 경우 태아수종증이 발생할 수 있다. RhoGAM은 적혈구에서 발견되는 Rh(D) 항원에 대한 항체(면역글로불린)를 함유한 주사제이다. 다행히도 임신 중과 임신 후 특정 시기에 Rh 음성 산모에게 RhoGAM을 투여하면 이와 같은 면역 반응을 예방하고 HDN 위험을 최소화할 수 있다. RhoGAM은 산모의 순환계에 들어온 Rh 양성 태아 적혈구에 결합하여 산모의 면역 체계가 항-Rh 반응을 일으키기 전에 신속히 제거되도록 표시하므로 산모가 민감해져 미래의 임신에 해를 끼칠 수 있는 항체를 생성하는 것을 방지한다. Rh 부적합은 산전 관리에서 여전히 중요한 고려 사항이지만, RhoGAM의 광범위한 사용으로 전 세계적으로 관련 합병증 발생률이 크게 감소했다.

발병 빈도가 높지 않지만 경피증(Scleroderma)도 태아의 세포가 산모의 혈류에 남아 있어서 생기는 질환이다. 경피증은 전신성 경화증이라고도 하며, 과도한 콜라겐 축적으로 인해 피부가 두꺼워지고 장기가 영향을 받을 수 있는 만성 자가면역 질환이다. 전 세계적으로 10만 명당 약 10~20건의 유병률이 보고되며 남성보다 여성에게서 더 자주 발생한다. 연구자들은 경피증으로 고생하는 여성의 조직 내에 남성 세포나 DNA(Y 염색체를 가지고 있음)가 있다는 사실을 발견했다. 이러한 현상을 미세키메라현상(microchimerism)이라 하는데, 일반적으로 남성 태아의 태아 세포가 임신 중에 태반을 통과하여 어머니의 혈류로 이동하여 수 년, 심지어 수십 년 동안 어머니의 몸 속에 지속될 때 발생한다. “이물질” 세포는 감수성 있는 개인에서 자가면역 반응을 유발하거나 지속시키는 역할을 할 수 있다.

알레르기는 일반적으로 무해한 물질인 알레르겐에 의해 유발되는 면역 매개 과민 반응이다. 일반적인 알레르겐에는 꽃가루, 진드기, 특정 음식 및 동물 비듬 등이 있다. 알레르기가 있는 사람의 경우 이러한 알레르겐에 노출되면 면역글로불린 E(IgE) 항체가 생성된다. IgE 분자는 비만 세포(mast cell)와 호염기구(basophil)의 수용체에 결합하여 이후 알레르겐에 노출될 때를 대비한다. 같은 알레르겐에 재노출 시 IgE가 알레르겐을 인식하고 결합하여 비만 세포와 호염기구인 히스타민, 류코트리엔 및 기타 염증 매개체 방출을 유도한다. 참고로 여기서 말하는 비만 세포는 체중과는 관계가 없는 세포로 혈관과 신경 근처 조직의 면역세포이며 염증 매개 물질인 히스타민으로 가득 찬 과립을 포함하고 있어서 활성화되면 히스타민을 방출하여 알레르기 및 염증 반응을 유발한다. 호염기구는 비만 세포와 유사한 특징을 공유하는 순환 백혈구로 히스타민을 함유한 과립을 가지고 있어서 IgE 결합 알레르겐에 의해 염증 매개체를 방출한다. 이러한 연쇄 반응으로 인해 재채기, 가려움증, 부기 및 심각한 경우 아나필락시스와 같은 증상이 나타난다. 아나필락

시스는 전신 염증, 기도 수축, 혈압 저하를 특징으로 하는 심각하고 생명을 위협하는 알레르기 반응이다. 유전적 소인, 환경 요인 및 어린 시절 노출은 모두 알레르기가 발생할 가능성에 영향을 미친다. 치료는 일반적으로 알레르겐을 피하고, 항히스타민제와 코르티코스테로이드와 같은 약물을 복용하고, 면역 요법(예: 알레르기 주사 또는 고농도 알레르기 물질을 혀밑에 장기간 투여하는 설하 면역 요법)을 받는 것을 포함하며, 이는 면역 체계를 둔감하게 하는 데 도움을 줄 수 있다. 적절한 관리를 통해 대부분의 알레르기 증상을 효과적으로 통제하여 전반적인 삶의 질을 향상시킬 수 있다.

CHAPTER 16

유전자형에 따른 환자 맞춤 의료

제임스 왓슨과 프랜시스 크릭은 1953년도에 DNA 구조를 규명하였다. 그 공로로 그들은 1962년에 노벨 의학상을 수상하였다. 2007년 왓슨은 본인의 유전체 전체 정보를 해독한 최초의 사람 중 한 명이다. 그는 인간 유전체 정보 해독은 의학에서 개인화된 유전체학의 잠재력을 보여주기 위한 노력의 일환으로, 개인의 DNA를 이해하면 고유한 유전적 구성에 맞게 의료 치료를 맞춤화하는 데 도움이 될 수 있다고 강조했다. 왓슨은 자신의 유전정보에서 *CYP2D6* 유전자의 변이를 발견하였는데, *CYP2D6*는 일부 혈압약과 기타 심혈관 치료제를 포함한 특정 약물의 대사에 중요한 역할을 한다. 왓슨은 자신이 복용하는 안테놀(Antenol)이라는 혈압약을 복용한 후 나른해지는 이유가 *CYP2D6* 유전자의 변이 때문임을 알아내고 주치의와 상의하여 안지오텐신 II 수용체 차단제 계통의 혈압약으로 바꾸었다. 왓슨의 사례는 게놈 정보로 개인에 맞춘 의료 치료를 위한 귀중한 정보를 제공하여 환자가 고유한 유전적 프로필에 따라 더 효과적이고 안전한 약물을 처방받을 수 있게 한 대표적인 예이다. 약물 대사, 질병 위험 예측 및 개인의 유전 정보를 기반으로 한 개인화된 치료 계획에서 게놈 의학을 활용하는 것의 잠재력을 발견할 수 있다.

의사를 찾아가서 자신의 상태에 대한 표준 치료를 받는 대신 유전적 구성, 라이프스타일, 환경에 맞게 특별히 맞춤화된 치료 계획을 받는다고 상상해 본다. 이것은 공상과학이 아니라 점점 더 현실화되고 있다. 과거에는 의학이 "일률적" 접근 방식을 따랐고 비슷한 상태를 가진 환자는 같은 방식으로 치료를 받았다. 그러나 이 예전 모델은 개인 간의 엄청난 차이를 고려하지 않는다. 반면 개인 맞춤 의학은 각 환자의 고유한 특성에 따라 맞춤형 치료를 제공함으로써 의료 산업에 혁명을 일으키고 있다. 개인 맞춤 의학은 각 환자의 개별적 특성에 맞게 치료를 맞춤화하는 혁신적인 의료 접근 방식으로 유전 정보를 사용하여 예방, 진단, 치료에 대한 결정을 내리는 것을 의미한다. 개인 맞춤 의학에는 라이프스타일, 환경, 개인적 선호도와 같은 요소도 포함할 수 있다. 개인화된 의학의 핵심은 사람들이 생물학적으로 다르며 질병과 치료에 고유한 방식으로 반응한다는 것이다. 모든 환자에게 동일한 치료를 적용하는 대신, 개인화된 의학은 이러한 차이점을 이해하고 그 정보를 사용하여 보다 효과적이고 정확한 치료법을 개발한다. 개인화된 의학의 개발은 유전체학(개인의 유전적 구성 연구), 생물정보학(생물학적 데이터 분석), 생명공학과 같은 분야의 발전으로 가능해졌다. 이러한 분야를 통해 과학자와 의사는 질병의 유전적 및 분자적 기초와 다양한 사람들이 치료에 어떻게 반응하는지 더 잘 이해할 수 있게 되었다.

의사들은 임상 시험과 일반 인구 데이터를 기반으로 치료법을 설계하는 증거 기반 의학이라는 방법에 의존해 환자를 치료해 왔다. 이것은

"일률적" 접근 방식이며, 많은 생명을 구하는 치료법으로 이어졌지만 모든 사람에게 똑같이 효과적인 것은 아니다. 왓슨의 케이스처럼 고혈압 치료제를 생각해 본다. 왓슨이 처음 복용하던 베타-차단제로 알려진 약물은 임상 시험에서 검사를 받은 사람의 70%에서 혈압을 낮출 수 있지만 나머지 30%의 경우, 이 약물은 효과가 없거나 심지어 해로운 부작용을 일으킬 수 있다. 기존의 단일 접근법은 모든 사람에게 같은 처방을 하므로 일부 사람들이 이 약물의 혜택을 받지 못하거나 부작용을 겪을 수 있음에도 불구하고 고혈압이 있는 모든 사람에게 이 약물을 처방할 것이다. 개인 맞춤 의학은 모든 사람에게 효과적인 단일 치료법이 없다는 것을 인식함으로써 이 문제를 해결한다. 대신 환자의 유전적 프로필, 라이프스타일, 환경과 같은 정보를 사용하여 가장 효과적이고 안전한 치료법을 결정하는 것이다.

개인 맞춤 의학의 핵심은 개인의 유전체, 즉 개인의 유전 정보를 구성하는 완전한 DNA 세트를 먼저 이해하는 것이다. 의사는 환자의 유전체를 분석하여 특정 질병이나 치료에 대한 반응에 영향을 줄 수 있는 유전적 돌연변이나 변이를 식별할 수 있다. 과학자들은 특정 유전적 돌연변이를 가진 사람들이 암, 심장병 또는 당뇨병과 같은 질병을 앓을 가능성이 더 높다는 것을 발견했다. 이러한 정보로 의사는 질병 발생을 예방하거나 조기에 발견하는 데 도움이 될 수 있는 특정 생활 방식 변화, 약물 또는 정기 검진을 권장할 수 있다. 개인화된 의학의 잘 알려진 응용 분야는 암 치료이다. 표적 치료는 암 세포에는 존재하지만 정상 세포에는 존재하지 않는 특정 유전적 변화를 표적으로 삼도록 설계된 약물이다. 이러한 치료법은 건강한 세포와 암 세포를 무차별적으로 공격하는 기존 화학 요법보다 더 효과적일 수 있으며 부작용이 적다. 표적 치료의 한 예로 유방암 치료에 사용되는 약물인 허셉틴이 있다. HER2라는 단백질은 유방암 환자의 약 20%에서 과잉 생산되는 단백질인데 허셉틴은 HER2에 표적으로 작용한다. 허셉틴이 나오기 전에는 모든 유방암 환자가 동일한 치료를 받았다. 이제 의사는 환자를 대상으로 HER2 단백질을 검사하고 이로부터 이익을 얻을 수 있는 환자에게만 허셉틴을 처방한다. 타이로신 키나제 억제제(Tyrosine Kinase Inhibitors)는 세포 성장, 분열 및 생존을 조절하는 세포 신호 전달 경로에서 중요한 역할을 하는 타이로신 키나제라는 특정 효소를 차단하도록 설계된 표적 암 치료제이다. 비소세포 폐암을 포함한 많은 암에서 타이로신 키나제의 과활성화는 통제되지 않는 종양 성장으로 이어지기 때문에 타이로신 키나제 억제제 계통 약물이 효과적으로 작용할 수 있다.

개인 맞춤 의학은 또한 유전학을 넘어, 식단, 운동, 스트레스 수준과 같은 생활 방식 요인과 오염이나 독소에 노출되는 것과 같은 환경 요인을 고려한다. 이러한 모든 요소를 통합함으로써 개인화된 의학은 포괄적이고 전체적인 치료 접근 방식을 제공할 수 있다. 개인 맞춤 의학의 잠재적 이점은 방대하며 환자와 의료 시스템 모두에게 이점을 제공한다. 첫째는 효과의 개선이다. 개인 맞춤 의학은 적절한 치료를 적절한 환자에게 제공하는 것을 목표로 하기 때문에 더 나은 결과를 가져올 수 있다. 예를 들어, 유전적 프로필에 따라 치료를 받는 환자는 표준 치료를 받는 환자보다 더 효과가 좋다. 둘째는 부작용 감소이다. 치료를 개인의 유전적 구성에 맞게 조정함으로써 의사는 부작용을 일으킬 가능성이 있는 약물을 피할 수 있다. 이는 화학 요법과 같은 기존 치료법이 심각한 부작용을 일으킬 수 있는 암과 같은 질환에서 특히 중요하다. 세 번째는 조기 발견 및 예방이다. 개인 맞춤 의학은 질병을 치료하는 것뿐만 아니라 질병을 예방하는 것도 포함한다. 의사는 개인의 유전적 위험을 이해함으로써 생활 방식 변화, 정기 검진 또는 예방적 치료(질병이 발병하기 전에 약물 복용)와 같은 예방 조치를 권장할 수 있다. 네 번째는 비용 절감 효과이다. 개인 맞춤 의학은 초기 비용은 높을 수 있지만 장기적으로 의료비를 줄일 수 있는 잠재력이 있다. 보다 효과적인 치료를 제공함으로써 입원, 반복 치료 또는 장기 치료의 필요성을 줄일 수 있다. 또한 질병이 발병하기 전에 예방하면 나중에 비싼 치료에 드는 비용을 절감할 수 있다.

개인화된 의학은 여러 가지 장점에도 불구하고 아직 초기 단계에 있으며 해결해야 할 과제가 몇 가지 있다. 첫째로 비용 및 접근성 문제이다. 유전자 검사 및 개인화된 치료는 비쌀 수 있으며 모든 환자가 이러한 고급 의료 옵션을 이용할 수 있는 것은 아니다. 최근 몇 년 동안 유전체 DNA 염기서열 분석 비용이 극적으로 저렴해졌지만, 개인화된 의학을 광범위하게 사용하기에는 여전히 경제적 장벽이 있다. 두 번째는 유전학의 복잡성이다. 유전자가 많은 질병에서 역할을 하지만, 이것은 큰 그림의 일부에 불과하다. 많은 질병의 경우 여러 유전자가 관련되어 있으며 이러한 유전자가 어떻게 상호작용하는지는 아직 많은 부분이 알려져 있지 않다. 세 번째는 데이터 프라이버시 및 윤리적 문제이다. 개인화된 의학은 유전 정보에 크게 의존하므로 데이터 프라이버시와 유전 데이터의 잠재적 오용에 대한 우려가 제기된다. 사람들은 고용주나 보험 회사가 유전적 프로필을 근거로 차별하는 것을 걱정할 수 있다. 그러므로 유전 정보가 책임감 있게 사용되도록 보호 조치를 취해야 한다.

개인화된 의학의 원동력 중 하나는 특히 데이터 수집, 분석 및 저장

분야에서 이루어진 기술의 급속한 발전이다. 빅데이터는 유전 데이터, 의료 기록 및 라이프스타일 정보와 같이 환자로부터 수집할 수 있는 방대한 양의 정보이다. 연구자는 이러한 데이터 세트를 분석하여 다양한 환자가 치료에 어떻게 반응할지 예측하는 데 도움이 되는 패턴과 상관관계를 식별할 수 있다. 기계 학습과 인공 지능(AI)은 유전 및 의료 데이터를 분석하는데 점점 더 많이 사용되고 있다. 이러한 기술은 의사가 더 정확한 진단을 내리고, 환자 결과를 예측하고, 개인화된 치료 계획을 권장하는 데 도움이 될 수 있다. 예를 들어, 인공지능 AI 시스템은 환자의 유전체를 분석하고 유사한 사례를 기반으로 가장 효과적일 가능성이 있는 약물을 제안할 수 있다. 개인 맞춤 의학의 미래는 유망해 보이며, 의료 제공 방식을 바꿀 잠재력이 있다. 기술이 계속 발전함에 따라 보다 정확한 진단 도구, 보다 효과적인 치료법, 유전학, 환경 및 라이프 스타일이 건강에 미치는 영향에 대한 보다 깊은 이해를 기대할 수 있다.

개인 맞춤 의학의 활발한 연구 분야 중 하나는 CRISPR－Cas9과 같은 유전자 편집 기술의 사용이다. 이러한 도구를 사용하면 과학자들이 사람의 DNA 내의 특정 유전자를 수정할 수 있다. 미래에는 유전자 편집을 사용하여 질병을 유발하는 유전자 돌연변이를 교정하여 현재 효과적인 치료법이 없는 질환에 대한 잠재적 치료법을 제공할 수 있다. 맞춤의료의 또 다른 흥미로운 분야는 개인 맞춤 백신의 등장이다. 과학자들은 모든 사람에게 맞는 백신 대신 개인의 유전적 프로필에 맞게 조정되어 질병에 대한 보호력을 높이는 백신을 개발하기 위해 노력하고 있다. 예로 신생항원(neoantigen) 백신이다. 신생항원은 건강한 세포에서는 발견되지 않는 돌연변이로 인해 암 세포에서 생성되는 단백질이다. 신생항원 백신은 환자 개인의 종양에서 고유한 돌연변이를 표적으로 삼도록 맞춤 제작된다. 게놈 시퀀싱을 통해 신항원을 식별함으로써 환자의 면역 체계가 이러한 암 특이적 단백질을 인식하고 공격하도록 자극하는 개인화된 백신을 만들 수 있다.

결론적으로 개인화된 의학은 전통적인 일률적 모델에서 벗어나 더욱 개인화된 치료로 나아가는 의료로의 중요한 전환을 나타낸다. 개인의 유전적 구성, 라이프스타일, 환경에 따라 치료를 맞춤화함으로써 개인화된 의학은 환자 결과를 개선하고 부작용을 줄이며 질병이 발병하기 전에 예방할 수 있을 것이다. 비용, 접근성, 데이터 프라이버시와 같은 과제가 남아 있지만 개인화된 의학의 잠재적 이점은 엄청나다. 기술이 계속 발전함에 따라 질병을 진단, 치료, 예방하는 방법이 더욱 발전하여 각 개인에게 진정으로 개인화된 의료가 가능한 미래가 더 가까워질 것이다.

CHAPTER 17

비타민과 호르몬의 역할

유전자, 비타민, 호르몬은 서로 밀접하게 연결되어 있으며, 생리 기능과 건강 유지에 중요한 상호작용을 한다. 비타민과 호르몬의 주요 차이점은 비타민은 대부분 외부에서 생성되어 효소 반응을 돕는 반면, 호르몬은 신체 내부에서 생성되어 신호를 보내 신체 기능을 직접 조절하는 것이다. 비타민은 신체가 정상적으로 기능하도록 돕는 영양소로서 특정 유전자 발현을 조절하거나, 효소 작용을 보조하는 기능을 한다. 하지만 인간은 비타민들을 스스로 만들지 못하거나 충분히 만들지 못하기 때문에 보통 음식이나 보충제에서 섭취해야 한다. 왜 인간은 필요한 비타민들을 충분히 또는 전혀 생합성 못하는지에 대해서 몇 가지 설들이 있다. 인간으로 진화되는 과정에서 필요한 비타민들이 음식으로 충분히 섭취되므로 비타민 생합성 경로에 필요한 유전자들의 기능이 퇴화되었으며(예, 비타민 C), 잡식성 식단으로 장내 미생물들과의 협력에 의해 일부 비타민(예, 비타민 B5, B12, K)들은 보충되게 되었다는 설이다. 반면에 호르몬은 신체 내부의 내분비 샘에서 생성되는 화학 메신저로서 혈액을 통해 이동하며 표적세포의 유전자 발현에 직접 영향을 주어 신체적 리듬을 조절하고 세포와 장기에 무엇을 해야 하는지 알려준다. 비타민은 인간을 포함한 동물은 대부분의 비타민을 체내에서 합성하지 못하지만, 호르몬은 거의 대부분 자체적으로 합성한다. 이 차이는 생합성 유전자들의 진화적 기원, 생존 필수성, 선택압의 차이와 관련되어 있다.

인간은 정상적인 생물학적 기능을 유지하기 위해 다양한 비타민이 필요하다. 과학자들은 인간에게 필수적인 비타민 13가지를 발견했다. 비타민 A, B 복합 비타민(B1, B2, B3, B5, B6, B7, B9, B12), 비타민 C, D, E, K 등이다. 각 비타민별 기능과 결핍 시 증세 및 함유된 식품을 간략히 설명한다.

1. **비타민 A:** 비타민 A는 시력, 면역 기능 및 건강한 상피 조직에 필수적이다. 결핍은 야맹증, 각막 손상(건성안증) 및 감염 저항성 저하를 일으킬 수 있다. 풍부한 공급원으로는 간, 생선 간유, 계란, 유제품, 당근, 망고, 고구마와 같은 주황색 또는 노란색 과일과 채소 등이 있다. 개발도상국 어린이들에게 비타민 A 결핍을 해결하고자 식물 생명공학기술을 이용하여 비타민 A 전구체인 베타카로틴을 쌀알에 축적하는 황금벼를 개발하였으나 유전자 변형 생물체에 대한 여러 가지 제약에 의해 아직 체계적으로 보급되지는 못하고 있다('34장 유전자 변형생물의 태동과 농업의 미래'에서 황금벼에 대해서 자세하게 설명하였다).

2. **비타민 B1(티아민):** 비타민 B1은 에너지 대사, 탄수화물 분해 및 신경 기능에 필수적이다. 결핍은 각기병으로 이어져 각기병, 신경학적 문제 및 심혈관 문제를 일으킬 수 있다. 좋은 식단 공급원으로는 통곡물, 콩, 견과류, 씨앗 및 돼지고기가 있다. 백미를

주로 섭취하는 사람들에게 결핍증이 올 수 있다. 비록 식품으로 비타민 B1을 충분히 섭취하더라도 대사에 문제가 생겨 심각한 신경학적 또는 대사성 질환으로 이어질 수 있다. 예로 비타민 수용체 유전자 *SCL19A2*에 변이가 있는 경우 티아민이 세포 내로 흡수되지 않아 대사이상이 발생하여 빈혈, 난청, 당뇨병 등이 야기된다.

3. **비타민 B2(리보플라빈):** 수용성 비타민인 비타민 B2는 에너지 생산과 세포 기능을 돕는다. 결핍은 입가 갈라짐(구각염), 인후통, 피부 질환을 일으킬 수 있다. 유제품, 계란, 살코기, 녹색 채소, 강화 곡물이 주요 공급원이다. 또한 리보플라빈은 건강한 눈과 좋은 시력을 유지하는 데 도움이 된다. 대부분의 동물은 비타민 B2를 생합성하지 못하므로 반드시 음식으로 섭취하여야 한다. 리보플라빈 수송체 유전자 변이는 근위축증, 사지 약화 등으로 이어지며 치료하지 않으면 치명적일 수 있다.

4. **비타민 B3(니아신):** 비타민 B3는 에너지 대사에 필수적이며 400개 이상의 효소 반응을 지원한다. 결핍은 피부염, 설사, 치매를 특징으로 하는 펠라그라병(pellagra)으로 이어질 수 있다. 좋은 공급원으로는 육류, 생선, 가금류, 통곡물, 콩류가 있다. 신체는 트립토판 대사에서도 비타민 B3를 합성할 수 있지만 충분하지는 않으므로 식품으로 보충해야 한다. 피부에 필수적이다.

5. **비타민 B5(판토텐산):** 비타민 B5는 지방산 합성과 에너지 생산에 필수적인 코엔자임 A의 핵심 성분이다. 결핍은 피로, 과민성, 신경학적 증상으로 나타날 수 있다. 육류, 통곡물, 콩류, 계란, 아보

카도에서 발견되며 식품에 널리 분포되어 있다. 또한 신진대사에 필수적이다. 판토텐산을 흡수하여 코엔자임A로 대사하는 경로에 관여하는 유전자(*PKAN*, 판토텐산 키나제 관련 신경변성) 변이는 신경성 퇴행 질환을 유발한다.

6. **비타민 B6(피리독신):** 비타민 B6는 아미노산 대사, 신경전달물질 합성 및 면역 기능을 지원한다. 결핍은 빈혈, 말초신경병 및 기분 변화를 일으킬 수 있다. 가금류, 생선, 내장육, 감자 및 비감귤류 과일이 좋은 공급원이다. 트립토판을 니아신으로 전환하고 적혈구에서 헤모글로빈을 형성하는 데 필수적이다.

7. **비타민 B7(비오틴):** 수용성 비타민인 비타민 B7은 탄수화물, 지방 및 단백질 대사에서 작용하여 거대 영양소를 분해하는 효소를 돕는다. 결핍은 탈모, 피부 발진 및 신경학적 증상으로 이어질 수 있다. 내장육, 계란, 견과류 및 씨앗에 많이 있다. 장내 박테리아에 의해 합성되기도 한다. 비오티나제는 비오틴의 재활용 및 활성화에 필수적인 효소인데 이 효소 유전자 변이를 가진 사람들은 비오틴 부족으로 에너지 대사, 지방산 합성, 아미노산 대사 장애를 가질 수 있다.

8. **비타민 B9(엽산):** 비타민 B9(엽산)은 DNA 합성, 세포 분열 및 발달 중인 배아의 신경관 결손을 예방하는 데 중요하다. 결핍은 빈혈, 피로 및 여러가지 선천적 결함을 유발한다. 잎이 많은 녹색 채소, 콩과 식물, 감귤류 및 강화 곡물은 풍부한 공급원이다. 합성 엽산은 종종 보충제와 강화 및 시리얼에 사용된다. 엽산은 DNA 합성과 세포 분열에 필수적인 비타민으로, 태아의 정상적

인 발달, 특히 신경관 형성에 핵심적인 역할을 한다. 강한 자외선은 엽산을 분해하므로 저위도 지역에 사는 사람들은 피부의 멜라닌 색소가 자외선을 차단하여 피부에서 엽산을 보호한다. 엽산과 피부색 진화에 대해서는 '**22장 피부색과 인종을 결정하는 유전자**'에서 자세하게 설명했다.

9. **비타민 B12(코발라민):** 비타민 B12(코발라민)는 건강한 적혈구 형성, 신경 기능 및 DNA 합성에 필요하다. 결핍은 빈혈, 구내염, 피로, 호흡곤란 및 여러 가지 신경증상과 소화기증상 장애를 초래한다. 육류, 생선, 가금류, 계란 및 유제품과 같은 동물성 제품에 존재한다. 채식주의자는 강화 식품이나 보충제를 복용하는 것이 좋다. 흡수에는 위의 벽세포에서 만들어지는 특수 단백질인 내인성 인자가 필요하며 내인성 인자가 없으면 비타민 B12가 효율적으로 흡수될 수 없어 악성 빈혈을 일으킬 가능성이 있다

10. **비타민 C(아스코르브산):** 비타민 C는 콜라겐 합성, 상처 치유, 항산화 방어에 필수적이다. 결핍은 괴혈병으로 이어지고 잇몸 출혈, 치유 불량, 피로를 유발한다. 감귤류, 베리, 토마토, 잎이 많은 채소에 흔히 있으며 철분 흡수를 향상시킨다. 인간은 비타민 C를 합성하는 효소 유전자가 위유전자(pseudogene)로 존재하여 발현이 안 되므로 비타민 C 합성을 할 수 없으므로 식이 섭취나 보충제가 필요하다. 인간은 아스코르빈산 합성 마지막 단계를 조절하는 효소인 *GULO*(L-gulonolacone oxidase) 유전자가 불활성화되어서 아스코르빈산을 합성하지 못한다. 인간과 함께 고등 영장류(침팬지, 고릴라, 오랑우탄), 과일 박쥐 등도 이 유전자 변이를

가지고 있어서 아스코르빈산을 합성하지 못한다. 이는 이들이 섭취하는 음식에 아스코르빈산이 풍부하므로 자체 생합성을 하지 않아도 되므로 *GULO* 유전자에 돌연변이가 누적되어 위유전자가 된 것이다.

11. **비타민 D:** 비타민 D는 자연적으로 칼슘과 인산의 균형을 조절하여 뼈 건강과 면역 기능을 지원한다. 결핍은 어린이의 구루병이나 성인의 골연화증을 초래하여 뼈가 약해진다. 햇빛 노출은 피부에서 비타민 D를 합성한다. 식이 공급원에는 지방이 많은 생선, 달걀 노른자, 강화 우유가 있다. 보충제는 최적 수준을 유지하는 데 도움이 된다. 비타민 D는 햇빛을 받으면 피부에서 합성된다. 하지만 햇빛이 강하게 내리 쬐는 적도 지방에서는 검은 피부를 가진 인종이 많다. 이는 검은 피부가 강한 햇빛을 차단하고 일부만 받아들여 어느 정도의 비타민 D 합성을 허락하는 대신 자외선으로부터 엽산의 파괴나 피부암 발생을 줄이기 때문이다. 하지만 고위도 지방에서는 햇빛의 강도가 낮으므로 피부암 발생이나 엽산의 파괴는 심각하지 않고 비타민 D 합성이 더 중요하다. 따라서 최대한의 햇빛이 피부를 투과하여 비타민 D 체내 합성을 할 수 있도록 피부 색깔의 톤이 낮다. 이에 대해서 '**22장 피부색과 인종을 결정하는 유전자**'에서 더 자세하게 설명을 했다.

12. **비타민 E:** 비타민 E는 지용성 항산화제로 세포막을 산화 손상으로부터 보호해서 면역 기능과 전반적인 세포 건강에 도움이 된다. 토코페롤은 비타민 E의 한 종류로서 세포막 및 조직 손상을 막아준다. 비타민 E 결핍은 드물지만 면역과 신경 및 근육 문제

를 일으킬 수 있다. 좋은 공급원은 식물성 기름, 견과류, 씨앗, 녹색 잎이 많은 채소이다. 인간은 비타민 E를 흡수, 운반, 저장, 대사하는 데 여러 유전자를 필요로 한다. 대표적인 유전자로 알파 토코페롤 운반 단백질인 *TTPA*(알파 토코페롤 수송단백질, alpha tocopherol transfer protein) 유전자가 있는데 이 유전자 변이는 비타민 X 결핍성 운동실조증을 보인다.

13. **비타민 K:** 비타민 K는 혈액 응고에 필수적이며 특정 단백질을 변형하여 뼈 건강을 유지하는 데 도움이 된다. 결핍은 드물게 출혈을 쉽게 일으킬 수 있다. 잎이 많은 채소, 브로콜리 및 기타 십자화과 채소가 일반적인 공급원이다. 장내 박테리아가 또한 일부 형태를 생성한다. 신생아는 종종 출혈 장애를 예방하기 위해 비타민 K 주사를 맞힌다.

호르몬은 신체 전체의 특수한 샘(뇌하수체, 갑상선 또는 부신) 또는 조직에서 생성되는 화학적 메신저로 혈류를 통해 특정 표적 세포로 이동하여 성장, 신진대사 및 생식과 같은 생리적 과정을 조절한다. 각 호르몬은 특정 수용체만 인식하기 때문에 신체는 각 신호에 어떤 세포가 반응하는지 제어할 수 있다. 호르몬은 신체의 항상성을 유지하는 데 도움을 준다. 호르몬 수치의 불균형은 정상적인 기능을 방해하여 다양한 건강 문제를 일으킬 수 있다. 호르몬의 정확한 종류는 특정 호르몬과 호르몬 유사 신호 분자가 어떻게 분류되는지에 따라 달라질 수 있지만 과학자들은 인체에서 50가지 이상의 호르몬을 확인했다. 각 호르몬은 신진대사와 성장을 제어하는 것부터 스트레스 반응과 생식 기능을 관리하는 것까지 특정한 조절 역할을 수행한다. 대표적인 호르몬으로 인슐린, 에

스트로겐, 테스토스테론, 코르티솔, 아드레날린, 멜라토닌 등이 있으며 이들의 기능은 아래와 같다.

1. **인슐린(Insulin):** 인슐린은 췌장 랑게르한스 섬의 베타 세포에서 생성되는 중요한 호르몬이다. 주된 역할은 세포에 신호를 보내 혈류에서 포도당을 흡수하여 즉각적인 에너지로 사용하거나 간과 근육에 글리코겐으로 저장하도록 하여 혈당수치를 조절하는 것이다. 음식을 섭취하고 혈당이 상승하면 인슐린 분비가 증가하여 포도당 흡수를 보장하고 혈액에 과도한 축적을 방지한다. 인슐린 생성이 부족하거나 인슐린 작용이 효과적이지 않으면 당뇨병이 발생한다. 1형 당뇨병의 경우 면역 체계가 베타 세포를 파괴하여 심각한 인슐린 부족을 유발하고 인슐린 주사가 필요하다. 2형 당뇨병의 경우 신체 세포가 인슐린 신호에 저항하거나 췌장이 증가한 수요를 따라갈 수 없을 때 발생한다. 만성 고혈당은 혈관, 신경 및 장기를 손상시켜 신경병, 신장 질환 및 시력 문제와 같은 합병증을 유발할 수 있다. 식단, 운동 및 의료 개입을 통해 균형 잡힌 인슐린 수치를 유지하는 것은 전반적인 대사 건강에 필수적이다.

2. **에스트로겐(Estrogen):** 에스트로겐은 주로 난소에서 생성되는 주요 여성 성호르몬으로, 부신에서 소량 합성되고 임신 중에는 태반에서 합성된다. 여성 생식 기관 발달, 월경 주기 조절, 유방 발달과 같은 2차 성징 유지에 중요한 역할을 하며 에스트로겐은 뼈 밀도, 콜레스테롤 수치, 피부 건강, 기분에도 영향을 미친다. 사춘기 동안 에스트로겐 수치가 상승하면 성적 성숙을 나타내는

신체적 변화가 일어난다. 에스트로겐의 불균형은 다양한 방식으로 나타날 수 있다. 너무 적으면 생리 불순, 열감, 뼈 손실이 발생할 수 있고, 과도하면 호르몬에 민감한 암(예: 특정 유방암 또는 자궁암)에 영향을 미칠 수 있다. 폐경을 겪는 여성은 자연스러운 에스트로겐 감소를 경험하며, 종종 야간 발한, 기분 변화, 골다공증 위험 증가와 같은 증상이 나타난다. 호르몬 대체 요법, 식단, 운동 및 모니터링은 에스트로겐 수치를 관리하고 전반적인 웰빙을 위한 건강한 균형을 유지하는 데 도움이 될 수 있다.

3. **테스토스테론(Testosterone):** 테스토스테론은 남성의 주요 성 호르몬이지만 여성에게도 소량 존재한다. 남성의 경우 주로 고환의 라이디히(Leydig) 세포에서 생성되며 부신에서 약간 생성된다. 테스토스테론은 고환과 전립선을 포함한 남성 생식 조직의 발달을 유발하고 얼굴 털, 더 낮은 목소리, 근육량 증가와 같은 2차 성징의 출현을 촉진한다. 성적 취향과 신체적 특성 외에도 테스토스테론은 기분, 적혈구 생성, 뼈 밀도 및 에너지 수준에 영향을 미친다. 테스토스테론이 부족하면(저성선증) 성욕 감소, 피로, 근육 손실 및 기분 변화가 발생할 수 있다. 여성에게 테스토스테론이 증가하면 월경 불순과 과도한 모발 성장을 특징으로 하는 다낭성 난소 증후군(Polycystic Ovary Syndrome, PCOS)과 같은 상태와 관련이 있을 수 있다. 약물, 호르몬 대체 요법 또는 생활 방식 변화를 통해 비정상적인 테스토스테론 수치를 해결하여 남성과 여성 모두가 최적의 신체 기능을 위한 건강한 균형을 유지하도록 할 수 있다.

4. **코르티솔(Cortisol):** 종종 "스트레스 호르몬"이라고 불리는 코르티솔은 시상하부－뇌하수체－부신(HPA) 축의 제어를 받는 부신 피질에서 생성되는 스테로이드 호르몬이다. 스트레스 요인이 발생하거나 혈당 수치가 떨어지면 신체는 코르티솔 분비를 늘려 에너지를 동원하고 혈압을 유지하며 염증을 조절한다. 코르티솔의 효과에는 포도당 생성을 촉진하여 혈당을 높이고, 면역 반응에 영향을 미치고, 기억 강화에 영향을 미친다. 단기 코르티솔 상승은 보호적이지만 만성적으로 높은 수치는 수면을 방해하고, 면역 기능을 손상시키고, 특히 복부 주변의 체중 증가에 기여할 수 있다. 과도한 코르티솔은 둥근 얼굴(달 얼굴 증후군, Moon face symptom), 복부 비만 및 약해진 뼈를 특징으로 하는 쿠싱 증후군으로 이어질 수 있다. 대조적으로, 코르티솔이 부족하면 피로, 저혈압, 전해질 불균형이 발생한다. 적절한 코르티솔 균형은 건강에 필수적이다. 애디슨 병(Addison Disease)은 코르티솔(때로는 알도스테론) 수치 저하로 인해 발생하는 부신 기능 부전증으로, 피로, 저혈압, 쇠약함이 특징이다. 라이프스타일 조정(수면, 위생, 스트레스 관리)과 약물(필요한 경우)은 정상적인 코르티솔 수치와 전반적인 웰빙을 유지하는 데 도움이 될 수 있다.

5. **아드레날린(Adrenalin):** 아드레날린(에피네프린이라고도 함)은 신장 위에 위치한 부신의 안쪽 부분인 부신 수질에서 생성되는 강력한 호르몬이자 신경전달물질이다. 아드레날린은 일반적으로 "투쟁－도피 반응(Fight or Flight Response)"으로 알려진 신체의 급성 스트레스 반응에서 중추적인 역할을 한다. 스트레스, 두려움, 또는 신체적 위협을 경험하면 뇌는 부신에 신호를 보내 아드레날

린이 생성되어 혈류로 분비되며 심박수, 혈압, 호흡수를 증가시켜 신체가 빠른 반응을 할 수 있도록 준비시킨다. 또한 아드레날린은 기도를 확장시키고 산소 공급을 개선하며, 간에서 포도당을 혈액으로 방출하여 즉각적인 에너지를 생성하도록 유도하며 아드레날린에 의해 동공이 확장되고 반사 작용이 더욱 예민해진다. 세포 수준에서 아드레날린은 다양한 조직의 아드레날린 수용체(알파 및 베타 수용체)에 결합하여 생리적 반응을 일으킨다. 중추신경계에서 신경전달물질로 작용하여 각성과 주의력에 영향을 미친다. 의학적으로 아드레날린은 빠르고 광범위한 효과를 나타내기 때문에 아나필락시스, 심정지, 중증 천식과 같은 응급 상황에 사용된다. 아드레날린은 호르몬과 신경전달물질이라는 이중 역할을 하기 때문에 생존과 의료적 개입 모두에 필수적이다.

6. **멜라토닌 (Melatonin):** 멜라토닌은 주로 뇌의 송과선에서 생성되는 호르몬으로, 특히 야간에 어둠에 반응하여 생성된다. 멜라토닌은 수면-각성 주기를 조절하는 체내 시계인 일주기 리듬을 조절하는 데 중요한 역할을 한다. 멜라토닌 생성은 시상하부의 시교차상핵(suprachiasmatic nucleus, SCN)에 의해 조절되는데, SCN은 눈을 통해 빛과 어둠의 신호를 감지한다. 멜라토닌은 생물학적 리듬을 환경의 빛-어둠 주기에 맞춰 동기화하는 데 필수적이다. 도시의 야간 조명이나 잠들기 전에 누워서 휴대 전화 등을 보는 것은 뇌에서 어둠을 인지하지 않으므로 멜라토닌의 합성을 방해하여 수면을 저해한다. 멜라토닌 합성은 아미노산인 트립토판에서 시작되어 신경전달물질인 세로토닌으로 전환된 후 특정 효소의 작용을 통해 멜라토닌으로 전환된다. 비타민 B3,

B6, 엽산, 마그네슘 등은 멜라토닌 합성 효소의 활성을 높이므로 이러한 성분이 풍부한 음식을 섭취하면 멜라토닌 합성을 도우므로 숙면에 도움을 줄 수 있다. 멜라토닌 수치는 저녁에 자연스럽게 증가하여 졸음을 유도하고, 아침에 빛에 노출되면 감소하여 잠에서 깨어나게 된다. 멜라토닌은 또한 체온, 혈압, 수면 관련 호르몬 수치에도 영향을 미친다. 최근의 연구에서는 멜라토닌은 노화 지연, 항산화 또는 항염증 기능이 있는 것으로 밝혀지기도 했다. 멜라토닌은 불면증, 시차증, 교대 근무 관련 사람들에게 수면 장애를 관리하는 보충제로 자주 사용되는데, 일반적으로 안전하지만 장기간 사용 시에는 주의가 필요하다.

CHAPTER 18

생명의 탄생과 낙태에 대한 질문

"생명이란 무엇인가?" 이 질문은 아마도 가장 쉽고 또 난해한 질문일 것이다. 생명의 정의는 과학과 철학에서 가장 복잡하고 논쟁이 많은 주제 중 하나이다. 과학에 대한 지식이 전혀 없는 사람도 생명체와 무생명체는 구분할 수 있다. 생명은 광범위한 현상을 포함하기 때문에 보편적으로 받아들여지는 단일 정의는 없지만 대부분의 정의는 생물과 무생물을 구별하는 핵심 특성을 중심으로 한다. 생물학적 관점에서 일반적으로 살아있는 생명체는 세포 조직으로 되어 있고, 스스로 성장하고 유지하며 번식하는 생화학적 반응 대사를 가지며, 안정적으로 내부 환경을 유지하는 항상성을 가진다. 따라서 생명체가 성숙함에 따라 크기가 커지거나 형태가 성장하며, 무성생식과 유성생식을 통하여 유전 물질을 다음 세대로 전달하고, 환경 자극에 대해 반응 및 적응하고, 자연선택에 주도되는 적응과 진화와 같은 일련의 특성으로 생명을 정의할 수 있다. 그러나 이 정의는 생물학적, 철학적 또는 기술적 관점에 따라 다를 수 있다. 외계의 생명체 탐사를 하는 미국 항공우주국(NASA)은 지구상의 생명과 우주의 다른 곳에서의 생명 잠재력을 이해하기 위해 '**다**

윈의 진화가 가능한 자립형 화학 시스템'으로 생명을 정의했다. 하지만 생물학적 기준으로 생명을 정의했을 때 경계에서 모호한 것들이 있다. 바이러스는 스스로 복제를 하여 번식할 수 없지만 유전물질을 가지고 있다. 프리온은 DNA나 RNA 같은 유전 물질은 아니지만 생물학적 과정과 유사하게 전파될 수 있으므로 생명을 가지고 있는 것인지 전통적인 생물학적 관점으로 규정하기에 어렵다. 그리고 인공지능이나 실험실에서 합성한 합성생명 등은 생명의 정의에 대해 철학적인 질문을 제기한다.

임신 중 생명이 언제 시작되는지에 대한 질문은 복잡하며 종종 과학적, 철학적, 윤리적, 종교적, 법적 관점에 따라 달라질 수 있다. 13세기 토마스 아퀴나스는 인간 배아는 초기에는 식물과 같아서 초자연적인 신에 의해 "영혼 불어넣기"를 통하여 생명이 생긴다고 하였다. 서아프리카의 아이보리 코스트(Ivory Coast)의 벵족은 아이들의 인간 생명 시작은 다른 세상에 왔다고 믿으며, 태어나고 며칠이 지나 탯줄이 떨어지면 아기가 진정으로 이 세상에 왔다고 본다. 탯줄이 떨어지기 전에 아기가 죽으면 장례를 치르지 않는다. 생명이 없고 죽음도 없었다는 것이다. 엄격히 생물학적 관점에서 볼 때, 인간 발생은 임신에서 시작하여 출생에서 끝나는 지속적인 과정이다. 임신 과정을 단계적으로 보면 정자가 난자를 관통하는 순간, 고유한 유전적 개체가 형성되고 접합자는 분열하고 증식하기 시작한다. 아버지의 정자 세포가 어머니의 난자와 합쳐져 접합자를 형성하는데 이 단일 세포에는 완전히 형성된 인간으로 발달하는 데 필요한 모든 유전 정보가 들어 있으므로 생물학적 관점에서 생명은 수정(임신)에서 시작된다고 볼 수도 있다. 수정 후 3~5일이 지나면 배반포 시기로 접합자는 배반포로 발달하여 계속 분열하고 결국 자궁 벽에 착상된다. 2~8주 기간은 배아 발달 단계로 배반포가 배아로 발달하고 신체의 기본 구조가 형성되기 시작한다. 8주 이후부터 태아 단계로 기관계가 성숙되기 시작한다. 하지만 임신 과정은 연속적인 과정으로 어떤 틀 안에서 "생명"이 언제 시작되는지 정확히 파악하는 것은 주관적이다.

철학과 윤리적 관점에서 생명이 언제 시작되는지에 대한 질문에 대해 종종 인간 생명체가 도덕적 지위나 인격을 얻는 시점부터 생명이 시작된다고 답하는데 이 시기는 관점에 따라 다르다. 일부 사람들은 생명, 그리고 도덕적 지위는 독특한 유전적 개체가 생성되는 임신의 순간에 시작된다고 주장한다. 다른 사람들은 배반포가 자궁벽에 부착되는 착상(수정 후 약 6~10일)에서 생명이 시작된다고 제안하는데, 이는 태아의 생존 가능성이 더 높아지는 시점이기 때문이다. 또 다른 관점은 뇌 활동의 출현에 초점을 맞추는데, 이는 임신 6~8주경에 시작된다. 어떤 사람들은 기능하는 신경계와 뇌의 존재가 생명에 중요한 이정표라고 주장한다. 그리고 어떤 사람들은 태아가 자궁 밖에서 잠재적으로 생존할 수 있는 생존 가능성 시점인 약 22~24주경을 생명의 시작으로 정의한다. 많은 문화권에서는 실용적이고 법적인 관점에서 생명은 아기가 어머니와 분리되어 독립적으로 존재하기 시작하는 출생에서 시작된다고 본다. 시험관 수정은 불임 부부에게 매우 귀중한 기법이다. 보통 6~8개 정도의 배아를 준비하며 이중에서 한 개만 산모의 자궁에 착상시키고 나머지는 급냉시켜서 첫 번째의 시도에서 실패하면 급냉한 배아를 해동하여 다시 시도한다. 만약에 부부가 나머지 배아들을 원치 않으면 그대로 폐기한다. 생명이 수정 시부터 시작된다면 배아를 폐기하는 것은 완전한 인간으로 발달할 가능성이 있는 배아를 폐기하는 것이므로 매우 심각한 윤리적 및 법적 문제가 될 수 있다. 이에 대해서는 **"37장 생명공학으로부터 제기되는 윤리적 숙제"**에서 더 자세하게 다룬다.

종교적 관점에서도 생명이 언제 개시되는지에 대한 견해는 다양하다. 많은 기독교 교파, 특히 가톨릭 교회는 생명이 수정에서 시작된다고 믿는다. 이러한 믿음은 임신 순간부터 영혼이 존재하며, 따라서 배아는 인간 생명으로 취급되어야 한다고 생각한다. 유대교 사상에서 생명은 종종 출생과 함께 시작된다고 이해되지만, 태아는 귀중하고 보호받는 것으로 여기지만 태아는 일반적으로 태어나기 전까지 완전한 인격을 부여받지 못한다. 이슬람 학자들은 다양한 견해를 가지고 있지만, 많은 사람들은 영혼이 임신 120일(약 16주)경에 태아에 들어간다고 믿는데, 이 시기 이전에 배아는 생물학적으로 살아 있지만 영혼이 있는 완전한 인격으로 간주하지 않는다. 힌두교와 불교에서는 종종 환생을 믿기 때문에 삶을 뚜렷한 시작점 없이 연속적인 것으로 보지만 임신은 일반적으로 새로운 신체적 형태가 발달하기 시작하는 시점으로 간주한다.

법률적 관점에서 생명이 시작되는 시점에 대한 기준은 국가마다, 심지어 미국 같은 나라는 주마다 다르다. 법적 정의는 종종 낙태법과 태아의 권리와 관련이 있다. 예를 들어, 1973년 미국의 획기적인 대법원 판례인 Roe vs Wade 판결에서 태아의 생존 가능성(약 24주)까지 낙태를 허용했지만, 최근에는 주마다 낙태 허용에 대해 다르게 법을 적용하고 있다. 많은 유럽 국가에서 낙태법은 종종 첫 삼분기 말(~12주)이나 특정 상황에 따라 그 이후까지 허용되는 발달 단계에 초점을 맞춘다. 이러한 법적 구분은 종종 "생명"이 언제 시작되는지 직접 정의하기보다는 임산부와 태아의 권리를 균형 있게 유지하는 데 초점을 맞춘다.

우리나라에서 낙태(임신중절)는 이전에는 불법이었지만 1973년도에 제정된 모자보건법에 명시된 특정 예외에 따라서 허용되었다. 예외 조항에는 임신이 강간이나 근친상간으로 인한 경우, 태아가 유전적 질환으로 진단받은 경우, 임신을 지속하면 산모에게 심각한 건강 위험이 초래되는 경우이다. 하지만 2019년 4월 11일 획기적인 판결에서 대한민국 헌법재판소는 국가의 낙태 금지가 위헌이라고 선언하고 정부에 이 결정을 반영하기 위해 2020년 말까지 낙태법을 개정하라고 명령했다. 낙태를 범죄로 규정한 형법이 여성의 자기결정권과 신체적 자율권을 침해한다고 판결했다. 판결의 요점은 임신 중절을 받은 여성과 임신 중절을 시행한 의사에 대한 기존 형사 처벌이 위헌이며 이 결정은 여성이 자신의 신체와 생식 건강에 대한 결정을 내릴 권리를 강조했다. 하지만 입법자들이 법원의 마감일까지 새로운 법안을 통과시키지 못했기 때문에 낙태를 범죄로 규정한 형법 조항은 사실상 무효화되었다. 따라서 낙태는 기술적으로 더 이상 한국에서 형사 범죄가 아니지만 명확하고 업데이트된 법적 틀이 부족하여 약간의 불확실성이 존재한다.

우리나라에서 임신 초기(최대 14주)에 여성은 일반적으로 법적 결과에 직면하지 않고 낙태 서비스를 받을 수 있다. 의료 전문가는 기소에 대한 두려움 없이 낙태 서비스를 제공할 수 있는 자유가 더 많아졌다. 임신 후기(14주 이후) 상황은 덜 명확하지만, 임신이 건강 위험을 초래하거나 강간 또는 태아 이상과 같은 특별한 상황을 포함하지 않는 한 일반적으로 14주 이후에는 낙태가 더 제한될 것으로 예상된다. 법적 변화에도 불구하고, 우리나라에서는 문화적, 종교적 요인으로 인해 낙태 문제가 여전히 논란의 여지가 있다. 우리나라는 아직도 대체로 보수적인 사회로, 낙태는 여전히 민감한 주제로 남아 있으며, 특히 도덕적 이유로 낙태에 반대하는 기독교 공동체와 같은 종교 단체들 사이에서 그렇다. 그러나 많은 여성 권리 단체와 진보주의자들은 생식 건강 서비스에 대한 보다 광범위한 접근과 보다 포괄적인 낙태 권리를 주장하고 있다. 결론적으로 2019년 헌법재판소 판결에 따라 2021년부터 한국에서는 낙태가 더 이상 범죄가 아니다. 그러나 포괄적인 새로운 법률이 없어서 불확실성이 생겼고, 낙태 서비스에 접근하기 위한 정확한 규정은 여전히 논의되고 있다.

그렇다면 낙태에 대한 결정권은 누가 가질까? 낙태에 대한 결정권 문제는 복잡하며 윤리적, 법적, 사회적, 때로는 종교적 고려 사항이 포함된다. 다양한 이해 관계자가 참여에 대한 주장을 할 수 있지만 대부분의 윤리적 및 법적 틀에서 임산부(어머니)는 일반적으로 임신을 계속할지 종료할지에 대한 결정을 내릴 수 있는 주요 권리가 있는 것으로 인정된다. 대부분의 현대적 법적 및 윤리적 틀은 몇 가지 주요 이유로 낙태에 대한 결정에서 임산부의 권리를 우선시한다. 임산부는 자신의 신체적 자율권으로 임신이 그녀의 신체, 건강 및 생명에 직접적인 영향을 미치기 때문에 임산부가 결정에 가장 직접적이고 즉각적인 이해관계를 가지고 있다. 많은 국가에서 낙태를 허용하는 법률은 여성이 자신의 신체에 대한 결정을 내릴 권리를 우선시하며, 특히 임신 초기에 그렇다. 예를 들어, 낙태가 합법적인 경우 여성은 일반적으로 파트너나 제3자의 동의를 구할 필요가 없다. 낙태에 대한 결정에서 아버지(파트너)의 권리는 더 논란이 많고 일반적으로 법적 틀에서 제한되어 일반적으로 임신 여성의 권리보다 부차적인 것으로 간주된다. 임신의 신체적, 정서적 부담은 전적으로 여성에게 있기 때문에 파트너의 동의를 요구하거나 그에게 동등한 의사결정권을 부여하는 것은 여성의 신체적 자율권을 침해할 수 있다. 일부 법률 시스템에서 법원 또는 판사는 특히 다음과 같이 임신 중절의 합법성에 이의가 제기되는 경우 임신 중절 결정에 관여할 수 있다. 임신의 특정 단계(예: 태아 생존 가능 이후) 이후에 임신 중절이 제한되거나 금지된 경우 법적 당국이 시술을 진행할 수 있는지 여부를 결정하는 데 관여할 수 있다. 임신이 여성에게 건강 위험을 초래하거나 다른 복잡한 법적 요소가 관련된 경우 발생할 가능성이 있는 경우 판사가 결정할 수도 있다. 많은 국가에서 미성년자는 부모의 동의가 법에 의해 요구되고 이를 얻을 수 없는 경우 임신 중절 시술을 받기 위해 사법적 승인을 받아야 할 수 있다.

낙태에 대한 윤리적 논쟁은 때때로 태아 자체에 권리가 있는지, 그리고 이러한 권리가 낙태 결정에 반영되어야 하는지에 초점을 맞춘다. 이는 태아가 잠재적 생명으로서 보호받을 도덕적 권리가 있다고 주장하는 생명권 옹호 운동의 핵심 주장이다. 태아의 법적 지위는 관할권에 따라 상당히 다르다. 일부 법적 틀에서 태아는 생존 가능성(약 22~24주)에 도달함에 따라 권리가 증가하는 별도의 개체로 간주된다. 일부에서는 사회가 국가 또는 정부를 통해 더 광범위한 사회적, 윤리적, 도덕적 고려 사항 때문에 낙태 규제에 관심이 있다고 주장하기도 한다. 이는 종종 낙태를 규제하는 법률에 반영되는데, 예를 들어 임신의 특정 단계로부터 낙태 절차를 제한하거나 상담을 의무화하는 등의 규정을 포함할 수 있다. 정부는 공중 보건의 이익을 위해 낙태를 규제할 수 있다.

CHAPTER 19

노화와 죽음을 막아줄 유전자는 있을까?

필자는 백내장 수술을 했고, 질기거나 딱딱한 음식은 제대로 씹지 못하고, 텔레비전의 소리도 잘 못 듣고, 걸음걸이도 느려졌으며, 머리는 하얗고, 얼굴에는 주름이 깊다. 노화이다. 나의 현재 세포들은 내가 교수 발령을 받아 강의를 시작한 1992년 세포들에 비해 생리적 활성의 효율성이 떨어지고 염색체 말단의 텔로미어 길이는 많이 짧아져 있을 것이다. 모든 생명체는 시간이 지나면 노화한다. 중국 진시황제는 불로장생 하려고 부하들에게 불로초를 구해 오라고 명령했다. 아서 코난 도일의 소설 "크리핑 맨의 모험"에서 늙은 교수는 회춘하여 여자와 즐기려고 원숭이의 혈청을 자신에게 주사한다. 하지만 어리석은 짓이다. 이스라엘 히브리 대학의 역사학자 유발 하라리는 "호모 데우스, 미래의 역사"에서 인류의 다음 목표는 불멸, 행복, 신성이 될 것이라고 했다. 하지만 노화는 다시 돌아갈 수 없는 일방 통행이다. 죽음이라는 과녁으로 날아가는 화살이다. 이것은 모든 생명체에게 적용된다. 그러면 왜 노화하고 죽게 되는 것일까?

노화는 복잡한 생물학적 과정이며, 이를 설명하기 위해 다양한 이론들이 제안되어 왔다. 이러한 이론은 일반적으로 두 가지 범주로 나눌 수 있다. 첫 번째는, 노화가 유전적으로 조절되는 과정이라는 프로그램설과 두 번째는, 노화가 세포와 조직에 누적된 손상으로 인해 발생한다는 손상설이다. 프로그램설은 노화가 성장, 유지 및 복구 과정을 제어하는 유전자에 의해 조절되는 생물학적 시간표를 따른다고 가정하고 나이가 들면서 특정 유전자가 활성화되어 세포 기능이 붕괴된다는 유전이론, 나이가 들면서 호르몬 수치가 변동하여 노화에 기여하는 변화(예: 폐경 또는 성장 호르몬 감소)가 발생하여 신진대사, 성장 및 면역반응에 영향을 미친다는 내분비 이론, 면역 기능이 점진적으로 악화되는 면역 노화는 노화 과정과 연령 관련 질병에 취약하게 된다는 면역학적 이론 등이 있다.

손상설에는 다양한 이론들이 제안되었다. 시간이 지남에 따라 세포, 조직 및 장기에 점진적으로 손상이 축적되는데 환경 독소, 영양 부족, 신체적 스트레스와 같은 외부 요인이 이러한 마모를 가속화하여 노화한다는 마모 이론이다. 그리고 노화가 시간이 지남에 따라 세포에 축적되는 자유 라디칼(불안정한 분자)로 인한 산화적 손상으로 인해 발생하며, 자유 라디칼이 DNA, 단백질 및 지질을 손상시켜 세포 기능 장애를 유발하고 노화를 유발한다는 산화 스트레스 이론이 있다. 또한 세포의 발전소인 미토콘드리아는 에너지를 생산하지만 대사 중에 자유 라디칼을 방출하여 시간이 지남에 따라 산화 스트레스로 인해 미토콘드리아 DNA 손상이 세포 에너지 생산을 저해하여 노화를 가속화한다는 미토콘드리아 이론이 있다. DNA가 환경 요인(예: 자외선) 및 내부 프로세스(예: 자유 라디칼)에 의한 손상에 지속적으로 노출되어 나이가 들면서 복

그림 19.1 Aging Process

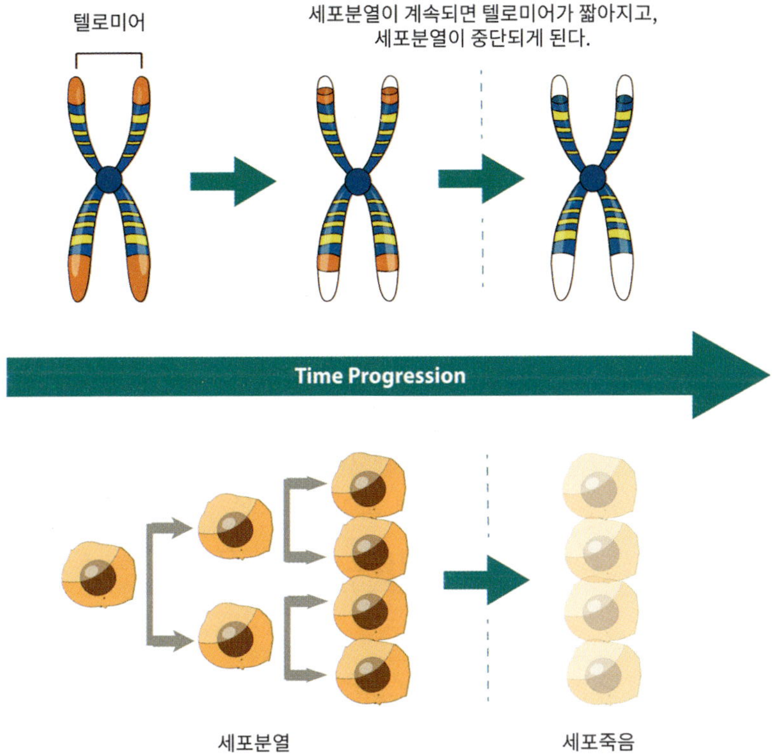

평균적인 세포는 세포가 죽기 전에 50~70회 분열한다. 세포가 분열함에 따라 염색체 끝의 텔로미어는 짧아진다. 텔로미어의 길이가 너무 짧아지면 세포가 노화에 들어가거나 자연 사멸된다. 텔로미어가 짧아지는 것을 방지하는 효소로 텔로머라제가 있는데 텔로머라제가 너무 활성화되어 짧아지지 않으면 세포는 사멸하지 않고 암세포화한다.

구 메커니즘의 효율성이 저하됨에 따라 돌연변이와 노화가 유발된다는 DNA 손상 및 복구 이론도 있다. 60대 노인 염색체의 텔로미어 길이는 30대 젊은이의 텔로미어보다 짧다. 염색체 끝의 보호 캡인 텔로미어는 세포 분열 시마다 짧아지는데 텔로미어가 너무 짧아지면 세포가 노화(세포 분열을 멈추는 상태)에 들어가거나 세포 사멸(프로그램된 세포 사멸)을 겪어 노화에 기여한다는 텔로미어 이론이 있다.

실제로 사람들은 9988234하자는 우스갯소리를 한다. 99세까지 88하게 살다 2~3일 만에 4망(사망)했으면 하는 희망을 얘기한다. 미국 스탠포드대학 연구진의 최근 연구에 따르면 인간의 노화는 44세 및 60세에 급격히 진행된다고 한다. 연구팀은 25~75세 지원자 108명에게 1~7년 동안 혈액, 대변, 피부, 구강, 코에서 면봉으로 채취한 표본을 이용하여 정기적으로 노화 진행 경과를 분석·추적하였다. 연구 결과 인간이 나이를 먹어가면서 천천히 노화가 진행되는 게 아니고 40대 중반, 60대 초반일 때 급격히 진행된다는 사실을 발견했다. 40대 중반에는 심혈관 질환이나 카페인, 알코올, 지방질 대사 관련 분자에 변화가 발생했다. 60대 초반에 나타나는 변화는 면역 조절, 탄수화물 대사, 신장 기능 등이었다. 피부와 근육 노화 관련 분자는 두 시기 모두 변화를 보였다고 한다.

인간의 평균 수명은 다른 동물에 비해 긴 편이다. 코끼리도 인간만큼 오래 사는데 코끼리는 DNA 손상을 수선하는 *P53* 단백질 유전자 사본을 20개나 가지고 있다. *P53*은 암 억제 단백질 기능도 있어서 코끼리는 암에 걸리지 않는다. 인간을 포함한 다른 동물들은 대개 *P53* 유전자 사본을 한 개만 가지고 있다. 미국 LA 뒤에 있는 화이트 마운틴에서 자라는 브리스톨콘 소나무(*Pinus longaeva*)는 나이가 약 4,800년으로 현존하는 생물체 중에 가장 나이가 많은 생물이다. 과학자들은 브리스톨콘 소나무류의 텔로미어를 조사해 보니 텔로미어 길이가 상당히 안정적으로 유지되고 있었다. 인간의 텔로미어는 TTAGGG라는 짧은 염기서열들이 300~600회 정도 반복되어 존재하는데 세포분열 때마다 이 반복 단위들이 조금씩 짧아져서 세포는 약 40~50회 정도 분열을 하면 더 이상 짧아지지 못하고 세포는 자연사한다. 식물의 텔로미어는 염기 하나가 더 긴 TTTAGGG가 수백 번 반복해서 존재한다. 식물의 텔로머라제라는 효소는 세포 분열시 텔로미어가 짧아지는 것을 방지한다. 과학자들은 브리스톨콘 소나무류서는 텔로머라제 활성이 높아 세포 분열을 하여도 염색체 길이가 안정적으로 유지됨을 밝혔다. 미국 유타주의 피시레이크 국립수목원에는 약 43ha(약130만 평) 정도의 면적에 약 4만 7천 그루 정도의 사시나무가 자라는데 이들은 모두 뿌리로 연결된 클론들로 판도 사시나무(Pando Aspen)라 불린다. 사시나무 한 그루의 수명은 약 100여 년이지만 지상부의 한 그루가 죽어도 뿌리에서 다른 가지가 나와 자라므로 판도 사시나무들은 사실 매우 오래전부터 살아온 것이다. 과학자들은 판도 사시나무의 나이는 다양한 과학적 관찰을 통해서도 정확한 추정이 어려운데 약 8천년 이상이거나 8만년 이상이 될 수 있다고 추정한다. 현생 인류의 조상인 호모사피엔스가 아프리카로부터 대이동을 하였다고 추정하는 6~7만년 전보다 더 이전에 판다 사시나무 열매에서 싹튼 나무가 빙하와 간빙기의 고난의 시기를 뚫고 지금까지 살아 있는지도 모를 일이다. 아프리카에서 우리 조상들이 나오기 이전에 아메리카 대륙에 떨어진 사시나무 열매에서 싹튼 나무가 지금까지 살아 있는 것이다. 텔로머라제 활성 조사 결과 판도 사시나무의 뿌리에서 새로 생겨난 어린 나무부터 100여 년 된 나무까지 텔로머라제 활성이 계속 유지되고 있었다. 판도 사시나무와 같은 클론 식물은 공유된 뿌리 시스템에서 새싹을 내보내 번식하여 본질적으로 유전적으로 동일한 새로운 나무(라멧)를 생산하는데 이 과정은 수세기 또는 수천 년 동안 새로운 성장의 유전체적 안정성을 유지하기 위해 활성 텔로머라제가 필요할 가능성이 높다.

장수는 모든 사람들의 염원이다. 그럼 인간들도 텔로머라제 활성을 높이면 오래 살까? 답은 그 반대이다. 암 세포같이 계속 분열하는 세포는 텔로머라제 활성이 높아서 세포 분열을 거듭하여도 염색체가 짧아지지 않는다. 정해진 것만큼 분열 후 자연적인 세포사를 하는 것이 암을 예방하는 것이다. 부모나 조부모가 장수한 사람들은 자신도 더 오래 살 가능성이 높은 경향이 있다. 백세인(100세 이상 사는 사람)은 종종 장수가 흔한 가정에서 주로 나온다. 인간과 동물에 대한 연구에 따르면 수명은 부분적으로 유전된다. 수명의 차이에 대한 유전력은 약 20~30%를 차지하는 것으로 추정된다. 즉, 유전학이 상당히 기여하지만 수명에 영향을 미치는 대부분의 요인은 비유전적 영향에서 비롯된다. 비유전적 요소로서 소식, 절주, 금연, 적절한 스트레스 등은 장수에 미치는 환경적 영향이다.

소식에 의한 칼로리 섭취 제한이 수명을 연장시킨다는 연구결과들이 많이 있다. 칼로리 제한은 실험 동물들(예쁜꼬마선충, 초파리, 생쥐 등)의 수명을 약 30~40% 정도 연장시킨다고 한다. 칼로리 제한은 대사율을 낮춤으로써 산화적 손상을 일으키고 노화에 기여하는 자유 라디칼 생성을 줄이며 신체의 손상된 DNA 복구 능력을 향상시켜 암과 같은 질병으로 이어질 수 있는 돌연변이를 예방한다. 그리고 칼로리 제한은 종종 에너지 대사를 포도당에서 지방으로 전환하여 미토콘드리아 효율성을 높이고 대사 질환의 위험을 줄이며, *SIRT1*, *FOXO*, *AMPK*와 같은 유전자는 장수와 관련이 있으며 칼로리 제한하에서 활성화되어 더 나은 스트레스 저항성과 세포 복구 메커니즘을 촉진한다. 미국 잭슨 연구소

연구자들이 밝힌 최근 결과에 의하면 간헐적 단식이나 칼로리 제한보다 유전자 자체가 수명 연장에 더 중요하다고 한다. 연구자들은 960마리의 실험용 쥐들을 칼로리 제한, 간헐적 단식, 제한 없는 식단군으로 나누어 실험한 결과 유전적 요인이 식단보다 수명에 훨씬 더 큰 영향을 미친다는 것을 발견했다. 연구를 주도한 처칠 박사는 "칼로리를 제한한 쥐들은 그렇지 않은 쥐들보다 병에 걸릴 확률이 더 높았다고 말하며 핵심은 체중과 혈당을 안정적으로 유지하는 것"이라는 것이다. 체중이나 칼로리 섭취보다 신체가 스트레스에 얼마나 잘 견디느냐가 더욱 중요하며 이는 유전자와도 관련이 있다고 처칠 박사는 설명했다.

생명체들이 노화하여 사망하는 것은 사실 어쩌면 신의 선물이다. 사람의 수명이 200년으로 길어진다고 생각해보자. 고조할아버지의 고조할아버지들과 함께 산다면 그야말로 대재앙이다. 많은 생명체들이 죽지 않고 영생하였다면 지구는 오히려 대재앙이 초래되어 이미 생명체들이 없는 빈 지구가 되었을 수도 있다. 모든 사람들은 죽음을 두려워한다. 아주 어려운 일을 겪었거나 매우 위중한 병환에서 살아나면 "죽었다가 살아났다"고 한다. 노화는 연속적인 과정이지만 죽음은 연속적인 과정이 끝나는 것이다. 그렇다면 죽는다는 것은 무엇인가?

의학적으로 죽음은 일반적으로 뇌, 심장, 폐의 기능이 되돌릴 수 없게 중단되는 것으로 정의된다. 법적으로 사망은 개인의 뇌 활동이 되돌릴 수 없게 중단되거나(뇌사), 심장과 폐가 되돌릴 수 없게 기능을 멈출 때(심폐사) 인정된다. 누군가를 사망으로 선언하는 법적 기준은 관할권마다 다르지만 일반적으로 심폐사 또는 뇌사의 의학적 기준을 기반으로 한다. 하지만 가끔 이 기준이 모호한 경우가 있다. 뇌사 상태에 있지만 심장이 뛰는 경우도 있고 반대로 심장 박동은 없지만 뇌는 기능을 하는 경우도 있다. 두 경우 모두 산소 호흡기 도움으로 연명한다.

철학적으로 죽음은 종종 의식이 있는 개인으로서 존재하는 것의 종착점으로 여겨진다. 이는 "인격성"이 정확히 언제 끝나는지에 대한 의문을 제기한다. 생물학적 과정이 멈추거나, 의식이 멈췄을 때인지, 아니면 특정 기능(예: 인식, 생각)이 회복 불가능해질 때인지에 대한 의문이다. 다른 문화와 신념 체계는 죽음을 다르게 정의할 수 있으며, 어떤 사람들은 죽음을 절대적인 끝이 아닌 내세나 영적 상태로의 전환으로 여긴다. 많은 종교와 영적 신념은 죽음을 영혼이나 정신이 육체를 떠나는 지점으로 정의한다. 이러한 정의는 매우 다양하지만 종종 죽음을 최종적인 중단이 아닌 전환으로 취급한다.

2013년 겨울 캘리포니아 오클랜드의 13살 소녀 자히 맥매스(Jahi McMath)라는 소녀는 코골이 치료를 위해 간단한 편도선 수술을 받았다. 하지만 수술 후 5시간도 안 되어 그녀는 피를 토하고 심장이 멈췄다. 응급처치를 하고 인공호흡기를 사용하였다. 다음날 의료진에 따르면 그녀가 지난 밤에 치명적인 산소 결핍이 있었으며 이 산소 결핍으로 결국 그녀의 뇌파는 멈췄다고 했다. 병원에서는 그녀가 사망하였다고 선언했다. 하지만 인공호흡기 덕에 허파는 계속 숨을 쉬고 있었고, 심장도 뛰고 있었으므로 그녀의 부모는 병원의 사망 선언을 믿지 않았다. 자히 맥매스가 굶어 죽지 않도록 음식 공급 튜브를 연결해 달라고 요청했지만 병원에서는 죽은 사람을 돌보는 것을 거부했다. 가족은 그들의 요구를 관철하기 위해 법정으로 갔다. 판사는 자히 맥매스를 신경학적 검토를 하라고 명령했는데 신경과 의사들도 그녀가 사망했다고 결론을 내렸다. 많은 협상 끝에 병원에서는 검시관이 사망진단서를 발급하면 자히 맥매스를 여전히 인공호흡기를 달고 가족에게 보내 주기로 합의했다. 가족은 종교적인 이유로 뇌사를 거부할 수 있는 뉴저지주로 자히 맥매스를 데려갔다. 뉴저지 병원에서도 그녀는 뇌사 상태에 있었지만 그녀에게 음식 튜브로 음식을 공급하자 그녀는 나아지기 시작했다. 그녀는 매달 상태가 나아지고 월경을 하기도 했다. 자히 맥매스는 뇌사 상태로 5년간 생존하고 2018년 6월에 공식적으로 사망했다. 자히 맥매스의 사례는 뇌사의 의미에 대해 논쟁을 불러왔다. 뇌사 진단 평가 전문가인 알란 슈먼은 자히 맥매스가 뇌사 상태에 있을 때 테스트하고 그녀는 호흡이 멈췄을 때 뇌간이 심하게 손상되었지만 대뇌 피질 일부는 손상되지 않았다고 판단했다.

죽기를 거부하는 생물들도 있다. 정확히 말하면 죽었다가 다시 살아나는 부활 생물이다. 종자식물 범주에는 속하지 않지만 좀 더 넓은 범위에서 식물로 분류하는 부처손이라는 석송류 식물이 있다. 부처손은 손으로 만지면 부스러질 정도로 극심하게 탈수되어 마치 죽은 모습이지만 비가 오면 곧 파랗게 조직이 변하여 살아난다. 부처손은 조직의 수분 함량을 최대 90%를 잃어도 살아남는다. 부처손이나 극심한 가뭄에 견디는 식물들은 트레할로스(설탕)와 항산화제와 같은 보호 화합물을 생성하여 탈수와 재수화 중에 세포 손상을 방지한다. 몸체 길이가 펜끝의 점 정도 밖에 되지 않는 물곰이라는 완보동물(Tardigrade)은 정말로 죽기를 거부하는 녀석이다. 확대경으로 보면 걷는 모습이 느릿 느릿 걷는 곰 같다고 하여 물곰이라고 불린다. 물곰은 가사상태가 되면 아주 극한 상황에서도 생존한다. 완전 탈수 상태에서는 몸을 움츠리고 10년 이상을 생존하며, 진공 상태에서도 견딘다. 섭씨 150도에서도 살

수 있으며 영하 273도에서 생존한다. 신진대사를 멈춘 휴면 상태에서는 100년 이상을 견딜 수 있으며, 대기압의 6,000배 압력에도 견딘다. 핵폭탄이 터져 지구상의 모든 생물체가 죽어도 물곰은 살아남을 수 있다. 10Gy 감마선이면 대부분 포유동물이 죽는다. 하지만 물곰은 5,000Gy의 감마선에도 살아남는다. 물곰은 휴면상태가 되면 모든 대사 과정을 효과적으로 중단하고 세포 구조를 보호함으로써 우주의 극한 조건을 견딜 수 있게 해준다. 그리고 건조에 반응하여 트레할로스와 같은 당류를 포함한 기타 분자를 생성하는데, 이는 단백질과 세포막을 안정화시켜 탈수 시 구조적 손상을 방지하며, 환경 스트레스나 방사선 등으로 손상된 DNA들을 잘 수선하는 기작을 가지고 있다.

CHAPTER 20

미묘한 감각특성을 조절하는 복잡한 유전자들

감각은 시각, 청각, 후각, 미각, 촉각 등 5가지의 기본 감각으로 나눌 수 있다. 이 오감은 우리가 주변 세계를 인식하고 반응하는 기본으로 우리가 환경을 경험하는 데 도움이 될 뿐만 아니라 생존, 소통, 타인과의 상호작용에 중요한 역할을 한다. 또한 위대한 예술가의 섬세하고 천재적인 재능을 결정한다. 각 감각은 감각 기관의 발달, 감각 수용체의 기능, 뇌로의 신호 전달을 조절하는 특정 유전자에 의존하는데 유전자의 개수가 수백에서 수천 개에 이른다. 인간의 오감 중 가장 복잡한 유전자 시스템을 가진 것은 후각이다. 후각은 약 400~800개 정도의 유전자가 관여하며 시각, 청각, 촉각은 100~200개의 유전자가 관여하며 미각의 경우 약 50개 내외의 유전자가 관여하는 것으로 보고되고 있다. 인간의 유전자 개수로만 짐작해도 각 감각이 얼마나 복잡하고 다양할 수 있는지 짐작이 어려울 정도이다. 하지만 다른 동물의 경우 다양한 생존 방식을 위해 독특한 감각을 발전시켰는데 설치류의 경우 먹잇감을 찾기 위한 고도의 생존 능력을 위해 후각을 발전시켰는데 이를 위해 후각을 결정하는 유전자를 천 개 이상 보유하고 있다. 다양한 동물들의 생존을 위한 감각기관의 발달을 통한 진화 기작뿐 아니라 위대한 예술가의 이해하기 어려운 예술작품도 이런 복잡한 유전자들의 역할 때문일 것이다. 유전적 변이는 감각의 개인 차이에 중요한 역할을 하며, 감각 관련 유전자의 돌연변이는 유전적 감각 장애로 이어질 수 있다. 진화는 또한 다양한 종의 환경 및 생존 요구를 충족하도록 감각 시스템을 형성했다.

시각은 우리가 빛을 인지하고 이미지를 해석할 수 있게 해주는 감각이다. 빛은 각막과 동공을 통해 눈에 들어오고, 렌즈에 의해 초점이 맞춰지고, 눈 뒤쪽의 망막에 도달한다. 망막에는 빛을 전기 신호로 변환하는 광수용체가 있다. 이러한 신호는 시신경을 통해 뇌로 전송되고, 뇌에서 처리되어 시각적 이미지를 만든다. 눈의 발달은 종종 눈 발달을 위한 "마스터 제어 유전자"라고 불리는 *PAX6*와 같은 특정 유전자에 의해 조절된다. 이 유전자의 돌연변이는 무홍채증(홍채가 없는 상태)과 같은 선천적 시각 장애를 유발한다. 시력은 망막의 광수용체 세포에 의존한다. 광수용체 세포에는 막대세포(간상 세포라고도 함)와 원뿔세포가 있는데 막대세포에서는 로돕신이라는 광수용체가 만들어지며 원뿔세포에서는 옵신이라는 광수용체가 만들어진다. 로돕신은 색을 구별할 수 없어서 주로 야간 시야에서 사용되며 옵신은 녹색 옵신, 적색 옵신, 청색 옵신이 있다. 적색 옵신과 녹색 옵신 유전자는 X 염색체에 있고 청색 옵신은 7번 염색체에 있다. X 염색체에 있는 녹색 옵신이나 적색 옵신 유전자 중 하나가 결핍되거나 변이가 적색을 구별 못하거나 녹색을 구별하지 못하는 적녹 색맹이 된다. 7번 염색체에 있는 청색 옵신 유전자 돌연변이는 청색을 구분하지 못한다. 적색, 녹색, 청색을 모두 구분할 수 있는 것을 삼색시각(trichromatic)이라 한다. 인간을 포함한 일부 영장류를 제외한 대부분 포유 동물들은 적색 옵신 유전자를 가지지 못해 장파장의 적색을 인지하지 못하고 저파장의 녹색과 청색을 인식하는 이색시각(dichromatic)을 가지고 있다. 소는 빨간색을 구별할 수 없다. 정열의 나라 스페인 멕시코에서 투우사들은 빨간 수건을 흔들며 소를 흥분시키는데 이것은 빨간 색과는 무관하고 수건을 흔들어서 소의 주의를 끄는 것이다. 조류들 중 일부는 삼색시각이지만, 많은 새들은 실제로 사색성이다. 새는 망막에 특수한 광수용체가 있기 때문에 삼색시각을 넘어 사색시각을 가지고 있다. 새들은 적색, 녹색, 청색 광수용체 외에도 일반적으로 자외선(UV)에 민감한 네 번째 광수용체를 가지고 있다. 대부분의 곤충들도 자외선을 인지하는 사색시각인데, 벌은 노란색을 인지하는 광수용체도 가지고 있으며 나비는 5개 이상의 광수용체를 가지고 있어서 더 넓은 파장의 색들을 인식한다.

청각은 주변 환경에서 음파를 감지한다. 음파가 외이도에 들어와 고막(고막)이 진동하면 진동은 중귀에 있는 세 개의 작은 뼈(망치뼈, 모루뼈, 등자뼈)를 통해 내이의 달팽이관으로 전달된다. 달팽이관은 진동을 전기신호로 변환하고, 이 신호는 청각 신경을 통해 뇌로 전송되면 뇌는 이 신호를 소리로 해석한다. 청력은 내이, 중이, 외이의 적절한 형성에 달려 있으며, 배아 발생 중 *PAX2* 및 *EYA1*과 같은 유전자에 의해 귀 발달이 조절된다. 이러한 유전자들은 달팽이관 및 소골과 같은 구조 형성에 관여한다. *VIIA*(*MYO7A*)는 달팽이관의 유모세포(hair cell) 기능에 필수적인 유전자로, 소리 진동을 전기 신호로 변환한다. *MYO7A*의 돌연변이는 청력 상실로 이어진다. 새들은 종마다 특이한 소리로 노래를 부른다. 하지만 새는 귀를 가지고 있지 않은데 어떻게 들을까? 새는 눈에 보이는 외이(인간이나 다른 많은 포유류와 달리)가 없지만, 여전히 고도로 발달된 청각을 가지고 있다. 새는 내이를 가지고 있으며, 소리를 효과적으로 감지할 수 있게 해주는 특수한 해부학적 적응을 통해 소리를 들을 수 있다. 새는 특히 의사소통, 사냥 또는 포식자 감지에 중요한 특정 주파수 범위에서 매우 민감한 청력을 가지고 있다. 명금은 고운 소리로 우는 새로 알려져 있는데 명금과 같은 일부 새는 특정 음성 주파수에 매우 민감하고, 올빼미와 같은 새는 먹이의 아주 작은 바스락거리는 소리를 들을 수 있다. 어류는 다른 척추동물과 마찬가지로 내이를 가지고 있다. 물고기들은 내이 안에 소리를 감지하는 작고 조밀한 구조인 이석(척추 동물의 내이에 있는 석회질 결석으로 평형석이라고도 함)을 가지고 있어서 물 속의 음파가 몸을 직접 통과하여 내이에 도달할 수 있기 때문에 외부 귀 구조가 필요하지 않다. 물에서도 살고 육지에서도 사는 양서류는 공기 중 소리(고막을 사용)와 물 속 진동을 모두 듣도록 특화되어 있어 다양한 환경에서 소리를 감지할 수 있다. 양서류는 고막 역할을 하는 외부 고막(눈 뒤에 있는 눈에 보이는 원형 막)을 가지고 있다. 음파가 고막에 부딪혀 진동하게 되고, 그 진동은 중귀와 내이로 전달된다. 곤충들도 소리를 들을 수 있다. 여름에 매미 소리만큼 시끄러운 것이 없다. 시끄러운 소리를 내는 녀석들은 수놈들로 암놈에게 러브 콜로 큰 소리로 울어 대는데 매미는 복부에 고막 기관이 있어서 들을 수 있다. 개미와 바퀴벌레를 포함한 많은 곤충은 다리에 아절 기관이 있는데 이 기관은 기질에서 발생하는 진동에 민감하여 곤충이 지면을 통해 전달되는 진동을 감지할 수 있다.

후각은 비강으로 들어오는 냄새 분자에 의해 유발된다. 이 분자들은 코 위쪽의 후각 상피에 위치한 후각 수용체에 결합한다. 이 수용체는 냄새를 처리하고 식별하는 뇌의 후각구로 신호를 보낸다. 후각은 우리가 주변 환경에서 나는 냄새를 감지하고 식별하는 데 도움이 되고, 맛을 느끼는 데 중요한 역할을 하며, 연기나 상한 음식과 같은 위험을 인식하는 데 도움이 된다. 냄새마다 다른 후각 수용체가 있어서 각각 다른 유형의 냄새 분자를 감지하는 역할을 하는 후각 수용체 계열에 의해 매개된다. 이들 수용체들은 비강의 후각 감각 뉴런 표면에 위치하고, 각 수용체는 특정 유형의 냄새 물질에 결합하도록 특화되어 있다. 따라서 특정한 냄새의 수용체 유전자에 돌연변이가 일어나면 이 수용체에 결합하는 냄새는 맡지 못한다. 노인이 되면 후각 수용체들의 활성이 떨어져서 냄새에 둔감해진다. COVID-19 환자들 중 일부는 감염 초기에 냄새를 못 맡는 후각 상실증을 겪었는데 이들의 후각은 몇 주 후에 회복되었지만, 선천적 후각상실증으로 고생하는 사람들도 있다. 선천적 후각 상실증은 약 10,000명의 1명의 빈도로 나타난다고 한다. 인간은 약 400개의 활성 후각 수용체 유전자를 가지고 있는데, 설치류는 1,000~1,200개의 활성 후각 수용체를 가지고 있어서 냄새에 매우 민감하다. 이것은 설치류들은 후각이 행동과 생존에 중요하다는 것을 반영한다. 냄새는 음식 찾기, 포식자 감지, 사회적 소통과 같은 작업에 필수적이다. 쥐는 음식 상태나 영역을 알리는 신호와 같이 의사소통에 중요한 페로몬을 감지할 수도 있다. 인간과 가까운 침팬지도 인간과 비슷한 낮은 수의 활성 후각 수용체를 가지고 있다. 다른 포유 동물에 비해 영장류들이 낮은 수의 활성 후각 수용체를 갖는 것은 진화적 상충(trade-off)의 결과로 설명된다. 영장류(인간과 침팬지 포함)가 시각과 색채 지각(특히 과일과 잎을 구별하기 위한 삼색 시각)에 더 의존하도록 진화함에 따라 후각 신호의 중요성은 감소했으며 이로 인해 시간이 지남에 따라 많은 후각 수용체 유전자의 기능이 점차 상실되었다. 반면 사냥, 채집 또는 사회적 상호 작용을 위해 후각에 크게 의존하는 종(개나 설치류와 같은)은 더 많은 수의 기능적 후각 수용체를 유지했다.

미각은 혀의 미각 수용체를 통해 조절되며, 미각 수용체는 단맛, 짠맛, 신맛, 쓴맛 등 4가지 기본 맛이 있다. 어떤 학자는 기존 4가지 맛에 감칠맛을 더하여 5가지 기본 맛을 지정하기도 한다. 매운 맛은 혀가 느끼는 통증이다. 미각은 혀와 입의 다른 부위에 있는 미뢰에 의해 감지된다. 미뢰 세포에는 각각의 맛에 반응하는 수용체가 있는데 이들 수용체는 감각 신경을 통해 뇌로 신호를 보내고 뇌는 다양한 맛을 해석한다. 미각은 우리가 음식을 즐기고, 해롭거나 상한 물질을 감지하고, 영양소 섭취를 조절하게 해준다. 다양한 맛은 각각의 수용체가 있다. 미각 민감도는 유전적 영향을 받는데 이러한 미각 수용체 유전자의 변이는 미각 지각에 대한 개인 차이에 영향을 미친다. 예를 들어, 일부 사람들은 '슈퍼 미각자'로, *TAS2R38* 유전자의 변이로 인해 쓴맛 화합물에 대한 민감도가 높아지는 반면, 다른 사람들은 특정 맛에 대한 민감도가 낮을 수 있다. 사람들은 맛있는 음식을 먹으면 행복감을 느낀다. 미각 수용체 유전자의 변이는 미각 반응을 변화시키거나 심지어 특정 맛을 감지하지 못하는 무감각증으로 이어질 수 있다. *TAS1R* 유전자는 단맛과 감칠맛에 대한 수용체를 암호화하고 있는데 이 유전자 돌연변이를 가진 사람들은 단맛과 감칠맛을 느끼지 못하므로 밋밋한 맛으로 느낀다. 육식 동물인 고양이과 동물들은 *TAS1R* 유전자가 없어서 단맛을 모른다. 반면에 쥐와 생쥐와 같은 설치류는 미각이 매우 발달되어 단맛, 짠맛, 쓴맛, 신맛, 감칠맛을 감지할 수 있다. 특히 쓴맛 물질에 대한 민감성은 독성 식물과 화학 물질을 피하는 데 도움이 되므로 설치류 동물들의 생존에 중요한 역할을 한다.

촉각은 피부가 느끼는 압력, 온도, 통증 등이다. 피부에는 압력, 온도, 통증, 진동을 감지하는 다양한 수용체가 있다. 이러한 수용체는 감각 뉴런을 통해 신호를 뇌로 보내는데, 뇌에서는 이를 촉각 감각으로 해석한다. 피부의 다양한 수용체는 온도 수용체(온도), 통증 수용체(통증), 기계 수용체(압력 및 질감)와 같은 특정 유형의 자극에 반응한다. 촉각은 우리가 신체적 감각을 느끼고, 해로운 자극을 감지하고, 질감, 모양, 온도를 감지하여 주변 환경과 상호 작용하는 데 도움이 된다. 촉각은 피부와 내부 장기의 수용체를 통해 매개된다. 이러한 수용체는 압력, 온도 및 통증에 반응하며, 그 기능은 특정 유전자에 의해 조절된다. 예를 들어, *PIEZO2*는 압력과 기계적 자극을 감지하는 데 관여하는 감각 이온 채널의 수용체를 암호화한 유전자이다. PIEZO2 단백질은 가벼운 촉각을 감지하는 데 필수적이다. 이 단백질은 부드러운 압력, 질감, 진동과 같은 낮은 정도의 기계적 자극을 감지하는 데 중요한 역할을 하므로 PIEZO2가 기능을 잃으면 미묘한 촉각을 감지하는 데 어려움을 겪으며 간지러움도 타지 않는다. 통증 감지(통각)는 열과 캡사이신(고추에 들어 있는 타는 듯한 감각을 유발하는 화합물)에 반응하는 수용체를 인코딩하는 유전자인 *TRPV1*의 영향을 받는다. 이 유전자의 변이는 통증 지각과 온도에 대한 민감도에 영향을 미칠 수 있다. TRPV1 기능 장애는 다양한 만성 통증 증후군을 유발한다. 신경병성 통증은 신경계의 손상이나 기능 장애는 종종 비정상적인 TRPV1 신호 전달과 관련된 만성 통증을 유발할 수 있다. 이러한 사람들은 자극에 대한 민감도 증가(통각 과민증이라고 함)하여 정상적으로 통증이 없는 자극에 대한 통증을 느끼므로 삶의 질이 훼손된다. *SCN9A* 유전자도 통증에 관련이 있다. *SCN9A*의 돌연변이는 선천적 통증 무감각증(CIP)의 가장 흔한 원인이다. *SCN9A*에서 기능 상실 돌연변이가 있는 사람은 다른 감각(촉각 및 온도 등)은 그대로 유지되지만 통증을 전혀 느낄 수 없다. 이러한 상태는 개인이 깨닫지 못한 채 부상, 화상 및 기타 해를 입어도 통증을 느끼지 못하므로 더 큰 상해로 이어져서 위험할 수 있다.

PART 3

유전자에 의해 제기되는 사회적 현상

유전은 사회 전반에 걸쳐 영향을 미친다. 우리는 막연하게 가까운 친척 간의 혼인을 꺼려한다. 근친 결혼의 위험성을 유전적으로 설명한다. 피부색에 의한 인종 구분과 유전적 허구성을 살펴보고 또한 유전이 역사 및 정치에 미치는 영향을 설명한다. 우생학은 선택적 혼인, 강제적 불임 시술 등을 통해 인간의 유전적 품질을 개선하려는 망상이었다. 우생학에 대한 나치의 광적인 믿음은 무자비한 유대인 및 집시들의 학살로 이어졌다. 야생 동·식물을 순화시켜 가축화하고 작물화함으로써 시작된 농업으로 수렵·채취 사회에서 정주 사회로 전환되었다. 농업은 과연 축복이었는지 아니면 재앙이었는지를 유전적으로 고찰한다. 예측 불가능한 자연에서 살아가던 고대인간들에게 종교는 사회를 결속시키고 환경을 극복하는 데 도움을 주었을 것이다. 종교를 유전적으로 새롭게 고찰한다. 언어는 인간의 가장 큰 특징이다. 인간이 언어 능력을 갖추지 못하였다면 우리는 아직도 침팬지처럼 야생에서 살고 있을지 모른다. 언어의 발생을 유전적으로 해부하고 언어 결함을 설명한다. 우리는 스포츠에서 특정한 국가의 선수들이 특정한 종목에 우세한 것을 목격한다. 장거리 육상의 상위권 선수들은 에티오피아 또는 케냐 선수들이다. 이러한 체능과 예술적 재능 등에 대한 유전적 시초에 대해서 설명한다. 지능은 학습, 추론, 문제 해결 및 환경에 적응하는 능력으로 인간이 다른 동물과 구별되는 뚜렷한 특징이다. 지능은 통상 IQ 점수로 나타내는데 과연 IQ는 지능을 측정하는 적절한 도구인지를 고찰하고 지능에 대한 유전 능력을 종합적으로 고찰한다.

CHAPTER 21

근친결혼은 왜 유전자 결함을 가져올까?

근친혼은 혼인의 상대가 친가 및 외가의 가까운 혈족 간의 결혼이다. 고대 사회에서도 근친혼의 위험성에 대해서 알고 있었는지 모르지만 일반인들의 경우 근친혼을 피하려 했다. 하지만 귀족들이나 왕족들은 자신들의 고상한(?) 혈통을 지키기 위해 근친혼이 성행했다. 람세스 2세는 고대 이집트의 파라오들 중 우리에게 가장 잘 알려진 태양왕이다. 그는 기원전 14세기경 14세의 어린 나이에 재위에 올라 66년 동안 고대 이집트의 황금기를 통치하였다. 그는 혈통을 보존하기 위해 자신의 누이를 아내로 삼고 그의 딸도 아내로 삼았다. 우리나라에서도 신라시대에는 왕권을 강화하고 골품제를 유지하기 위해 근친혼을 많이 했다. 태종무열왕 김춘추는 진지왕의 아들 김용춘과 진평왕의 딸 천명공주 사이에서 태어났는데 김용춘과 천명공주는 서로 오촌이었다. 김춘추는 김유신의 누이 보희와 결혼하여 딸 지소를 낳았는데 지소는 외삼촌인 김유신과 결혼하였다. 김유신의 딸 신광은 외사촌간인 문무왕과 결혼하였다. 근친 결혼은 고려 초까지 성행하였으며 고려 중엽 유학의 영향으로 규제하기 시작하여 고려 말기에는 왕실 내에서도 근친 결혼의 풍습이 사라졌다. 조선시대에는 성리학적 개념이 널리 퍼지면서 근친혼의 규제가 더욱 강화되어 동성동본 간의 결혼 및 모계혈족 6촌까지도 결혼을 철저하게 금하였다.

우리나라의 민법에서는 8촌 이내 친족 간의 결혼을 금하고 있다. 2017년 소아과 의사 A씨는 아내 B씨에게 혼인 무효소송을 제기했다. B씨는 6촌 여동생으로 A씨가 미국에서 공부하던 시절 B씨와 결혼하여 6년간 부부로 생활하다가 귀국하여 2016년에 대전에서 혼인신고를 했다. 하지만 남편 A씨는 변심하여 아내 B씨가 6촌 동생이므로 혼인 자체가 무효라고 B씨를 상대로 이혼 소송을 제기하자, 아내 B씨는 2018년에 8촌 이내 금혼 및 혼인 무효 조항이 부당하다며 헌법소원을 청구했다. 이에 대해 헌법재판소는 8촌 이내 혈족들 간의 금혼 조항은 헌법에 어긋나지 않지만 8촌 이내 결혼을 무효로 하는 것은 "과도한 제한"이라며 헌법 불합치 결정을 내리고, 다만 "가족제도 유지"를 심각하게 훼손하는 경우에만 근친 결혼을 무효로 하는 방향으로 법 개정이 필요하다는 의견을 냈다.

그렇다면 근친혼은 어디까지 가능할까? 우리나라는 8촌으로 정하고 있지만 미국의 경우 주마다 다르지만 삼촌과 조카 간의 결혼도 허용하는 주도 있으며 프랑스, 독일, 영국에서도 허용된다. 우리나라에서도 친족 간 결혼 금지를 완화하여 4촌 또는 6촌까지 허용하자는 논의가 활발히 진행된다. 하지만 유림에서는 6촌 결혼을 허용하는 것은 인륜에 어긋난다고 결사반대한다. 어떤 학자들은 5촌 이상부터는 유전 질환 발병과 인과 관계가 없다고 주장한다. 그렇다면 가까운 친척 간의 결혼이 정말로 유전질환에 취약한가? 이론적으로는 부모와 자녀 그리고 형제자매 간에는 전체 유전자의 50%를 공유하며, 사촌 간에는 12.5%, 6촌간에는 3.125%를 공유한다. 하지만 이것은 아빠와 엄마의 유전자들이 모두 다른 경우에 해당되는 수치로서 이러한 경우는 거의 없다. 결혼 시 부부간에 이미 어느 정도의 유전자를 공유하고 있으므로 유전적 유사도는 이보다 훨씬 높다. 예를 들어 이미 부부간에 대립유전자 공유율이 20%라면 부모와 자식, 형제·자매(근친도 1/2)간에는 대립유전자 공유율이 60%이며, 사촌(근친도 1/8)간에는 30%, 육촌(근친도 1/32)간에는 22.5%를 공유한다. 그리고 삼촌과 조카(근친도 1/4)간에는 40%를 공유한다.

하지만 특정 유전자만을 고려한다면 이야기가 다르다. 돌연변이 대립유전자가 다음 세대로 전달될 기회는 1/2이다. 어떤 남성이 유전질환을 야기하는 돌연변이를 가지고 있다고 가정한다. 대부분의 돌연변이는 열성이므로 그는 이 유전질환으로 고생하지 않는다. 그가 1남 1녀를 두었다면 이들은 아버지로부터 돌연변이를 물려받을 가능성은 각각 1/2이다. 이들 1남 1녀의 자식들은 결혼을 하여 매 세대마다 각각 1남 1녀씩을 두었다고 가정한다. 처음 돌연변이를 가진 남성으로부터 2세대 후 자손들은 서로 사촌이며 이들이 할아버지의 돌연변이 대립유전자를 가질 가능성은 1/2×1/2=1/4이다. 이들이 다음 세대로 할아버지의 돌연변이를 전달할 가능성은 1/2이다. 그러므로 만약에 이들 사촌들 간에 결혼을 한다면 이들의 자식들은 증조 할아버지 돌연변이 대립유전자를 동형접합으로 가질 가능성은 (1/4)×(1/2)×(1/4)×(1/2)=1/64이다. 즉, 사촌 간 결혼을 하여 낳는 자식들은 증조할아버지의 돌연변이를 동형접합으로 가질 가능성은 64명 중의 한 명이다. 사촌 간 결혼하는 부부가 2명의 자식들을 갖는다면 32쌍마다 1명의 가능성으로 이것은 매우 높은 것이다. 참고로 숙질(삼촌과 조카) 간의 결혼에서는 (1/2)×(1/2)×(1/4)×(1/2)=1/32이다. 지금 이 계산은 질환 돌연변이 1개에 대한 가능성이다. 하지만 열성 질환유전자를 두 개를 갖는다면 이 두 질환 중 적어도 한 가지를 보일 가능성은 위에서 계산한 가능성의 두 배가 된다. 어느 정도의 근친혼을 금지해야 하는지에 대해서 필자는 결정을 내릴 위치에 있지 않지만 8촌 이상의 남녀가 결혼하는 정도는 허락하는 것이 좋을 듯하다.

미국 동부 펜실베이니아, 오하이오, 인디애나 주 등에 있는 아미시(Amish) 공동체들이 있다. 이들은 소규모 인구 집단의 공동체를 형성하여 외부와 단절한 채 고립되어 생활한다. 외부인과의 결혼을 철저히 배제하고 공동체 내의 멤버들 간의 결혼을 한다. 대부분의 아미시 공동체들은 18세기 중반에서 19세기 초기에 미국에 정착하여 외부와 단절한 채 전기, 자동차, 전화, 학교 등이 없이 초기 정착민들처럼 지금까지 살고 있는 종교적·문화적 생활 공동체이다. 공동체 별로 크기는 다르지만 보통 25~40 가정에 인구는 대략 200~400명 정도이다. 이들은 정착 초기에 소수의 가족들로부터 유래하였기 때문에 유전적인 다양성은 돌연변이나 외부로부터의 인구 유입이 없는 한 초기 정착민들이 가지고 있는 다양성을 벗어나지 못한다. 이러한 현상을 유전적으로 창시자 효과(founder effect)라고 한다. 공동체의 인구가 제한적이고 근친혼 또는 유전적으로 가까운 사람들 간의 결혼을 계속 하여 왔으므로 열악한 열성 유전 질환 유전자를 동형접합으로 가지고 있어서 고생하는 사람들의 빈도가 외부 지역보다 훨씬 높다. 예를 들어 신장이 왜소하고 심장에 문제가 있는 엘리스-반 크레발드 증후군(Ellis-van Creveld Syndrome)은 미국의 일반 공동체에서는 보통 200,000명의 신생아당 1명 정도의 빈도인데 펜실베이니아의 랜캐스타 카운티의 아미시 공동체에서는 200명의 신생아당 1명 빈도로 매우 높다.

유대인들 중 아슈케나지 유대인들은 수세기 동안 자신들의 공동체 내에서 결혼을 하였다. 위에서 예로 들은 아미시 공동체처럼 아슈케나지 유대인들은 유전적 창시자 효과, 유전자 병목 현상, 유전적 부동 등에 의해 유전적 다양성이 낮아져서 여러 가지 유전적 질병의 빈도가 일반적인 인구 집단에 비해 높다. 예로 테이-삭스 질환이 있다. 이 질환은 지질의 이상 축적으로 인해 중추신경계가 점진적으로 파괴되어 신경학적인 여러 문제로 고생하는 질환으로 특별한 치료법은 없다. 아슈케나지 유대인들은 27명당 한 명 빈도로 테이-삭스 질환 돌연변이 보인자이며 신생아 중 약 3,600명당 한 명이 이 질환을 가지고 태어난다. 이에 비해 일반 인구 집단의 보인율은 250명당 한 명으로 발병률이 매우 낮다. 테이-삭스 질환 외에도 고셔병(Gaucher disease), 브룸 질환(Bloom disease), 가족성 자율신경실조증(Familial dysautonomia) 등의 질환이 일반인들에게는 발생 빈도가 매우 낮지만 애슈키나지 유대인들에게는 높은 빈도로 발생한다.

집단의 크기가 작아져서 유전적 다양성 저하는 멸종 위기 야생 동식물의 멸종 시계를 더 빠르게 할 수 있다. 아프리카 초원의 치타는 20세기 초에는 100,000마리 정도였다. 하지만 서식지가 계속 줄어들고 인간들의 사냥 등에 의해 집단의 크기가 20세기 중반부터 급속히 줄어 현재는 5,000~6,000마리 정도로 추산되며 유전적 다양성이 낮아져서 개체들 간의 유전적 동일성이 높아지게 되었다. 높은 유전적 동일성은 치타들의 질병에 대한 면역력 약화, 낮은 출산율, 수컷들의 정자 수 및 활력 감소, 환경 적응력 약화 등 여러 가지 부정적인 결과를 야기하여 치타

그림 21.1 치타

인간의 과도한 사냥과 서식지 파괴로 유전적 다양성 낮아지고 결과적으로 유전적으로 가까운 개체들 간의 교배로 인해 질병에 대한 면역력이 낮아져서 개체수가 급감하고 있다.

의 개체 수 감소를 더욱 가속화시키고 있다. 치타 외에도 많은 야생동물들이 서식지 감소, 기후 변화, 질병 등과 같은 이유로 개체 수가 감소하고 이는 유전적 다양성 감소로 이어져 결국 환경 및 질병 등의 스트레스에 약하게 되어 멸종의 위기에 처해지고 있다.

야생 동물들은 근친 간 교미로 생기는 유해한 열성 유전형질의 유전적 문제를 여러 가지 전략으로 피한다. 첫째는 분산이다. 많은 종에서 성적으로 성숙에 도달한 새끼들은 출생 집단을 떠나 새로운 집단에 합류하거나 자체 영역을 확립하므로 가까운 친척과 교배할 가능성을 줄인다. 두 번째 전략은 친족을 인식하여 교미를 피한다. 많은 동물이 냄새를 통해 가까운 친척을 인식할 수 있다. 예를 들어, 설치류와 영장류는 소변, 대변 또는 냄새 표시를 통해 친척을 구별할 수 있다. 일부 새 종은 울음소리나 외모로 친척을 구별할 수 있다. 세 번째는 사회적 구조와 계층화를 통해 근친 교배 가능성을 줄인다. 예를 들어, 늑대 무리에서는 일반적으로 대장 수컷만 번식한다. 집단생활을 하는 영장류나 코끼리와 같은 사회적 역할이 잘 정의된 집단생활을 하는 동물들은 가까운 친척들 간의 짝짓기를 방지한다. 네 번째 전략은 선별적 짝 선택으로 유전적으로 다른 짝에 대한 선호도를 증가시켰다. 예를 들어, 암컷 집쥐는 면역 기능에 중요한 다른 주요 조직 적합성 복합체(MHC) 유전자를 가진 수컷을 선호한다. 다섯 번째 전략은 번식을 지연하는 것이다. 어떤 종에서는 개체가 출생 집단에서 흩어질 때까지 번식을 미루어 친척과의 짝짓기 가능성을 줄인다. 예를 들면 아프리카 코끼리 암컷들은 태어난 가족들과 같이 지내지만 수컷은 생식기를 지연하다가 성적으로 성숙하면 가족을 떠난다. 여섯 번째 전략은 행동적 회피이다. 일부 영장류에서는 집단 내에서 같이 자란 개체들은 종종 친족 관계를 나타내므로 집단내의 개체와의 짝짓기를 회피하는 경향이 있다. 이러한 전략들은 야생 동물이 근친 교배와 관련된 위험을 최소화하고 개체군의 유전적 건강을 유지하는 데 도움이 된다.

식물도 같은 유전자형을 가진 개체 간의 수정을 회피하는 전략이 있다. 타가 수정을 하는 식물들은 곤충이나 바람 등에 의해 전달된 다른 개체의 꽃가루를 받아들인다. 꽃가루가 암술머리에 부착되는 것을 수분(pollination)이라 하고 꽃가루에서 화분관이 배주의 난자와 결합하는 것을 수정(fertilization)이라 한다. 꽃가루가 날아와서 암술머리에 앉을 때 꽃가루가 자신이나 자신과 같은 유전자형을 가진 개체로부터 온 것인지 아니면 다른 개체에서 온 것인지를 구별하여 자신과 같은 유전자형을 가진 것으로부터 날아온 꽃가루이면 수정을 거부한다. 이러한 현상을 자가불화합성이라 한다. 자신과 다른 유전자형을 가진 꽃가루이면 화분관 신장을 허락하여 수정이 되어 종자를 맺는다. 자가불화합성을 결정하는 유전자는 S 유전자인데 S 유전자에는 여러 대립유전자가 있어서 같은 대립유전자를 가진 꽃가루는 암술머리에 안착하더라도 화분관 신장을 막아 배주의 난자와 수정되지 못하게 하여 근친 교배의 가능성을 차단한다. 자가 불화합성에는 포자체 자가불화합성과 배우체 자가불화합성이 있는데 본 저서에서는 이들에 대한 구체적인 설명은 생략한다.

이외에도 동일한 꽃의 암술과 수술의 발달 시기를 달리하여 자가 수

그림 21.2 갯기름나물 꽃

갯기름나물의 개화 1일, 4일, 9일째 사진이다. 1일째에는 완전 개화한 것 같지만 꽃잎과 수술만 발달되고 암술은 발달되지 않은 상태이다. 꽃잎과 수술이 지고 나서 4일째에 암술이 출현하는데, 암술이 성숙하여 수정 능력이 있기까지는 9일이 소요된다. Stamen, 수술; Filament, 화사; Anther, 약밥, Pistil, 암술, Ovary, 자방; Style, 화주; Stigma, 주두.
출처: 한국자원식물학회지 36: 402-412, 2023

정 확률을 원천적으로 방지하는 자웅선숙(dichogamy) 현상도 많은 식물에서 발견된다. 갯기름나물은 방풍나물이라고도 하는데 바닷가에서 자라는 산형과(미나리과) 식물로 관상·약용·식용으로 이용된다. [그림 21.2]는 갯기름 나물의 꽃 발달을 보여준다. 꽃은 6월부터 8월까지 피는데 우선 꽃의 수술이 발달되고 7~9일 정도가 지난 후 꽃잎과 수술이 시들면 암술이 발달되므로 같은 꽃의 수술의 꽃가루가 암술에 수정되는 일은 없다.

CHAPTER
22

피부색과 인종을 결정하는 유전자들

요즘은 우리나라에도 지하철에서 외국인들을 많이 볼 수 있지만 뉴욕의 지하철에는 승객들의 피부색이나 머리카락색과 모양이 매우 다양하다. 어떤 사람들은 뉴욕 지하철을 인종 전시장이라고도 한다. 인종은 신체적 특징, 특히 피부색, 얼굴 특징 및 머리카락 질감을 기준으로 사람들을 분류하는 데 사용되는 사회적 용어이다. 인종은 종종 눈에 보이는 특성에 초점을 맞추지만 명확한 생물학적 또는 과학적 근거가 없다. 대신 인종은 역사적으로 사람들을 그룹화하고 차별화하는 데 사용되었으며, 종종 사회적 계층과 권력 구조에 묶여 있다.

인종의 분류는 다분히 유색인종들에 대한 백인들의 우월적 차별에 기초한다. 1963년 8월 마틴 루터 킹 목사는 "나는 나의 네 명의 어린 자녀가 언젠가는 피부색이 아니라 인격으로 평가받는 나라에서 살게 될 것이라는 꿈을 가지고 있습니다."라는 유명한 연설을 하였다. 인종을 구분하는 신체적 특징(피부색, 얼굴 특징)은 종종 사회적 및 정치적 의미와 연결되어 있다. 백인 우월주의는 구약성경 창세기 9장에 기록된 것처럼 오랜 역사를 가지고 있다. 구약성서에 기록된 노아의 대홍수에서 세상의 생명을 구한 노아는 포도주에 취하여 자고 있었다. 노아에게는 세 아들이 있었는데 막내 아들인 햄이 아버지가 술에 취하여 벌거벗고 자고 있다고 형들에게 말하자 형인 셈과 야벳은 옷을 가져가 아버지 노아의 하체를 덮어주었다. 잠에서 깬 노아는 셈에게는 아시아에서 살도록 하고 야벳은 유럽에서 살게 하였다. 하지만 술에 취해 벌거벗은 노아를 쳐다본 햄에 대해서는 하나님의 저주로 아프리카에서 살도록 하고 햄의 자손들은 그의 형제의 자손들의 종이 되도록 하였다. 이른바 "햄의 저주(Curse of Ham)"로 아프리카인들의 검은 피부는 햄의 후손에게 부과된 저주라는 것이다. 이를 두고 극단적인 백인 우월주의자들은 이미 성경에 검은 피부를 가진 햄의 자손들은 흰 피부를 가진 야벳의 자손들을 섬기는 종으로 살도록 하였으므로 흑인들을 무시하고 차별하는 것이 당연한 것으로 여겨졌다.

그렇다면 왜 아프리카나 더운 지역 사람들의 피부색은 검은 반면 유럽이나 동아시아 사람들은 황색 혹은 백색의 옅은 피부색을 가지게 되었을까? 초기 인류의 조상들은 현재의 침팬지들처럼 빽빽하게 체모를 가지고 있었다. 하지만 기후 변화로 초기 인간 조상들이 살던 아프리카의 숲이 초원으로 바뀌면서 뜨거운 햇빛에 직접 노출되었고 체모를 잃는 것이 더위를 식히는 데 이점으로 작용하게 되면서 약 150~200만 년 전에 체모를 잃게 되었다. 이 당시의 조상 인류들의 피부색은 옅은 색을 가지고 있었는데, 작렬하는 햇빛과 함께 자외선에 직접 피부가 노출되게 되었다. 강한 자외선은 피부암을 유발하고 엽산을 파괴한다. 엽산은 비타민 B9의 전구물질로 태아 발달에 필수적이다. 임신 중에 엽산이 결핍되면 태아는 신경관 결손(예: 척추이분증)과 기타 발달상의 문제가 발생할 수 있다. 햇볕이 잘 들고 개방된 초원에서 살았던 초기 인류는 특히 생식적 성공을 위해 적절한 엽산 수치를 유지하는 것이 필수적이었을 것이다. 강한 자외선 노출은 신체의 엽산 저장에 위협이 되어 건강한 수치를 유지하기가 더 어려웠을 것이다. 멜라닌은 천연 자외선 차단제 역할을 한다. 어두운 피부를 가진 사람들은 밝은 피부를 가진 사람들보다 세포에 멜라닌 색소가 더 많이 있기 때문이다. 강렬한 햇빛이 드는 지역에 사는 사람들의 검은 피부는 엽산 수치를 보존하는 데 도움이 된다.

고위도 지방에 사는 사람들은 피부색이 옅은데 이것은 자외선으로부터의 보호보다는 오히려 자외선을 이용하기 위함이다. 자외선은 피부에 침투하여 엽산을 분해시키고 피부암을 유발하기도 하지만 비타민 D를 합성시킨다. 비타민 D는 건강한 뼈, 면역 기능 및 전반적인 건강을 유지하는 데 필수적이다. 고위도 또는 고지대 지역의 햇빛은 약하여 자외선에 의한 피부암의 염려가 적으며 엽산 분해 정도도 걱정할 수준은 아니다. 고위도 지역 사람들의 밝은 피부의 진화적 이점은 주로 자외선이 낮은 환경에서 밝은 피부가 더 많은 자외선 침투를 허용하여 적절한 비타민 D 수치를 유지하는 데 유리하고, 뼈 질환의 위험을 줄여 전반적인 건강을 증진시키는 것이다. 피부색은 자외선 노출에 사람들이 적응하며 얻은 한 형질이므로 피부색에 의한 인종의 분류는 합당한 방법이 아니다. 결국 피부색은 태양광에 적절히 반응하고 또 이용하기 위한 인간의 유전적 다양성의 결과물이며 이에 직접적 영향을 미친 유전자는 불과 20개 내외인 반면, 오감을 결정하는 유전자나 운동능력을 결정하는 유전자 등은 수천 개에 달하므로 피부색을 통해 사람을 판단하는 것은 매우 부적절하다고 할 수 있다.

현생 인류인 호모 사피엔스가 출현한 것은 약 17만 년 전이다. 이들은 아프리카의 사하라 사막 남쪽 지역의 여러 곳에 흩어져 살았다. 약 7만 년 전쯤에 케냐 또는 에티오피아 지역에 살던 사람들이 홍해를 건너 아프리카를 떠났다. 이때 이주한 사람들의 수는 약 150명 정도로 진화유전학자들은 추정한다. 이들은 해안가를 따라 이동하며 인도까지 진출하였다. 인도까지 진출하는 데는 약 50,000~60,000년이 걸렸으며 인도에 도달할 당시의 인구는 아마도 수천 명 정도일 것으로 추정된다. 인도에 도착한 사람들의 피부는 아직도 아프리카에서 살던 때의 피부색인 검은색이었을 것이다. 이들 중 일부는 서북쪽으로 이동하여 유럽에 도달하였으며 다른 일부는 동쪽으로 이동하여 호주에 도달하고 동북쪽으로 이동한 사람들은 만주 지방에 도달하였다. 유럽으로 이주한 사람들 중에는 멜라닌 색소 형성에 관련된 *SLC24A5*와 *TYRP1* 유전자에 동시에 변이가 생긴 사람도 있었을 것이다. 이 변이를 가진 사람들은 옅은 피부를 가지므로 비타민 D 합성에 이점을 가지게 되어 진화 과정 동안 자연 선택으로 검은 피부를 가진 사람들보다 생존에 유리하여 북위도에는 옅은 피부 민족으로 정착되었다고 판단할 수 있다. 동아시아 지방 사람들의 옅은 피부는 또 다른 피부 색소 유전자인 *OCA2* 유전자 변이에 의하여 멜라닌세포에 멜라닌 색소 집적이 낮아져 옅은 피부를 갖게 되었다. 여름에 강렬한 햇빛에 노출되면 피부가 검게 탄다. 이런 현상을 태닝이라 하는데 태닝 정도도 진화를 통한 유전적 특성이다. 어떤 사람들은 햇볕에 조금만 노출되어도 피부가 곧 검게 태닝되지만 어떤 사람들은 햇볕에 오래 노출되어도 피부가 검게 태닝되지 않고 빨갛게 되었다가 더 심해지면 물집이 생긴다. 유럽 북쪽 지방(영국, 노르웨이, 스웨덴, 핀란드 등)은 겨울에는 해 비치는 시간이 짧다. 여름에는 해

비치는 시간이 길지만 태양 광선의 각도가 낮아서 햇빛이 강렬하지 않다. 이 지역에 살던 조상의 후손들은 햇볕에 그을려 태닝을 할 수가 없다. 그들의 매우 밝은 피부색은 낮은 태양 노출에도 비타민 D 생산을 촉진하기 때문에 이 지역에 대한 탁월한 적응이다. 중간 위도에서는 햇빛이 약한 겨울 동안 상대적으로 밝은 피부를 갖고 햇빛이 강렬한 여름 동안에는 쉽게 태닝이 되는데 이들의 선탠 능력은 피부가 햇빛의 계절적 변화에 적응한 결과이다.

18세기 후반 독일의 인류학자는 요한 블루멘바흐는 그의 저서 "인류의 다양성에 관하여(On the Natural Variety of Mankind)"에서 신체적 외모와 두개골 모양 등을 바탕으로 코카시안, 몽골리안, 에티오피안, 미국인 원주민, 말레이시아인 등으로 구분하였다. 유럽과 아시아(현재의 조지아, 아르메니아, 아제르바이잔) 사이에 있는 코카서스 지역의 이름을 따서 백인종을 코카시안이라는 이름을 붙였다. 그는 코카서스 지역, 특히 아라라트산 주변 지역이 인간이 유래한 곳이라고 믿었고, 그 지역의 사람들이 인간의 아름다움과 신체적 형태의 이상을 나타낸다고 생각했기 때문에 이 이름을 선택했다. 블루멘바흐의 인종 분류는 19세기에 유럽과 미국에서 인간의 다양성을 과학적으로 분류하려는 노력의 일환으로 채택되었다. 이 기간 동안 서구 사회는 종종 이러한 분류를 사용하여 사회적 계층과 식민지주의를 정당화했으며, 백인은 일반적으로 이러한 인종 피라미드의 맨 위에 배치되었다. 하지만 인류를 별개의 "인종"으로 구분할 명확한 유전적 또는 생물학적 근거는 없다. 인간의 피부색 다양성은 흑과 백으로 나눌 수 없고 연속적이며, 인종 집단 내에서의 변이가 인종 집단 간 변이보다 더 크다. 아프리카인들의 검은 피부색에도 농담의 차이가 있고, 특히 아시아인들의 피부는 어두운 피부로부터 유럽인과 같이 밝은 피부를 가진 사람들도 있다. 그러므로 현대에 피부색의 다양성을 이해하는 방식은 과거의 엄격한 인종 범주보다는 유전적 변이의 연속적이고 복잡한 본질에 초점을 맞춘다.

하버드 대학의 유전학자 리처드 르원틴(Richard Lewontin)은 1970년대 초에 인종 개념이 인간 유전학에 강력한 기반을 두고 있는지를 분석하였다. 그는 인종 내와 인종 간에 얼마나 많은 유전적 변이가 존재하는지 조사하여 분석하였다. 그는 코카시안(유럽인), 아프리카인, 동아시아인, 남아시아인, 미국 원주민, 남태평양인, 호주 원주민 등 다양한 인종을 대상으로 혈액에 있는 17가지의 동위효소 분석을 실시하였다. 연구 결과 유전적 변이의 85%가 유럽인이나 아시아인과 같은 단일 인종 집단 내에서 발생하였으며 총 유전적 변이의 약 6~8%만이 인종 집단 간(예, 아시아인 vs 아프라카인, 아프리카인 vs 유럽인 등) 차이에 기인하는 것으로 나타났다. 인간의 유전적 다양성의 대부분이 인종 집단 간이 아니라 집단 내에서 발견된다는 것을 보여주었다. 즉, 이것은 같은 집단이나 인종의 개인 간에 유전적 차이가 다른 인종의 개인 간 차이보다 훨씬 크다는 것을 의미하므로 유전적 변이 측면에서 인종은 생물학적 근거가 거의 없는 사회적 구성물이라고 주장했다.

하지만 캘리포니아 대학교 샌프란시스코 캠퍼스의 저명한 유전학자 닐 리쉬(Neil Risch)는 인종에 대한 DNA 분석 결과 대륙 간 인간 집단들에서 유전적 차이가 가장 크다는 것을 발견하고 리쉬와 그의 동료들은 인종 그룹이 출신 대륙을 기준으로 정의되어야 하며 인종 내에서 더 작은 세분화를 설명하는 데 민족성이 사용되어야 한다고 제안했다. 그들은 5개 대륙 기반 인종으로 ① 아프리카인은 조상이 사하라 이남 아프리카에 있는 사람들로 여기에는 아프리카계 미국인들이 포함됨, ② 코카시안인은 서부 유라시아-유럽인, 중동인, 북아프리카인 및 인도 아대륙(인도와 파키스탄)의 사람들, ③ 아시아인은 유라시아 동부(중국, 일본, 인도차이나, 필리핀, 시베리아)에 사는 사람들, ④ 태평양 섬 주민들은 호주 원주민이자 뉴기니, 멜라네시아, 미크로네시아의 사람들, ⑤ 아메리카 원주민은 북미와 남미의 원주민들이다. 이러한 대륙 분할의 경계에는 인접한 두 종족 간의 결혼에 의해 형성된 여러 그룹이 있으며, 리쉬 그룹은 이들을 "혼합(admixture)"이라는 용어를 사용하였다. 예를 들어 에티오피아인과 소말리아인은 백인과 아프리카인의 혼합이다.

과학은 피부, 머리카락, 눈의 색소 침착이 인간 다양성의 명백한 지표이지만 우월성 또는 소위 인종적 순수성이라는 개념과는 아무런 관련이 없다는 것을 명확하게 밝혔다. 민족은 인종과는 개념이 다르다. 민족은 공통의 문화적 배경을 공유하는 사람들의 공동체로, 공유 언어, 종교, 전통, 관습 및 역사적 또는 조상적 연속성에 대한 감각을 포함한다. 민족 집단은 종종 고유 정체성을 가지고 있으며 같은 지리적 지역에 살거나 고향에 대한 강한 소속감을 가진다. 우리나라는 단일 민족 국가이지만 중국이나 인도 같은 나라들은 여러 민족들로 구성된 다민족 국가이다. 민족의 일부 유전적 패턴은 특정 집단이 공통 조상에서 유래하면서 지리적 고립을 겪었을 때 형성될 수 있지만, 민족도 유전학적으로 엄격하게 정의될 수 없다. 민족성은 문화적, 역사적, 사회적 요인의 복잡한 혼합물이며, 이를 유전학으로 축소하려고 하면 인간 다양성의 현실을 지나치게 단순화하는 것이다. 유전학은 조상을 추적하여 혈통(lineage)을 찾는 데 도움이 될 수 있지만, 민족성은 근본적으로 문화적 정체성으로 남아 있다.

SNP는 게놈의 특정 위치에서 발생하는 단일 뉴클레오타이드의 변이이며, 인간 사이에서 가장 흔한 유형의 유전적 변이다. 민족별 SNP는 존재하지만, 뚜렷한 민족적 경계를 정의하기보다는 유전적 조상과 인류 역사의 양상을 반영하며, 이것으로 민족성을 엄격하게 정의하지 않는다. SNP 중 다수는 인간 진화, 조상 및 의학 연구에 사용되며, 특히 특정 유전적 특성이 인종 집단에 어떻게 분포하는지 이해하는 데 사용된다. 대부분의 유전적 변이는 인구 전체에서 공유되며, 민족성은 유전적, 문화적, 역사적 요인의 조합에 의해 영향을 받는다. 우리는 흔히 특정 민족은 매우 호전적이고, 어떤 민족은 유순하며, 어떤 민족은 매우 순박하다고 말한다. 그리고 이런 경향이 유전적 요인에서 기인한다고 단순한 결론을 내리곤 하는데 이는 매우 위험한 생각이다. 집단의 행동 경향은 유전적 차이보다 역사적 경험, 환경 조건, 문화적 가치에 훨씬 더 많은 영향을 받는다. 시간이 지남에 따라 이러한 요인의 상호작용으로 일부 집단이 특정 상황에서 더 유순하거나 적대적으로 보인다고 이해하는 것이 타당한 이해이다.

인류 조상이 아프리카 고향을 떠나 세계 곳곳에서 흩어져서 현재의 우리까지 오는 데는 몇 천 세대가 지났다. 오랜 세월 동안 인간들은 자신들의 환경에 맞도록 적응하여 왔다. 수천 세대 동안 인간들은 대륙 또는 좁게는 거주 지역에 고립되어 유전자의 이동이나 혼입이 없이 살아왔다. 우리가 가지고 있는 게놈에는 이러한 유전적 흔적이 그대로 남아있다. 피부색은 이러한 인간들의 환경 적응의 한 유전적 형질이다. 마틴 루터 킹 목사의 바람처럼 우리는 아직 사람들이 더 이상 "그들의 피부색으로 판단"되지 않는 날에 도달하지 않았다. 다양한 인종의 사람들로 구성된 미국에서는 아직도 흑인에 대한 차별이 존재한다. 피부색에 근거한 차별을 정당화하는 과학적 증거는 전혀 없다. 교통이 발달하여 요즘에는 사람들의 장거리 이동이 활발하고 인종간 결혼도 과거보다 매우 빈번하다. 더 이상 피부색에 대해 편견을 갖지 않는 시절이 오길 기대한다.

CHAPTER 23

정치 및 역사에 얽힌 유전 이야기

유전과 역사의 교차점은 유전적 특성, 유전 패턴, 질병이 역사적 사건을 어떻게 형성하고, 왕족에게 영향을 미치고, 심지어 사회적, 정치적 발전에 기여했는지에 대한 흥미로운 통찰력을 제공한다. 왕족의 혈통에 영향을 미친 유전병에서 유전학과 역사의 관계를 보여주는 몇 가지 사례들을 소개한다.

러시아 차르 로마노프 왕조, 볼셰비키, 혈우병, 라스푸틴의 이야기는 정치적 음모, 의학적 미스터리, 극적인 역사적 사건이 뒤섞인 매혹적인 이야기이다. 이 이야기는 러시아의 마지막 황실이었던 로마노프 왕조의 몰락과 혈우병이라는 질병이 가족 역학과 간접적으로 러시아 혁명을 촉발하는 데 미친 역할을 중심으로 전개된다. 로마노프 왕조는 300년 이상 러시아를 통치했으며, 20세기 초에 차르 니콜라이 2세(Tsar Nicholas II)가 러시아의 황제가 되었다. 차르 니콜라스 2세와 그의 아내 차르 알렉산드라(Tsar Alexandra)는 네 명의 딸(올가, 타티아나, 마리아, 아나스타샤)과 아들 알렉세이(Alexei)를 두었다. 1904년에 태어난 알렉세이는 러시아 왕조의 상속자로 그의 건강은 왕실에 매우 중요했다. 그러나 알렉세이는 혈액이 제대로 응고되지 않는 유전적 질환인 혈우병을 앓고 있어서, 사소한 부상조차도 생명을 위협할 수 있었다. 혈우병은 X－연관 유전 질환인데, 황후 알렉산드라는 할머니인 영국의 빅토리아 여왕(Queen Victoria)으로부터 혈우병 유발 변이 유전자를 물려받아 아들 알렉세이에게 유전되었다. 혈우병 유전은 "**11장 유전자 결함은 어떤 질병을 유발할까?**"에서 상세히 설명하였다. 로마노프 가문에 혈우병이 있다는 사실은 황후 알렉산드라에게는 엄청난 스트레스였으며, 그녀는 아들의 허약한 건강에 깊은 책임감을 느꼈다. 이렇게 절박한 와중에 시베리아 농민이자 스스로를 성자라고 주장하는 그리고리 라스푸틴(Grigori Rasputin)이 등장하였다. 라스푸틴은 알렉세이의 혈우병 증상을 치유할 수 있는 것처럼 보이면서 알렉산드라의 신뢰를 얻었다. 당시 의사들은 혈액 방출이나 기타 해로운 개입을 포함한 방법으로 혈우병을 치료했다. 그러나 라스푸틴은 그런 치료 방법을 반대했고, 그의 차분하고 신비로운 존재감은 알렉세이의 회복 기간과 일치하는 듯했다. 라스푸틴이 어떻게 알렉세이의 혈우병에 도움을 주었는지 정확히 알 수 없지만, 일부 역사가들은 문제를 악화시키는 의료 치료를 중단하라는 그의 조언이 알렉세이의 일시적인 호전에 기여했을 수 있다고 추측한다.

라스푸틴은 황후 알렉산드라의 신임을 통해 황제인 차르 니콜라스 2세에 대한 영향력을 미쳐 차르 니콜라스 2세 가족의 신뢰를 받는 고문이 되었다. 그러나 많은 러시아 엘리트들은 라스푸틴이 알렉산드라와의 긴밀한 관계를 이용해 국가 문제에 부당한 영향력을 행사하는 위험한 인물로 여겼으며, 그의 방탕함과 추문스러운 행동에 대한 평판이 이러한 의심을 더욱 부추겼다. 이런 와중에 1차 세계대전이 일어나 러시아가 참전하게 되어 차르 니콜라스 2세는 러시아 군대의 지휘권을 맡아 전장으로 가고, 황후 알렉산드라와 라스푸틴이 러시아 정부를 실질적으로 맡게 되었다. 라스푸틴이 정치 문제에 개입한다는 인식과 부패에 대해 널리 퍼진 풍문, 인기 없는 왕실에 대한 국민들의 불만으로 군주제에 대한 반발이 크게 높아졌다. 러시아는 1차 세계대전에 개입하면서 국내에서는 식량 부족, 군사적 패배, 경제적 어려움 등 엄청난 고통을 겪었다. 대중의 불안이 커지고 있었고, 이런 문제를 다루는 차르 정권의 무능함은 혁명적 감정을 부추길 뿐이었다. 러시아 엘리트들은 라스푸틴을 제거하면 군주제의 신뢰성을 회복하는 데 도움이 될 것이라고 믿고 라스푸틴을 1916년 암살했다. 하지만 정치불안이 계속되어 결국 볼셰비키와 레닌이 이끄는 1917년 볼셰비키 혁명이 일어나 로마노프 왕조를 전복했다. 차르 니콜라스 2세는 왕위를 물러났고, 왕가는 가택연금에 처해졌다. 1918년, 볼셰비키 적군과 백군(군주제를 회복하고자 하는 세력) 간의 러시아 내전이 격화되면서 황제는 가족과 함께 시베리아에 있는 도시인 예카테린부르크로 피신했다. 그러나 볼셰비키에 반대하는 세력이 왕족을 구출할 수 있다는 두려움에 볼셰비키는 온 가족을 처형하기로 결정했다. 1918년 7월 차르 니콜라스 2세, 차리나 알렉산드라, 그리고 알렉세이를 포함한 그들의 다섯 자녀는 모두 예카테린부르크에 있는 농가의 지하실에서 살해되었다. 볼셰비키 혁명은 러시아에서 공산주의가 부상하고 소련이 수립되는 데 중요한 사건이었다. 레닌의 지도를 통해 볼셰비키는 임시 정부를 전복하고 권력을 장악하고 마르크스-레닌주의 정책을 시행하여 공산주의 국가의 토대를 마련했다. 영국 왕실 빅토리아 2세 여왕의 혈우병이 러시아 제국의 멸망의 직접적인 원인은 아니지만 여러 원인 중에 하나라 할 수 있다. 볼셰비키 혁명으로 소련에 공산주의가 태어나게 되고 결국 20세기에 전 세계에 공산주의와 민주주주 간에 극한적 대립인 냉전으로 이어지게 되었다.

차르 니콜라스 2세 가족의 죽음에 대해서 몇 가지 흥미로운 이야기가 있다. 차르 니콜라스 2세 가족의 무덤으로 보이는 무덤이 발견되었는데 이 무덤의 진위에 대해서 많은 음모와 논쟁이 있었다. 그들의 죽음 이후 여러 가지 소문이 떠돌았는데, 특히 아나스타샤를 비롯한 일부 가족 구성원이 살아남았을 가능성에 관한 것이 있다. 1920년 베를린의 운하에서 젊은 여성이 자살을 시도하였는데, 살아난 후 이 여성은 자신이 차르 니콜라스 2세의 세 번째 딸이라고 주장했다. 후에 가짜임이 밝혀졌지만, 그녀는 계속 자신이 러시아 공주 아나스타샤라고 주장했다. 그녀에 대한 스토리는 1956년도에 할리우드 영화 "아나스타샤, *Anastasha*"로 만들어지기도 했다. 차르 니콜라스 2세와 그의 가족의 유해는 현대 유전학을 통해 확인됐다. 미토콘드리아 DNA, 핵 DNA, Y 염색체 분석을 결합한 결과 무덤에서 발견된 유해가 로마노프 가문의 유해라는 것이 밝혀졌다. 과학적 발전 덕분에 역사가들은 마지막 러시아 황실의 비극적인 운명을 확인할 수 있었고, 20세기 대부분 동안 그들의 죽음을 둘러싼 추측과 소문에 종지부를 찍었다. 현대의 법의학과 유전학이 유해의 신원을 확인하고 많은 소문을 종식시키는 데 중요한 역할을 한 것이다.

합스부르크 왕조는 유럽에서 가장 영향력 있는 왕족 중 하나로, 수세기 동안 신성 로마 제국, 스페인, 오스트리아, 헝가리, 이탈리아 일부 지역을 포함한 광대한 영토를 통치했다. 이 가문은 중세 후기에 명성을 얻었고 18세기까지 정치적 권력을 유지했다. 합스부르크 가문이 정치적 영향력을 유지하고 확대하기 위해 사용한 주요 전략은 왕족 간 결혼이었다. 제국의 지속을 보장하고 가문 내에서 권력을 유지하기 위해 이들은 종종 사촌과 심지어 삼촌과 조카를 포함한 가까운 친척과 결혼했다. 이러한 근친 결혼 관행은 악명 높은 합스부르크 턱을 포함하여 특정 유전적 특성이 가문 내에 집중되는 데 기여했다.

흔히 주걱턱이라고 불리는 합스부르크 턱은 하악 전돌증의 극단적인 형태를 말하며, 아래턱이 위턱을 크게 넘어 튀어나와 턱이 확장되고 종종 말하기와 먹기에 어려움을 겪는 상태이다. 이 유전적 특성은 특히 통치 후대에 합스부르크 가문의 특징이 되었다. 합스부르크 턱은 근친 교배의 관행으로 인해 악화된 가족 내 유전적 결과이다. "**21장 근친 결혼은 왜 유전자 결함을 가져올까?**"에서 설명한 것처럼 여러 세대에 걸친 근친 교배는 긍정적이든 부정적이든 특정 특성을 집중시킬 수 있다. 합스부르크 가문의 근친 교배는 정치적 동맹을 유지하기 위한 것이었지만, 그들의 유전적 건강에 예기치 못한 결과를 가져왔다. 합스부르크 가문의 가계도에 대한 연구에 따르면, 가문이 후대에 이르러서 근친 결혼 정도가 상당히 높았으며, 특히 스페인 왕실에서 더욱 그러했다. 스페인의 찰스 2세(Charles II of Spain, 1661-1700)는 합스부르크 턱과 여러 세대에 걸친 근친 결혼으로 인한 신체적, 정신적 기형의 가장 악명 높은 사례이다. 그는 심각한 하악 전돌증으로 고생하여 씹고 말하기가 어려웠다. 합스부르크 턱 외에도 찰스 2세는 불임, 지적 장애, 약한 면역 체계를 포함한 수많은 건강 문제로 어려움을 겪었다. 그는 건강 문제가 너무 심각해서 아이를 낳을 수 없었고, 이로 인해 스페인 합스부르크 가문이 단절되었다. 찰스 2세가 1700년에 왕위 계승자가 없이 사망하면서 스페인 왕위 계승 전쟁(1701~1714)으로 알려진 주요 유럽 갈등이 촉발되었다. 이 전쟁은 스페인 왕위를 누가 계승할지 결정하기 위해 벌어

그림 23.1 합스부르그 가문의 가계도

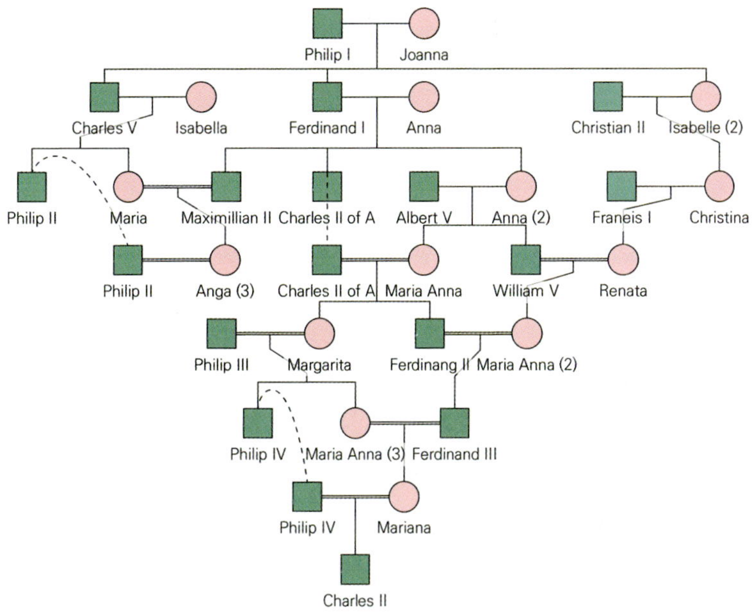

사각형은 남자이며 원은 여자이다. 가로 선은 결혼 관계이며 세로선은 세대이다. 이중선은 근친결혼이다. 수세대에 걸쳐서 근친 결혼의 결과 스페인의 왕 찰스 2세는 많은 유전적 결함을 가지고 있었으며 아이를 낳을 수 없었고, 결국 유럽에서 합스부르그 왕조가 무너지고 부르봉 왕조가 스페인 왕가가 되었다.

출처: https://doi.org/10.1086/s12859-022-04759-y. Licensed under CC by 4.0

졌으며, 여러 유럽 왕가의 사람들이 지배권을 놓고 경쟁했다. 그 결과 합스부르크 왕조가 무너지고 부르봉 왕조가 스페인 왕위를 차지하게 되어 유럽의 권력 균형이 크게 바뀌게 되었다. 오스트리아 합스부르크 가문은 20세기 초까지 계속 통치했지만, 스페인계 가문은 찰스 2세로 끝났고, 그들의 유전적 문제는 근친결혼의 위험의 상징이 되었다. 현대 유전학 및 역사 연구는 합스부르크 턱에 대해 더 많은 정보를 제공했다. 2019년 저널 Annals of Human Biology에 발표된 연구에서는 합스부르크 가문의 초상화를 조사하고 유전적 분석을 수행하여 근친 교배와 가족을 괴롭혔던 하악 전돌증 사이의 연관성을 확인했다. 이 연구는 근친 결혼이 열성 유전적 특성을 집중시킴으로써 합스부르크 턱과 다른 건강 문제의 발달에 상당히 기여했다는 결론을 내렸다. 합스부르크 턱은 근친 결혼의 위험과 작은 유전자 풀 내에서 유전적 특성을 집중시키는 결과를 극명하게 보여주는 예이다. 근친 결혼은 왕조의 연속성을 유지하거나 부와 권력을 통합하는 것과 같은 특정한 바람직한 특성을 보존할 수 있지만, 유전적 질환과 신체적 기형의 위험도 증가시켰다.

토머스 제퍼슨과 샐리 헤밍스의 이야기는 미국 역사에서 가장 논란이 많고 논쟁의 여지가 많은 측면 중 하나이다. 미국의 3대 대통령이자 독립 선언서의 저자인 토머스 제퍼슨은 버지니아 주의 몬티셀로(Monticello)에 있는 자신의 영지에 살면서 일했던 노예 여성 샐리 헤밍스와 장기간 관계를 유지했다. 이 관계는 광범위한 역사적 조사, 추측, 그리고 최근에는 과학적 조사의 대상이 되었다. 이 관계와 역사적 맥락에 대한 자세한 설명과 현대 유전자 검사가 이 논쟁에 어떻게 기여했는지에 대한 설명이다. 제퍼슨과 헤밍스 사이의 관계의 본질은 특히 도덕적 측면에서 논쟁의 여지가 있었다. 노예로서 샐리 헤밍스는 법적, 사회적으로 제퍼슨의 재산으로 간주되었으며, 제퍼슨과의 관계에 자발적인 동의가 있었는지는 매우 의심스럽기 때문이다. 노예 여성과 부유하고 강력한 백인 남성 사이의 상당한 권력 불균형은 그들의 관계에 대한 모든 해석을 복잡하게 만들 수 있다. 토머스 제퍼슨은 평생 동안 샐리 헤밍스와의 관계를 공개적으로 인정하지 않았고, 그녀를 해방시키지도 않았다. 1826년 제퍼슨이 죽은 후, 그녀는 제퍼슨의 딸인 마사 제퍼슨 랜돌프에 의해 비공식적으로 해방되었고, 버지니아 샬러츠빌에서 자유 여성으로 살 수 있게 되었고, 1835년 그곳에서 사망했다. 제퍼슨과 헤밍스 사이에는 여섯 자녀가 있었는데 이들은 다른 노예들과는 다소 다르게 대우받았다. 그들은 영지에서 다양한 역할을 했지만 다른 노예들만큼 가혹하게 대우받지는 않았고, 제퍼슨은 결국 약속대로 샐리 헤밍스의 모든 아이들을 노예에서 해방시켰다.

제퍼슨과 헤밍스의 관계에 대한 소문은 제퍼슨의 생애 동안 돌았다. 제퍼슨에게 불만을 품은 언론인이자 그의 정치적 동지였던 제임스 칼렌더가 1802년 제퍼슨 대통령이 노예 헤밍스와의 사이에 아이를 가졌다고 공개적으로 비난했다. 제퍼슨은 칼렌더의 비난에 공개적으로 응답하지 않았지만, 소문은 계속되었다. 수세기 동안 역사가들은 이러한 주장의 진실성에 대해 논쟁을 벌여 왔다. 특히 19세기와 20세기 초에 어떤 사람들은 이를 근거 없는 것으로 일축하며 제퍼슨의 명예를 훼손하려는 노력의 일부로 여겼다. 그러나 헤밍스 가문을 통해 전해진 구전 역사에 따르면 이들은 실제로 자손들은 제퍼슨의 후손이었다. 1998년, 토머스 제퍼슨 기념재단(현재 토머스 제퍼슨 재단)은 오랜 논란을 해결하기 위해 DNA 연구를 후원했다. 에스톤 헤밍스(샐리 헤밍스의 막내아들)의 남성 계통 후손과 제퍼슨 가족의 남성 계통 후손들의 Y 염색체 DNA 검사를 실시했다. 결과에 따르면 에스톤 헤밍스의 후손들의 Y 염색체는 제퍼슨 가족의 Y 염색체와 일치했다. 토머스 제퍼슨과 샐리 헤밍스의 이야기는 권력, 착취, 숨겨진 역사에 대한 이야기이다. 이 발견은 미국 3대 대통령이자 독립선언문의 기초를 제공하여 미국인들이 가장 존경하는 인물 중의 하나인 토마스 제퍼슨에 관한 역사적 논란을 해결하는 데 있어 유전적 증거가 결정적인 역할을 했음을 잘 보여주는 사례이다.

CHAPTER 24

유전학의 오용은 위험한 역사를 만들 수 있다

과학적 지식은 양날의 검이다. 좋은 방향으로 쓰면 인류의 웰빙과 건강에 기여하지만 오용은 큰 재앙을 불러오기도 한다. 유전학은 생물 전체를 이해하고 식량 문제를 해결하며 많은 질병으로부터 인간을 보호해 주었지만 19세기 후반부터 20세기 초반에 많은 사람들을 불행하게 하고 죽음으로 몰아넣은 유전학의 오용 역시도 초래하였다.

우생학(Eugenics)은 선택적 번식, 불임 수술 및 기타 형태의 개입을 통해 인간의 유전적 품질을 개선하려는 관행 또는 잘못된 신념이다. 이 개념은 "인종적 순수성"과 "유전적 우월성"이라는 아이디어와 깊이 얽혀 있는 인간 역사상 가장 어두운 장을 만들어냈다. 우생학이라는 용어는 1883년 찰스 다윈의 사촌인 유전학이자 통계학자인 프랜시스 갈톤이 만들었다. 다윈의 자연선택 이론에 영향을 받은 갈톤은 "바람직한" 특성을 가진 사람들의 번식을 장려하고(긍정적 우생학) "바람직하지 않은" 특성을 가진 사람들의 번식을 억제하거나 막음으로써(부정적 우생학)

인류를 개선할 수 있다고 제안했다. 갈톤의 아이디어는 사회적 다윈주의에 뿌리를 두고 있으며, 이는 적자생존이라는 다윈의 개념을 인간 사회에 적용하여 종종 사회적 불평등을 유전적 차이의 자연스러운 결과로 정당화했다. 갈톤의 우생학은 세대를 거쳐 국가의 인간 집단을 "개선"하기 위해 인간의 번식을 통제하는 것을 목표로 했다. 우생학은 20세기 초, 특히 유럽과 미국에서 상당한 인기를 얻었으며, 범죄, 빈곤, 정신 질환, "정신박약"과 같은 사회적 문제를 해결하는 방법으로 여겨졌다. 우생학은 많은 과학자, 사회 개혁가, 정치인들에게 사회적 개선의 합법적인 방법으로 널리 받아들여졌으며, 종종 공중 보건과 진보적 개혁의 모습을 띠고 있었다.

미국은 20세기 초 우생학 운동의 주요 중심지였다. 미국 우생학 협회와 같은 우생학 조직은 특정 개인, 특히 정신 장애가 있는 사람, '정신박약자'로 간주되는 사람 또는 특정 인종의 사람들이 유전적으로 열등하다는 생각을 장려했다. 20세기 초의 미국 유전학회를 이끌던 리더들 중에도 우생학을 지지하는 학자들이 많이 있었다. 콜드스프링 하버 연구소는 현재에도 생물학 연구를 리드하는 저명한 연구소인데 이 연구소를 창립한 찰스 데븐포트(Charles Davenport)는 열렬한 우생학 지지자로 콜드스프링 하버 연구소에 우생학 기록 사무실을 만들었다. 스탠포드 대학교의 총장을 역임한 데이비드 조르단(David Jordan)은 미국 우생 유전학회의 창립멤버로 그는 우생학의 학계와 과학 기관에 대한 영향력을 강화하였으며 불임 수술과 인종 개선 정책에 대한 옹호를 통해 공공 정책에 지속적인 영향을 미쳤다.

버지니아 주의 Buck vs Bell 판결은 우생학에 대한 악명높은 판결이었다. 캐리 벅(Carrie Buck)은 버지니아주 샬롯트빌에서 정신박약 엄마 에마 벅으로부터 태어났다. 에마 벅은 버지니아주 간질병 및 정신박약자 보호소에 수용되어 '정신박약'하고 음란하다는 혐의를 받았다. 주 정부에서는 에마 벅의 딸 캐리 벅을 1920년 위탁 가정에 보냈는데 위탁 가정의 조카로부터 캐리 벅은 강간을 당한 후 17세에 임신을 하였다. 캐리 벅 또한 '정신박약' 선고를 받고 어머니가 수감되어 있는 버지니아 린치버그에 있는 버지니아주 간질병 및 정신박약자 보호소에 수감되었다. 캐리 벅이 수감된 후, 버지니아 당국은 주의 새로운 우생학법에 따라 그녀를 불임 수술하려고 했다. 그녀는 혼외 임신으로 인해 '정신박약'이라는 낙인과 도덕적 타락을 저질렀다는 비난을 받았다. 그녀의 딸 비비안 벅도 당시 아기였음에도 불구하고 엄마 캐리 벅의 상태가 유전되었을 것이라는 이유로 '정신박약'으로 분류되었다. 캐리 벅의 변호사는 그녀의 불임 수술의 합헌성에 이의를 제기하며 강제 불임 수술은 그녀의 권리, 특히 적법 절차 및 평등 보호의 권리를 침해한다고 주장했다. 반면 버지니아 주는 불임 수술법이 '유전적으로 열등한' 개인의 번식으로부터 사회를 보호하고 미래 세대가 유전적 결함으로 고통받는 것을 방지하기 위해 필요하다고 주장했다. 1927년 5월 2일, 미국 대법원은 버지니아의 불임 수술법을 지지하는 판결을 내렸다. 대법원 판사는 '명백히 사회에 부적합한' 사람들이 미래 세대에게 자신의 특성을 물려주는 것을 막는 것이 버지니아주에 합법적인 이익이 있다고 판결했다. 이 법은 다른 주에도 영향을 끼쳐 30개 이상의 주에서 우생학 법률에 따라 60,000명 이상에게 동의 없이 불임 수술을 하였다. 우생학에 의한 강제 불임은 1970년대에 대부분 중단되었다. 하지만 우생학은 미국에서 특히 아프리카계 미국인, 이민자 및 아메리카 원주민에 대한 인종 차별과 밀접하게 연관되어 있다. 우생학자들은 앵글로색슨족이 최상위에 있다는 인종의 위계를 믿었고, 이러한 사상을 이용하여 분리, 반이민법(1924년 이민법 등) 및 기타 형태의 인종 차별을 정당화했다.

나치 독일은 아돌프 히틀러 치하인 1930년대와 1940년대에 우생학의 원리를 가장 극단적이고 끔찍한 결론으로 가져갔다. 인종적 순수성과 아리아인의 우월성에 대한 사상을 기반으로 한 나치 우생학은 광범위한 불임 수술 프로그램, 장애인의 안락사 및 홀로코스트(집단 학살)를 초래했다. 나치 정권은 T-4 안락사 프로그램을 시행했는데, 이 프로그램으로 인해 신체 장애, 정신 질환 및 지적 장애가 있는 사람을 포함하여 20만 명 이상의 장애인이 가스실, 독극물 주사 또는 굶어 죽임을 당했다. 나치 우생학은 홀로코스트로 절정에 달했는데, 약 600만 명의 유대인과 슬라브인, 정치적 반체제 인사를 포함한 수백만 명의 다른 사람들이 살해되었다. 홀로코스트는 나치 정권에 의해 '아리아 인종'을 정화하고 열등한 집단을 제거하는 방법으로 정당화되었다. 제2차 세계대전 후 나치 독일의 잔혹 행위가 세상에 밝혀진 후, 우생학은 깊은 불명예를 안게 되었다. 홀로코스트의 공포는 유전적 '순수성'에 대한 사이비 과학적 원리를 사회 정책에 적용하는 것의 위험성을 드러내었다. 그 후 우생학 법률, 특히 강제 불임화 법률은 많은 국가에서 폐지되었다. 그러나 일부 지역에서는 수십 년 동안 강제 불임화가 계속되었으며, 스웨덴은 1975년에야 중단했다.

우생학 운동은 중대한 윤리적 문제와 과제를 제기한다. 우생학은 '부적합'하거나 '열등'하다고 간주하는 개인에게 강제 불임 수술, 기관화, 극단적인 경우 안락사를 시행함으로써 기본 인권을 침해했다. 장애인,

빈곤층, 인종적 소수자를 포함한 취약 계층을 표적으로 삼는 것은 권력의 심각한 남용이며 모든 인간이 동등한 가치와 권리를 가지고 있다는 원칙을 근본적으로 위반하는 것이다. 우생학은 인종주의와 계급주의와 깊이 얽혀 있었다. 많은 국가에서 우생학 정책은 소외된 사회, 특히 인종적 소수자, 이민자, 빈곤층을 표적으로 삼았다. 이러 집단은 종종 유전적으로 열등하다고 묘사되었고 강제 불임 수술, 기관화 또는 제한된 이민 정책의 대상이 되었다. 생식을 통제하여 인류를 개선한다는 우생학의 개념은 필연적으로 차별로 이어졌고 인종, 계급, 장애에 따른 사회적 위계를 강화했다.

우생학 운동은 유전학과 인간 유전에 대한 오해에 기반을 두었다. 우생학자들은 종종 지능, 행동, 도덕성과 같은 복잡한 특성을 지나치게 단순화하여 환경 및 사회적 요인을 고려하지 않고 단순하게 유전적 원인으로 돌렸다. 인종적 우월성이나 열등성에 대한 믿음이나 어떤 특성이 전적으로 유전에 기인한다는 것과 같은 사이비 과학적인 가정으로 차별적 관행을 정당화하였다. 이러한 견해는 현대 유전학에 의해 철저히 부정되고 신뢰를 잃었다. 현대 유전 기술은 인간 건강에 놀라운 약속을 제공하지만 우생학의 유산은 생명공학 기술 발달로 인간 생식과 유전학을 통제하는 데 따르는 윤리적 과제를 상기시킨다. 이에 대해서는 4부에서 자세하게 다룬다.

우생학이 유전학 이론의 오용에서 유래했다면, 다음의 사례는 그릇된 사이비 유전학의 위험을 보여준다. 트로핌 리센코(1898-1976)는 1920년대에 농업 생산성을 개선하기 위한 연구, 특히 작물 수확량을 늘리는 혁신적인 기술을 개발했다는 주장으로 명성을 얻은 소련의 농학자였다.

그는 멘델 유전학과 유전의 원리를 거부하고 대신 라마르크주의로 알려진 학설을 지지했다. 그는 환경 조건이 식물과 동물의 특성에 직접적인 영향을 미치고 영구적으로 변화시킬 수 있다고 제안했다. 리센코주의로 알려지게 된 리센코의 아이디어는 유전에서 유전자의 역할을 거부하고 대신 획득된 특성이 미래 세대로 전달될 수 있다는 아이디어를 옹호했다. 예를 들어, 씨앗을 특정 환경 조건(예: 추위나 습기)에 노출시키면 특성이 바뀌어 혹독한 기후에 더 적합해질 수 있다고 주장했다. 리센코는 자신이 발견한 춘화작용과 같은 이론에 근거하여 씨앗을 추운 기온에 노출시키면 혹독한 기후에 더 잘 견디고 수확량이 늘어날 것이라고 믿었다. 그는 또한 작물을 가까이 심는 것을 옹호하면서 같은 종의 식물은 서로 경쟁하지 않으므로 수확량을 늘리려면 서로 가까이 심어야 한다고 주장했다. 이는 작물이 너무 빽빽하게 심겨져 있으면 영양소, 햇빛, 물을 놓고 경쟁하여 수확량이 줄어든다는 기존 농업 과학과 모순되었다. 리센코의 성공 주장은 종종 위조되거나 과장된 데이터에 근거했으며, 그의 기술은 과학적으로 허구임에도 불구하고 소련 전역에 널리 구현되었다.

리센코의 아이디어는 초기 소련 지도자들, 특히 스탈린에게 지지를 받았다. 인간과 자연은 환경에 의해 형성될 수 있다는 마르크스-레닌주의 이념과 일치했고, 멘델과 모건과 같은 과학자들이 주장한 유전학이 "부르주아적"이거나 결정론적이라는 이유로 배척되었다. 반면 리센코의 접근 방식은 농업과 사회가 환경적 요인을 조작함으로써 개선될 수 있다고 제안했고, 1920년대와 1930년대 러시아의 절실한 문제였던 기근과 식량 부족에 대한 실용적인 해결책처럼 주장되었다. 그의 주장은 광범위한 과학적 연구나 유전학에 대한 투자 없이도 식량 안보를 빠르게 달성할 수 있을 것 같았기 때문에 스탈린의 적극적인 지지를 얻었다. 소련은 리센코를 국가의 농업 문제를 해결한 천재로 칭송했지만, 그의 방법은 광범위한 실패로 이어졌고 수백만 명이 굶주림에 시달렸다.

유전자가 유전의 기본 단위라는 생각에 기초한 멘델 유전학은 20세기 초 과학계에서 널리 받아들여졌지만, 리센코는 멘델 유전학을 반동적이고 마르크스주의 이념에 반하는 것으로 일축했다. 대신 그는 외부 조건이 유전에 직접적으로 영향을 미칠 수 있다는 생각, 즉 라마르크주의의 한 형태를 홍보했다. 리센코가 멘델 유전학을 거부한 것은 스탈린의 권력 강화와 일치했다. 스탈린 치하에서 소련 국가는 점점 더 전체주의적이 되었고 과학적 증거에 기초한 반박을 포함한 반대 의견도 용납할 수 없었다. 그 결과, 리센코의 아이디어는 소련 정부에 의해 받아들여졌을 뿐만 아니라 공격적으로 홍보되었다. 리센코는 소련 농업 과학 아카데미의 책임자가 되었고, 그곳에서 자신의 권한을 사용하여 자신의 아이디어를 추진하고 반대 의견을 억압했다. 리센코의 영향으로 멘델 유전학과 유전학자의 연구는 "부르주아 사이비 과학"이라는 낙인이 찍혔고, 리센코의 사상에 반대하거나 고전 유전학 분야에서 일한 유전학자는 박해를 받거나 투옥되거나 심지어 처형당하기도 했다. 가장 유명한 희생자 중 한 명은 작물 다양성에 대한 중요한 연구를 개척한 뛰어난 유전학자이자 식물 생물학자인 니콜라이 바빌로프였다. 바빌로프는 1940년에 체포되어 1943년에 감옥에서 사망했다. 리센코에 반대했던 다른 과학자들도 비슷하게 박해를 받았다. 많은 사람이 직장을 잃거나 노동 수용소로 보내지거나 처형당했다. 이 기간 동안 지적 자유에 대한 억압은 유전학을 훨씬 넘어 확대되었고, 많은 과학적 탐구 분야의 발전을 저해했다. 그 결과는 소련이 유전학에서 다른 나라들보다 뒤처지게 되고, 20세기 중반 DNA 발견과 분자 생물학의 출현과 같은 중요한 연구에 동참하지 못하게 되는 것으로 이어졌다. 1953년 스탈린이 사망한 후 리센코의 영향력은 약해졌다. 흐루시초프가 이끄는 새로운 소련 지도부는 처음에는 리센코를 지지했지만, 1960년대에 그의 농업 정책이 실패하고 유전학의 중요성이 점점 더 인식되면서 그는 소외되었다. 1964년 과학계의 압력이 커지면서 소련 정부는 유전학 분야에 활력을 불어넣기 시작했다. 리센코는 권위 있는 자리에서 물러났고, 멘델 유전학이 다시 소련 과학계에서 받아들여졌다.

우생학과 **라이센코주의**는 유전학의 어두운 장으로 유전학의 오용과 남용이 과학적 권위, 사회적 권력, 인권에 대해 심각한 결과를 초래한 것을 보여준다. 우생학은 미국에서의 강제 불임 수술에서 홀로코스트에 이르기까지 대규모 차별, 인종 차별, 폭력을 정당화하는 데 사용되었으며, 라이센코주의는 정치적 이념이 과학적 증거를 무시하도록 허용하는 위험성을 보여준다.

CHAPTER
25

농업의 발전은 유전다양성 감소를 초래할 수 있다

농업은 약 10,000~12,000년 전, 신석기 혁명으로 알려진 시기에 시작되었다. 이와 함께 우리 조상들은 사냥과 채집 생활을 하던 유목 생활에서 정주하는 농경 사회로 전환하게 되었다. 이 전환은 세계 여러 지역에서 독립적으로 일어났다. 현재 기준으로 인류의 역사를 30만 년 규모의 하루 시계에 비유하면 인류는 자정부터 새벽, 정오, 일몰까지 하루를 거의 내내 수렵 채집인으로 살다가 오후 11시 04분에 정착하여 직접 재배를 하는 농업을 채택했다. 돌이켜보면 농업은 불가피한 결정이었고, 이제는 철회할 여지도 없다. 하지만 수렵·채취 사회에서 인간들의 주 영양원은 육류였으며 식물 유래 음식은 육식의 보조 영양원이었다. 그러므로 우리는 식물을 소화시키는 효소를 암호화한 유전자들보다 육류를 소화시키는 효소를 암호화하는 유전자들이 더 많다. 농업은 야생 식물들 중 종자가 수확기까지 잘 떨어지지 않아서 수확하기에 편리하며 수확량이 많고 영양가가 높은 식물들을 골라 키우기 시작하면서 시작되었다. 야생 동물들 중 유순하여 길들이기 좋고 고기 양이 많이 나고 우유나 알 등을 많이 생산하는 야생 동물들도 더불어 같이 길들였다. 본 장에서는 야생 식물을 순화시켜 작물화한 농업을 주로 설명하고 야생 동물을 길들여서 기르기 시작한 것은 다음 장에서 다룬다.

이스라엘 히브류 대학 인류학 교수인 유발 노아 하라리(Yuval Noah Harai)는 그의 유명한 저서 "호모 사피엔스: 인간의 간략한 역사"라는 저술에서 농업을 '농업 혁명'이라고 묘사하며 농업에 대한 비판적이고 미묘한 관점을 제시하였다. 일반적으로 많은 사람들은 농업이 초기 인류 생존에 매우 유리하게 작용했다고 생각한다. 하지만 그는 농업이 초기 인간의 개인적 삶에 반드시 긍정적인 역할을 하지 못하였으며 수렵·채취 사회에서 농업 정부사회 전환은 "역사상 가장 큰 재앙"이라고 주장했다. 그의 견해는 농업으로 인해 식량 생산이 늘어났지만 수렵·채취 생활 방식에 비해 더 힘든 육체노동, 사회적 불평등, 건강 악화와 같은 수많은 문제들이 발생했다는 것이다. 그의 주장에 따르면 농업으로 식단의 다양성이 감소했고 밀, 쌀, 옥수수와 같은 몇 가지 주요 작물에 지나치게 의존하게 되어 사람들이 기근과 영양 결핍에 더 취약해졌다. 아프리카 칼라할리 사막 지역에 사는 부시맨들은 20세기 현재에도 농경사회 이전처럼 수렵·채취 생활을 하고 있다. 캘리포니아 대학교 로스엔젤레스 캠퍼스의 인류학 교수인 자레드 다이아몬드(Jared Diamond) 교수는 그의 저서 "세 번째 침팬지"에 부시맨들이 매주 식량을 구하는데 소요하는 시간은 12~19시간에 불과하여 현재 농업인들의 노동 시간에 비하면 훨씬 적다고 적시하였다. 농업인들은 쌀, 옥수수, 밀, 감자 등 고 탄수화물 작물에 집중하는 반면 부시맨의 식단은 야생 식물과 동물을 혼합하여 더 많은 단백질과 여러 가지 영양소의 더 나은 균형을 제공하는데 부시맨의 일일 평균 음식 섭취량은 2,140칼로리 정도로서 현재 도시인들의 칼로리 섭취량보다 오히려 많다. 고대인들의 두개골과 뼈 화석을 연구하는 고병리학자들의 연구 결과에 의하면 빙하기가 끝날 무렵 그리스와 터키 지방에 살던 수렵·채취인들의 평균 키는 남자의 경우 5피트 10인치(177cm), 여자의 경우 5피트 6인치(165cm)였다. 농업이 도입되면서 키가 작아져서 기원전 4,000년에는 남성의 경우 5피트 3인치(160cm), 여성의 경우 5피트 1인치(155cm)였다. 그 후 다시 아주 천천히 키가 커졌지만 현대 그리스인들과 터키인들은 여전히 건강한 수렵 채집인 조상들의 키에 도달하지 못했다. 그리고 농업은 자연 재해나 병해로 자주 기근을 겪지만 85종의 식용 야생 식물을 활용하는 부시맨들이 굶어 죽는다는 것은 거의 상상할 수 없다고 다이아몬드 교수는 주장한다.

하라리 교수는 농업 혁명으로 인해 사유 재산, 사회적 위계, 복잡한 사회가 확립되어 일부 사람들이 부(토지, 작물, 가축)를 축적하기 시작하고 다른 사람들은 노동자가 되면서 사회적 불평등이 심화되었으며, 심지어 농업으로 인간이 식물을 길들인 것이 아니라 식물이 인간을 "길들였다"고 주장한다. 그는 밀과 쌀과 같은 작물을 재배하려면 인간이 환경을 바꿔야 했으며(쟁기질, 관개, 잡초 제거 등), 그로 인해 더 엄격하고 노동 집약적인 생활 방식에 갇혔다고 설명한다. 또한 농업이 인지 혁명에 영향을 미쳐 많은 사람들이 협력하고 복잡한 사회를 형성하고 결국 농업 시스템을 만들 수 있었지만 이러한 변화가 단기적으로 사람들을 더 행복하거나 건강하게 만든 것은 아니라고 주장한다. 전반적으로 하라리의 농업에 대한 관점은 농업이 인간 역사에서 기념비적인 전환점이었지만 건강, 행복, 사회 구조에 상당한 비용을 초래했다는 것이다.

지구상에는 현재 약 37만종의 식물이 있는데 이 중에서 식용이 가능한 식물은 75,000종이다. 식용 가능한 식물들 중에서 인간이 재배하는 식물들은 120종이며 이 중에서 밀, 쌀, 옥수수 등 3대 작물이 인간들이 섭취하는 영양분의 50% 정도를 담당한다. 농업이 인류에게 지속적으로 식량을 공급하여 인구 증가에 기여한 것은 사실이지만, 현재에도 전 세계 인구의 약 10% 정도는 만성적인 식량부족으로 인한 기아에 고생한다. 농업 경제학자들은 전 세계적으로 식량 생산이 부족한 것이 아니고 내란, 지역적인 가뭄, 기후 변화 등에 의해 저개발국가에서 식량 부족 현상이 일어나고 있다고 설명한다. 녹색혁명이 일어난 1960년대와 1970년대까지만 해도 우리나라를 포함하여 많은 국가들이 만성적인 식량 부족을 겪고 있었다. 녹색 혁명으로 전 세계, 특히 개발도상국에서 식량 생산이 극적으로 증가하였다. 이 혁명은 화학 비료, 살충제, 관개 시스템 사용과 같은 현대 농업 기술과 함께 주요 작물의 새로운 고수확 품종의 도입에 의해 가능해졌다. 녹색 혁명의 성공은 주로 식물의 유전적 개량에 기반을 두었다. 이전의 작물들은 키가 크고 줄기가 약하여 바람에 약하고, 특히 곡물이 많이 달리면 쓰러져서 수확량이 적었다. 하지만 식물 크기를 조절하는 유전자 돌연변이인 반 왜성 유전자 *Sd1* (semi-dwarf 1)과 *Rht*(Reduced height)를 가진 작물들은 잘 쓰러지지 않고 곡물이 많이 달려도 수확기까지 그대로 서 있었다. 이들은 또한 비료에도 잘 적응해서 튼튼하게 잘 자랄 수 있었다. 우리나라 재래종 밀인 농림10호는 *Sd1*과 *Rbt* 변이를 가지고 있어서 소위 “앉은뱅이 밀”이라 불렸는데, 이것을 멕시코의 국제 밀·옥수수 연구소의 연구원인 노만 볼락(Norman Boulag) 박사가 멕시코 밀과 교배하여 ‘소노라 64호’라는 품종을 만들어 전 세계에 보급하여 식량 증산을 통해 녹색 혁명을 이끌었다. 반 왜성 밀 품종의 도입은 인도와 파키스탄과 같은 나라에서는 국가의 농업에 혁명을 일으켜 10년 안에 밀 생산량이 두 배로 증가하여 식량 자급을 달성할 수 있었다. 이 공로로 볼락 박사는 1970년에 노벨 평화상을 받았다. 우리나라 재래종 밀이 녹색혁명에 공헌한 것은 대단한 일이다. 필리핀에 있는 국제 미작 연구소(IRRI)는 벼를 연구하는 국제연구소인데, 인도네시아 품종 Peta와 *Sd1* 유전자를 가진 반 왜성 중국의 재래종 Dee-geo-woo-gen(DGWG)을 교배한 후 선발하여 IR8 이라는 품종을 만들었다. IR8 벼는 아시아에서 전통적인 벼 품종에 비해 헥타르당 훨씬 더 많이 생산할 수 있는 능력 때문에 "기적의 벼"라는 별명이 붙었다.

하지만 녹색 혁명의 어두운 면도 있다. 고수확 반왜성 품종은 화학비료, 살충제, 관개에 상당한 투입이 필요했으며, 이는 토양 황폐화, 물 고갈, 오염과 같은 장기적인 환경적 문제로 이어졌다. 그리고 반왜성 품종을 재배하는 데 필요한 경비를 감당할 수 없는 소규모 농부는 종종 녹색 혁명의 혜택을 받지 못하여 일부 지역에서 불평등이 확대되는 결과를 가져왔다. 마지막으로 반왜성 엘리트 품종의 광범위한 채택으로 인해 작물의 유전적 다양성이 감소하여 농업이 해충과 질병에 더 취약해졌다.

엘리트 품종의 재배는 녹색 혁명을 이끈 벼, 밀, 옥수수뿐 아니라 다른 작물에도 유전적 다양성 감소라는 심각한 결과를 초래하였다. 엘리트 품종의 장기 재배로 인한 유전적 다양성 감소를 유전적 침식이라 한다. 유전적 침식으로 인하여 현대의 작물 품종들은 질병, 해충 및 환경 변화에 더 취약해졌다. 녹색 혁명은 식량 부족과 기근을 피하는 데 도움이 되었지만, 유전적 다양성의 상실은 글로벌 농업의 장기적 지속 가능성에 중대한 과제를 안겨주었다. 육종가들이 교배하고 선발한 엘리트 품종과는 달리 재래종들은 자연 선택과 오랜 기간 동안 농부들에 의해 선발되어 특정 지역에 적응된 전통적인 작물이다. 이러한 재래종들은 유전적으로 다양하며 종종 지역 환경 조건에서 번성할 수 있는 광범위한 특성을 보이며 지역 해충, 질병 및 기후 조건을 견뎌내는 데 적합하다. 국제 미작 연구소에는 세계의 다양한 지역에서 수집한 130,000종의 재래종 벼들을 수집하여 보관하고 있다. 하지만 현재 재배되고 있는 벼들은 고작해야 20여 종 안팎의 품종들 간의 교배에 의해 선발된 것들로 재배종 벼의 유전적 다양성은 이들 20여 종이 가지고 있는 유전자 풀을 벗어나지 못한다.

무성생식 작물은 유성생식이 아닌 클론생식을 통해 번식되기 때문에 유전적 침식에 더 취약하다. 이 방식을 통해 얻은 모든 자손은 모식물과 유전적으로 동일하므로 균일성을 보장하지만 유전적 다양성을 제한하여 질병, 해충 및 환경 변화에 더 취약하게 만든다. 종자가 아닌 영양체로 무성생식하는 감자와 바나나의 유전적 침식의 예를 소개한다. 19세기에 아일랜드 지역 대부분 사람들은 감자를 주식으로 생활하였고, 생산성이 높은 럼퍼(Lumper)라는 감자 품종을 재배하였는데 1845년에 곰팡이성 질병인 감자 역병(*Phytophthora infestans*)이 아일랜드를 강타했다. 럼퍼 품종은 저항성 유전자를 가지고 있지 못하여 역병이 만연하여 감자 재배가 실패하였다. 이로 인해 대규모 기근이 발생하여 약 100만 명이 사망하였다. 이를 아일랜드 감자 기근(Irish Potato Famine)이라 하는데 아사를 피하기 위해 많은 아일랜드인들이 미국으로 이주를 하였다. 무성 생식으로 번식된 감자는 유전적 변이가 없기 때문에 콜로라도 감자 딱정벌레와 같은 해충에 더 취약하다. 현대 감자 농사는 이러한 유전적 다양성 부족으로 인해 계속해서 어려움에 직면해 있다. 육종가들은 야생 근연종을 교배하여 다양성을 도입하려고 하지만 상업용 감자 재배는 여전히 클론 번식에 의존한다.

바나나는 또한 무성생식으로 번식한다. 바나나 농장은 대부분 맛이 좋고 수량성이 높은 우량 품종인 캐번디시를 재배하고 있다. 그로스 미셸(Gros Michel) 바나나는 20세기 중반까지 주요 상업용 품종이었으나, 파나마병(푸자리움 옥시스포룸이 유발하는 균류 병원균)에 의해 멸종되었다. 그 후 바나나 육종가들은 그로스 미셸 품종을 대체한 캐번디시 바나나 품종을 육성하여 현재까지 대부분의 바나나 농장은 캐번디시 품종을 재배하고 있다. 하지만 캐번디시 품종도 새로운 파나마병(열대성 품종 4 또는 TR4) 균주로 인해 막대한 피해를 입고 있다. 바나나 육종가들은 유전적 다양성이 높은 바나나의 야생 근연종을 사용하여 질병에 강한 바나나를 번식시키려는 노력을 하고 있으나 캐번디시의 맛과 질병 저항성을 능가하는 새로운 품종을 번식시키는 것은 상업용 바나나 품종들의 유성 생식 능력이 부족하기 때문에 매우 힘든 작업이다.

유전적 침식을 막기 위해 육종, 유전자 은행, 생명공학 혁신을 통해 유전적 다양성을 도입하려는 노력이 이루어지고 있다. 유전자원은 한 번 소멸되면 다시 회복되지 않는다. 이미 우리는 농업의 시행과 엘리트 품종 재배로 많은 귀중한 재래종들을 잃었다. 유전자원을 확보하고 보존하며, 농업 생물 다양성을 증진하고, 전통 작물 자원을 보존하려는 노력은 식량 시스템의 회복력을 보장하는 데 중요하다. 작물의 유전적 침식을 관리하는 것은 여전히 세계 식량 안보에 중요한 문제로 남아 있다.

노아의 방주는 구약성서에 실린 신화로서 홍수를 통한 인류의 대심판과 의로운 삶을 다루고 있다. 여기에서 주목할 것은 우수한 유전자원에 대한 가치를 설명한 내용이지만 대홍수는 실제 사건이 아닌 신화적 내용으로 알려졌다. 하지만 현대판 노아의 방주로 알려진 전 세계 유전자원은행이 실제로 존재한다. 북극점에서 가까운 노르웨이령 스발바르 제도의 스피츠베르겐 섬은 빙하에 덮여있는 영구 동토이다. 스발바르 국제종자저장고는 산속 130m 갱도 끝에 450만 점을 보존할 수 있는 3개의 종자저장고를 갖추고 있으며 각종 재난과 재해에 견딜 수 있게 설계돼 있으며 세계 각국에서 보낸 수백만 종의 종자가 저장되어 있다. 저장고의 온도는 영하 18도로 유지하고 있어서 종자의 신진대사를 최대한 늦춰 장기간 저장이 될 수 있다. 이 저장고의 소유권은 노르웨이 정부지만 이곳에 저장된 종자에 대한 권리는 종자를 제공한 국가가 갖는다. 이와 비슷한 시설이 각국에도 존재하는데 우리나라에는 농촌진흥청의 '농업유전자원 센터'와 산림청의 '국립백두대간 수목원'에서 수백만 점의 종자를 저장하고 언제든 활용할 수 있도록 유지하고 있다. 최근 유전자원은행에 저장되는 식물종들에 대한 범유전체 분석이 진행되면서 이들 자원의 중요성은 더욱 부각되고 있다. 이전까지 동일한 종은 동일한 수의 유전자를 가진다고 알고 있었지만 동일 종내 각각의 자원은 수백에서 수천 개의 독특한 유전자를 가지고 있으므로 전 세계에 분포하는 다양한 자원을 잘 보존하고 활용하는 것은 더욱 중요하다고 할 수 있다.

CHAPTER 26

야생식물과 동물의 순화를 통한 우량 품종 육성의 역사

농림축산식품부 조사에 의하면 2021년 기준으로 우리나라에 반려동물로 개가 517만 마리이고 고양이가 225만 마리이며 반려동물 양육 가구가 638만 가구라 한다. 몇 년 전의 자료이므로 현재에는 더 늘었을 것이다. 소, 돼지, 닭과 같은 가축과 반려 동물들은 인간이 농업을 시작할 때 야생의 동물들을 길들이며 시작되었을 것이다. 고고학적 발견은 식물의 작물화와 동물의 가축화가 초기 농경 사회에서 동시에 일어났음을 뒷받침한다. 예를 들어, 고고학자들은 초기의 농업 발상지 중에 하나인 서남아시아 지중해 지역의 비옥한 초승달 지대에서 거의 같은 시기에 재배화된 초기 곡물(밀과 보리 등)과 가축화된 동물(염소와 양 등)의 증거들을 발견했다. 인간이 농업을 통해 잉여 식량을 생산함에 따라 인구가 증가했고, 더 복잡한 사회가 등장했다. 식물과 동물의 길들임은 사회적, 문화적 변화를 상당히 가져왔다. 식량을 저장할 수 있는 능력은 노동의 전문화, 무역의 발전, 그리고 결국 도시와 문명의 발전을 가능하게 했다.

러시아 시베리아의 노보시브르스크에 있는 세포학 및 유전학 연구소의 드미트리 벨라예프 박사는 1959년부터 1985년 사망할 때까지 야생의 은여우를 이용하여 야생 동물이 길들여지는 데 얼마나 오래 걸리는지 실험을 했다. 그는 개를 포함한 동물 길들이기에서 핵심 요인은 외모나 신체적 특성에 따른 선택이 아니라 행동적 선택이라고 가정했다. 그는 초기 인간 조상들이 인간에게 더 관대하고 덜 공격적인 동물을 선호하여 선발함으로써 야생 동물을 길들였다고 제안했다. 시간이 지남에 따라 행동에 대한 선택은 외모와 생리학을 포함한 다른 변화로 이어질 수 있다고 생각했다. 그의 목표는 인간에게 공격적이지 않은 행동을 계속 선발하여 여우를 얼마나 빨리 길들일 수 있는지 테스트하는 것이었다. 그는 인간과의 상호작용에 대한 행동 반응을 기준으로 여우들을 4등급으로 나누어 선별한 후 인간을 두려워하지 않는 가장 차분하고 공격성이 낮은 개체들을 선발하여 세대를 이어갔다. 야생 은색여우들은 불과 몇 세대 만에 행동뿐만 아니라 외모에서도 눈에 띄는 변화를 보이기 시작했으며, 다른 길들여진 동물(예: 개)에서 볼 수 있는 특성들과 유사하게 변했다. 신체적 특성으로 늘어진 귀, 곱슬 꼬리, 얼룩덜룩한 털 패턴, 두개골과 사지 비율의 변화가 나타났고, 행동적 특성으로 사교성 증가, 짖기, 꼬리 흔들기, 인간에 대한 두려움이 감소했다. 선발된 여우들은 생리적으로도 변하여 아드레날린 수치 감소와 같은 호르몬 수치의 변화를 보였으며, 이는 길들여진 동물들이 더 차분한 태도를 보이는 것을 설명한다.

실험 결과는 소위 "가축화 증후군"으로 알려진 신체적 및 행동적 특성을 보이는 것으로 나타나, 길들인 종(개, 고양이, 돼지 등)에서 보이는 외모적 변화와 행동적 유연성이 나타나고 있었다. 이러한 결과는 행동을 선택하는 것만으로도 외모와 생리에 광범위한 변화가 생길 수 있다는 생각을 뒷받침한다. 그의 실험 결과는 또한 강력한 선택하에 길들이기가 비교적 빠르게 일어날 수 있음을 시사하며, 행동적 특성이 유전되고 특정 유전자와 관련이 있음을 암시한다. 이후 그의 사후에 시행된 유전적 연구에서 길들임은 신경 및 호르몬 시스템과 관련된 비교적 소수의 유전자의 변화와 관련이 있을 가능성이 있다고 밝혀졌다. 그의 실험 결과의 중요한 의미는 인간-동물 관계이다. 길들임은 주로 비공격적이고 우호적인 행동을 선택함으로써 이루어졌을 수 있으며, 이는 동물의 신체적 변화로 이어졌음을 뒷받침한다.

개는 늑대로부터 길들여진 동물이었으며 이것은 인류 역사에서 최초로 인간이 길들인 야생동물이라는 것이 많은 학자들의 의견이다. 일부 추정에 따르면 이 과정은 정착 농업이 시작되기 전인 20,000~40,000년 전에 유라시아 대륙에서 시작되었다. 개 길들이기의 과정 초기에는 인간과 늑대 사이의 공생 관계였으며, 두 종 모두 협력 관계에서 이익을 얻었다. 야생의 늑대에서 인간에게 길들여진 초기의 개들은 인간에게 지속적으로 식량을 공급받았을 것이다. 개 길들이기가 인간 진화에 영향을 미쳤을 수 있는 시나리오들이 여러 가지가 있다. 첫째는 향상된 사냥 능력이다. 인간과 개가 협력함으로써 더 효율적으로 사냥을 할 수 있었고, 이는 호모 사피엔스가 식량을 확보하는 데 도움이 되었다. 개는 장시간 먹이를 추적하고, 동물을 잡거나 몰아넣는 데 도움이 되며, 인간을 포식자로부터 보호할 수 있었다. 두 번째 시나리오는 보호 및 방어이다. 개는 인간 집단을 보호하고 잠재적 위협이나 포식자에 대한 경고를 제공하고 침입자로부터 캠프를 방어할 수 있다. 이는 위험한 환경에서 사는 초기 인간들에게 특히 귀중했을 것이며, 개가 없었다면 살기 어려웠을 새로운 환경에 정착하는 데 도움이 되었을 것이다. 세 번째 시나리오는 개의 청소 동물로서의 능력이다. 초기 인간은 개의 뛰어난 후각 능력으로부터 이익을 얻었을 수 있으며, 이는 추가 식량원을 제공할 수 있었을 것이다. 개는 인간이 찾기 어려운 동물의 사체를 찾고 동물의 고기, 뼈 또는 다른 부분을 소비하는 데 도움이 되었을 것이다. 마지막 네 번째 시나리오는 개의 존재가 초기 인간 집단 내의 사회적 응집력에 기여했을 가능성이다. 길들여진 개는 인간들 사이에서 유대감을 형성하는 데 도움이 되었고, 동반자와 정서적 지원을 제공했을 것이다. 일부 연구자들은 인간이 개를 길들일 수 있는 능력이 네안데르탈인보다 뛰어난 호모 사피엔스의 광범위한 인지적 발전을 반영하는 것이라고 추측한다.

야생 늑대를 개로 길들이는 것이 현생 인류 호모 사피엔스가 네안데르탈인을 이기는 데 도움이 되었다는 생각은 네안데르탈인이 멸종하였지만 호모 사피엔스가 살아남은 이유에 대한 논의와 관련되는 흥미로운 이론이다. 이 이론을 확인할 확실한 증거는 없지만, 개와의 공생이 초기 인간에게 네안데르탈인보다 우위를 제공했을 수 있다. 네안데르탈인은 숙련된 사냥꾼이었지만, 호모 사피엔스의 사냥은 개와 인간의 파트너십으로 가능해진 협력 전략 덕분에 더 효율적이었을 것이다. 호모 사피엔스가 개의 도움으로 더 큰 사냥감을 사냥하거나 더 많은 먹이를 잡을 수 있었다면, 이는 제한된 사냥감을 가지고 경쟁하며 식량을 확보하는데 상당한 이점을 제공했을 것이다. 개를 길들인 호모 사피엔스는 개가 인간에게 새로운 환경을 개척하도록 돕고, 위험에 대한 경고 시스템을 제공했기 때문에 영토 범위를 더 효과적으로 확장할 수 있었을 것이다. 이를 통해 호모 사피엔스는 핵심 자원과 영토확보에 네안데르탈인을 능가할 수 있었을 것이다. 한편 이것은 흥미로운 가설이기는 하지만, 많은 학자들은 개 길들이기가 호모 사피엔스가 네안데르탈인을 능가하는 데 직접적으로 도움이 되었다는 생각은 여전히 추측에 불과하다고 주장하기도 한다. 이들은 네안데르탈인의 멸종에 기후 변화와 질병과 같은 다른 요인들과 복합적으로 작용하여 개의 길들임이 어느 정도 역할을 했을 가능성이 있다는 것은 인정한다.

개의 길들이기가 정확히 몇 번에 걸쳐 이루어졌는지는 여전히 과학적 논쟁거리지만, 지배적인 이론은 개 길들임이 인간 역사에서 적어도 한 번, 아마도 두 번 일어났을 가능성이 있다. 시간이 지남에 따라 여러 지역에서 여러 늑대 개체군들과 개들이 교배했을 것으로 생각되지만 모든 현대 개 품종의 시초가 된 원래의 개체군은 수백 마리에 불과했을 가능성이 크다. 이 작은 개체군에서 수천 년간의 인간 주도적 선택을 거쳐 오늘날 존재하는 다양한 개 품종이 탄생했다. 개 품종은 현재 인간의 여러 목적이나 취향에 맞게 교배 선발하여 약 360여 종 이상이다. 덩치가 송아지만 하고 몸무게가 100kg이나 되는 잉글리쉬 마스티프 종과 몸무게가 대략 2kg도 안 되는 치와와 품종이 모두 동일한 종으로 학명이 둘 다 *Canis lupus familiaris*이다. 개 품종 육종가들의 실력이 대단하다. 하지만 처음 개체군 수가 적어서 창시자 효과로 설명되는 유전자 풀이 한정적이어서 안타깝게도 많은 개들이 여러 가지의 선천적 질병들로 고생한다.

가축 중에서 소만큼 인간에게 헌신적인 도움을 주는 동물은 없다. 소는 농경사회에서 매우 중요한 역할을 했다. 우리나라가 산업화되기 전에 소는 노동력, 운송, 목돈 마련 등에 농가의 매우 중요한 자산이었으며 아직도 개발도상국들 중 많은 국가에서 소가 가족의 제일 중요한 자산이다. 가축화된 소(*Bos taurus*)의 야생 조상은 오록스(Aurochs)(*Bos primigenius*)로, 한때 유럽, 아시아, 북아프리카를 돌아다녔던 대형 야생 소이다. 오록스는 강력하고 위엄 있는 동물로, 현대 가축 소보다 훨씬 컸으며, 수컷은 어깨 높이가 최대 2m, 무게는 최대 1,500kg(약 3,300파운드)에 달했다. 오록스의 가축화는 약 10,000년 전에 두 개의 별도 지역에서 시작되었다. 오록스는 남서아시아에서 대부분의 현대 유럽 및 아시아 소를 포함하는 우리가 흔히 보는 가축화된 소(*Bos taurus*)로 되었고, 가축화가 일어난 다른 한 곳은 현재의 인도 및 파키스탄 지역으로 이곳에서 독특한 혹이 있고 더운 기후에 적응한 인도 가축 소(*Bos indicus*)로 순화되었다. 여러 세대에 걸쳐 가축화된 소는 크기, 기질 및 생산성 측면에서 야생 오록스 조상과 다르게 변하였다. 가축화를 위해 선발된 유전 형질들은 오록스보다 덩치가 작고, 온순하며, 더 나은 우유 또는 고기 생산과 같은 특성 등이다.

우리 조상들은 소, 염소, 양과 같은 가축을 길들이기 전에는 동물의 우유를 정기적으로 섭취하지 않았을 것이다. 길들이기 전의 야생 동물의 우유를 얻는 것은 위험하고 비실용적이었을 것이다. 인간이 정기적으로 우유를 식량원으로 이용할 수 있게 된 것은 신석기 시대인 약 10,000년 전에 소와 다른 반추동물의 가축화가 이루어진 시기였을 것이다. 이 후에 동물의 젖을 짜서 마시거나, 치즈, 버터, 요거트를 만드는 등 다양한 용도로 사용할 수 있게 되면서 인간의 식단에 상당한 변화가 생겼을 것이다. 소의 가축화는 서남아시아의 비옥한 초승달 지대, 아프리카 일부 지역, 남아시아와 같은 지역에서 시작되었을 가능성이 높다. 인간을 포함한 대부분의 포유류에서 락타아제(젖에 있는 설탕인 락토오스를 분해하는 효소)의 생성은 아기가 엄마의 젖을 뗀 후 자연스럽게 감소한다. 이는 우유가 대부분의 포유류에게 유아기에만 필요한 음식 공급원이기 때문이다. 아기는 모유 수유를 멈추면 더 이상 락토오스를 소화할 생물학적 필요가 없으므로 락타아제 생성이 크게 감소하여 성인이 되면 락타아제 생성이 중지된다. 대부분의 현대 인간들은 우유 섭취 후 락토스를 분해하지 못해 우유를 마시면 속이 더부룩하고 설사를 동반하는 락토오스 불내증이 있다. 야생 동물들도 마찬가지이다. 야생 포유류(사자, 곰, 사슴 등)는 젖을 뗀 후 락타아제 생산을 멈추고 성인 식단의 일부로 우유를 섭취하지 않는다. 소, 염소, 양과 같은 낙농 축산 가축들조차도 성체가 되면 락타아제 생산을 정지하여 우유를 소화시키지 못한다. 하지만 인간의 경우 오래전부터 목축을 하던 지역의 사람들은 성인이 되어도 우유를 소화시킬 수 있다. 이를 락타아제 지속성이라 한다. 이들은 성인이 되어서도 락타아제를 계속 생산할 수 있게 하는 유전적 돌연변이의 결과로 인간에게만 있는 현상이다. 이 돌연변이는 5,000~7,000년 전 유럽, 아프리카 일부 지역, 중동에서 유제품 농사를 짓고 우유를 식량원으로 삼는 지역의 인간들에게서 나타났다. 이 돌연변이는 성인이 우유를 소화하고 풍부한 칼로리, 단백질, 지방 공급원을 얻을 수 있게 함으로써 상당한 진화적 이점을 제공했다. 락타아제 지속성의 발달은 식단 변화에 대한 최근의 인간 진화의 분명한 예 중 하나이다.

CHAPTER 27

종교에 심취하는 인간 심리에도 유전이 관여하나?

인간 진화에서 종교의 역할은 매혹적이고 복잡한 주제이다. 종교가 어떻게 등장했는지 정확히 파악하기는 어렵지만 진화 과정의 산물로 생겨나 인간 문화의 중요한 부분을 차지하고 있었음은 틀림없다. 종교는 현생 인류가 환경에 적응하고, 더 큰 집단에서 협력하고, 사회적 복잡성을 헤쳐 나가는 데 도움이 되는 도구 역할을 해왔다. 동물도 사회적 유대감, 애도 의식, 자연 현상에 대한 경외감과 같이 종교의 측면과 유사한 행동을 보인다. 코끼리, 돌고래, 침팬지와 같은 일부 동물은 그룹 구성원이 죽었을 때 인간들의 애도와 유사한 행동을 보인다. 코끼리나 침팬지는 가족 구성원이 죽으면 시체 주변에 머물거나 시체를 만져서 죽음에 대한 기본적인 인식이 있음을 시사한다. 침팬지와 같은 영장류는 때때로 비가 오면 춤을 추거나 폭포 주변에 모이는 것과 같이 의식적인 행동을 보인다. 일부 영장류학자들은 이러한 행동이 인간의 의례적 또는 영적 행동에 대한 초기 진화적 행동일 수 있다고 주장한다. 실제 종교적 믿음의 증거는 아니지만, 영장류 조상이 자연이나 주변의 강력한 힘에 대해 경외감을 보이는 것은 초기 인간들이 어떻게 초자연적 믿음을 종교로 발달시켰는지에 대한 단서를 제공할 수 있다. 하지만 동물들의 이러한 행동은 인간 종교에서 볼 수 있는 추상적이고 상징적인 사고방식이나 신념 체계와 관련이 없다. 복잡한 신념, 상징적 사고, 도덕 체계, 초월성에 대한 탐구로 특징짓는 완전한 의미의 종교는 인간에게만 고유한 것으로 보인다.

종교는 인간의 인지 능력, 특히 복잡한 언어, 추상적 사고, 사회적 조정 발달의 부산물로 생겨났을 가능성이 크다. 상징적으로 생각하고, 실존적 질문을 하고, 보이지 않는 힘(예: 신이나 영혼)에 행위를 부여하는 능력은 종교적 사고로 이어지는 인지적 적응이었을 것이다. 인간이 이러한 인지적 능력을 발달시키면서 종교는 통제할 수 없는 현상(예: 죽음, 자연 재해 또는 우주적 힘)을 설명하는 방법으로 자연스럽게 등장했을 수 있다. 종교가 초기 인간 사회에서 사회적 응집력의 도구 역할을 했다는 설도 있다. 인간이 더욱 사교적으로 변함에 따라, 특히 대규모 집단에서 협력과 신뢰를 보장하는 메커니즘이 필요했다. 이때 종교적 신념과 관행은 집단 협력을 촉진하고 내부 갈등을 줄이는 공유된 규범과 가치를 제공할 수 있었다. 덕분에 종교 사회는 더욱 응집력이 강해지고 다른 집단과의 생존과 경쟁 측면에서 더욱 성공적일 수 있었을 것이다. 종교는 공유된 신념, 의례, 도덕 규범을 지닌 공동체를 통합하고, 행동을 규제하고, 내부 갈등을 줄이는 결속력 역할을 했다. 종교는 대규모 사회 집단의 성공에 중요한 협력과 이타주의를 장려함으로써 진화적 이점을 제공했을 것이다. 종교는 종종 도덕성에 대한 틀을 제공하여 공정성, 정직성, 이타주의와 같은 친사회적 행동을 장려하므로 협력적인 집단이 자원을 놓고 다른 집단과 경쟁하고 위협에 맞서 방어하는 데 더 성공적이었을 것이므로 집단 생존에 유리했을 것이다. 집단 기도나 희생과 같은 집단 의례는 사회적 유대감을 강화하여 집단에 대한 공유된 정체성과 충성심을 만들어냈을 수 있다.

종교는 또한 초기 인간들이 질병, 죽음, 예측할 수 없는 자연 현상과 같은 많은 불확실성에 대처하는 데 도움이 되었을 것이다. 신, 영혼 또는 내세에 대한 믿음은 심리적 위안을 제공하고 실존적 불안을 줄일 수 있다. 이러한 심리적 이점은 개인이 역경에 직면했을 때 희망, 회복력 및 정신 건강을 유지하는 데 도움이 되므로 진화적 이점이 있다. 삶이 불안정하고 위험으로 가득 찬 초기 인간 사회에서 자연 현상을 설명하고 통제감(기도 또는 의식을 통해)을 제공하는 신념 체계를 갖는 것은 적응 반응으로 볼 수 있다. 이것은 개인이 스트레스와 두려움에 대처하는 데 도움이 되었고, 생존하고 번성하는 능력을 향상시켰을 것이다.

진화론자들은 종교가 내집단과 외집단의 경계를 정의하는 데 도움이 되었다고 제안한다. 공유된 종교적 신념과 관행은 그룹 내의 연대감을 강화하고 그룹 구성원 간에 신뢰를 촉진하는 동시에 경쟁 그룹들과 자신 그룹을 구별할 수 있었다. 이러한 구별은 그룹의 생존과 경쟁 측면에서 진화적 이점을 제공했을 것이다. 종교는 종종 개인을 집단적 정체성으로 통합하여 초기 인간 그룹이 더 효과적으로 협력하고 경쟁 그룹에 비해 생존 및 성공 가능성을 높이는 데 도움을 주었을 것이다. 또한 많은 종교 시스템에는 신성한 처벌이나 사회적 결과를 통해 비정상적인 행동을 처벌하는 메커니즘이 포함되어 있어 질서를 유지하고 그룹 내의 부정행위를 줄임으로써 그룹이 더 안정적이고 협력적으로 되었을 것이다.

현생 인류의 종교는 언제 시작되었을까? 네안데르탈인들도 죽은 자에 대한 종교적 의식이 있었다. 네안데르탈인이 매장 관습과 의식에 참여했을 수 있다는 증거가 있다. 일부 고고학자들은 네안데르탈인이 죽은 사람을 매장한 후 꽃이나 도구와 같은 물건으로 치장한 것을 발견했다. 이는 내세에 대한 믿음과 같은 종교적 또는 영적 사고가 호모 사피엔스뿐만 아니라 다른 초기 인류 종에도 존재했을 수 있음을 시사한다. 종교가 처음 등장한 정확한 시기를 파악하기는 어렵지만, 인간의 인지 및 사회적 능력이 발달하면서 수만 년에 걸쳐 점진적으로 생겨났을 가능성이 높다. 7만 년~5만 년 전에 우리 조상들은 인지혁명을 겪었다. 인지 혁명 동안 초기 호모 사피엔스는 추상적 사고, 언어, 상징적 사고를 포함한 인지 능력에서 상당히 발전했다. 이런 능력은 종교적 신념의 발달에 필요하고 중요한 요소 중 하나로 간주된다. 특히 복잡한 언어의 출현으로 인해 인간은 신, 영혼, 내세와 같은 추상적 개념을 논의할 수 있었을 것이다. 이 시기의 고고학적 증거는 매장 의식, 예술, 인형 제작과 같은 상징적 행동이 있었음을 보여준다. 부장품이 있는 초기 매장은 인간이 내세를 믿기 시작했으며, 종교적 사고가 시작되었음을 보여준다. 이후 4만 년~1만 년 전인 후기 구석기 시대의 유적들은 종교적 활동의 더 명확한 징후를 보여준다.

고대인들이 그린 동굴 벽화가 세계 도처에서 발견되는 것으로 보아 벽화를 그린 인간들은 특별한 목적으로 그린 것으로 보인다. 가장 오래되었다고 알려진 스페인의 라 파시에가 벽화는 약 64,000년 전 그려진 것으로 추정되며 이 시기는 현생인류 호모 사피엔스가 유럽에 도착하기 전이다. 호모 사피엔스가 그린 동굴 벽화로 가장 오래된 것은 인도네시아 손 스텐실 벽화로 약 45,000년 전에 그려졌다고 추정된다. 이외에도 약 35,000~15,000년 전에 만들어진 작품으로 추정되는 동굴 벽화들이 스페인과 프랑스 여러 곳에서 발견되었다. 이들 벽화들은 동굴 깊숙한 곳, 손이 닿기 어려운 곳에서 발견된다. 이는 이 예술 작품이 특별하고 신성한 의미를 지녔을 수 있으며 단순한 장식이 아니었을 것임을 시사한다. 많은 학자들은 동굴 벽화가 영적 또는 종교적 의미를 가지고 있다고 본다. 그림들은 종종 동물, 인물, 추상적 상징을 묘사하는데, 이는 의식, 내세에 대한 믿음 또는 샤머니즘적 관행을 나타낼 수 있다. 예를 들어, 사냥 장면은 성공적인 사냥을 촉구하거나 초자연적 힘과 소통하기 위해 만들어졌을 수 있다. 동굴 예술, 정교한 매장, 비너스 인형과 같은 인형은 종교적 신념의 존재를 시사한다. 약 1만 년 전부터 농업을 시행하면서 정주 사회의 발전은 종교의 역할을 강화했을 가능성이 크다. 인간 사회의 규모와 복잡성이 커짐에 따라 종교는 제도화되어 사회 질서를 유지하고 자연 현상(작물 생장 주기 등)을 설명하고 리더십이나 위계를 정당화하는 수단으로 사용되었다. 아마도 이 시기에는 조직 종교가 등장했을 가능성이 크고, 사제 계급, 사원, 체계화된 종교 관행이 초기 문명의 발달에 중심이 되었을 것이다.

유전과 종교의 관계는 어떠할까? 많은 사람들은 영성 또는 믿음은 유전과 관련이 없다고 생각한다. 여기에서 말하는 영성 또는 믿음은 기독교나 불교와 같은 현대 종교적 믿음이 아닌 인간의 기본적인 마음에서의 초자연적인 현상이나 내세에 대한 믿음이다. 어떤 사람들은 쉽게 종교인이 되지만 어떤 사람들은 오랫동안 교회나 절에 다녔어도 종교적인 믿음이 약하고 신적 존재에 의문을 가진다. 미국 애리조나 주립대학교의 유전학 교수인 딘 해머(Dean Hamer)는 인간의 영성이 유전적 요소를 가질 수 있으며, 신경 전달에 관여하는 유전자인 *VMAT2*(Vesicular monoamine transporter 2, 소포 모노아민 수송체 2)가 사람들의 영적 경험에 대한 성향에 영향을 미치는 데 중요한 역할을 한다고 주장했다. VMAT2는 신경 전달 물질을 신경 세포 내부의 시냅스 소포에 적재하는 역할을 하는 단백질이다.

신경 전달 물질은 신경 세포 간 통신 중에 뇌가 도파민, 세로토닌, 노르에피네프린과 같이 시냅스라는 연결부위에서 신호를 전달하기 위해 분비하는 화학물질이다. 신경 세포 내부의 시냅스 소포는 신경 전달 물질을 저장하고 이것을 신경 세포가 신호를 보낼 때 신경 세포 사이의 틈새인 시냅스 틈으로 방출한다. VMAT2가 더 효율적으로 기능하면 사람의 기분, 보상 심리 및 감정 조절에 관여하는 도파민과 같은 신경 전달 물질이 신경 세포 신호 전달 중에 더 많이 방출되므로 전반적인 시냅스 효율성을 개선하여 뉴런들 간에 통신이 더 효과적으로 일어난다. *VMAT2* 변이는 잠재적으로 더 강하거나 더 지속적인 도파민 신호 전달로 이어질 수 있다. 뇌의 감정 및 보상 시스템(도파민 포함)이 향상된 신경전달물질 처리로 인해 더 반응할 수 있으므로 해머 교수는 *VMAT2*의 변이가 영적 또는 초월적 경험과 관련이 있으며 *VMAT2*가 영성 유전자(god gene)라고 주장했다. 더 나아가서 해머는 짜릿한 모험을 즐기는 모험가, 베토벤과 같은 위대한 음악가, 톨스토이 같은 위대한 작가들도 비슷한 *VMAT2* 변이를 가지고 있다고 주장했다. 하지만 많은 학자들은 단일 유전자가 종교적 경건함, 창의성 또는 심오한 영적 통찰력과 같은 복잡한 행동을 완전히 설명할 수 있을 가능성은 낮다고 생각한다. 영성과 종교적 표현은 생물학적, 심리적, 문화적, 환경적 요인이 혼합되어 발생한다는 것이다. *VMAT2* 유전자가 영적 성향에 어떤 역할을 한다 하더라도, 개인의 삶의 경험과 사회적 맥락, 개인적 갈등, 철학적 또는 종교적 각성들이 영성에 깊은 영향을 주며, 종교적 영성이 전적으로 유전자 하나에 기인하여 형성될 수는 없다고 보는 학자들이 많다.

기독교 성경에 기술된 사건들은 역사적 사실일까? 유대교의 대 제사장을 코헨이라 하는데 코헨은 이스라엘 민족 12지파의 하나인 레위 지파에 속하는 아론파 사람들만이 한다. 아론파는 모세의 형인 아론의 후손이다. 구약 성경 출애굽기 6장 28절에 야훼는 모세의 형인 아론의 자손들에게 야훼를 섬기는 제사장이 되라는 구절이 있다. 이스라엘 하이파 대학의 유전학 교수인 칼 스레츠키 교수는 코헨들은 키, 피부색, 머리카락과 눈 색깔 등이 다른 레위들과 다른 것을 발견하고 만약에 코헨들이 아론의 후손이라면 공통 조상의 공통 유전자 마커(공통 하플로타입)를 가질 수 있다는 가설을 세웠다. 그는 애리조나 주립대학교의 딘 해머 교수와 함께 코헨들의 DNA를 수집하고 보통의 레위인들과 비교한 결과 Y 염색체에 코헨들만이 갖는 특이적인 단일 염기 돌연변이들을 발견하고 이를 "코헨 모달 하플로타입(Cohen Modal Haplotype, CMH)"라고 했다. 통계적으로 분석한 결과 CMH가 무작위적으로 발생할 가능성은 10,000분의 1정도로 CMH가 코헨에 특이적이라는 것을 시사했다. CMH가 언제 발생했는지를 유전적 연대를 측정한 결과 약 3,300년 전에 발생한 것으로 나타났다. Y 염색체는 감수분열 중에 X 염색체와 교차가 일어나지 않으므로 아버지에게서 아들로만 전달되는 부계 유전을 한다. 정말로 CMH가 성경에 나오는 아론의 자손들에게 특이적이라면 한 세대가 약 30년이므로 아론은 대략 110세대 전의 인물이었다. 아론이 역사적 인물로 존재한다는 것은 구체적인 역사적 증거보다는 종교적 신념의 문제이다. 유대인 사제 가문은 적어도 제1성전 시대(기원전 960년)로 거슬러 올라가는 오랜 역사를 기록으로 남겨 문서화했다. 그러므로 유전학적 증거와 이스라엘의 역사 기록의 연대가 대략 일치한다.

CHAPTER 28

언어의 기능을 결정하는 유전자들이 존재할까?

언어는 인간의 가장 뚜렷한 특징 중 하나이며 인류 진화에서 매우 중요한 역할을 했다. 언어는 초기 인간들이 소통하고, 지식을 공유하고, 복잡한 사회를 형성하고, 협력하여 문제를 해결할 수 있게 했으며, 그들에게 진화적 이점을 제공했다. 인간 외에도 많은 동물들도 소리를 낸다. 동물의 경고음은 기본적인 의사소통 형태로 간주될 수 있지만, 인간 언어와 같은 의미에서 동물의 경고음은 언어가 아니다. 동물의 경고음은 포식자의 존재, 포식자의 유형 또는 위험 수준과 같은 중요한 정보를 전달한다. 하지만 동물의 의사소통 시스템은 일반적으로 인간 언어처럼 단어를 결합하여 무한한 수의 문장을 만들어낼 수 있는 개방적이고 생성적인 특성을 보이지 않으며 인간 언어가 가진 복잡한 구문과 문법이 부족하다. 아프리카 초원에 사는 버빗 원숭이의 천적은 하늘의 독수리, 지상의 뱀과 표범이다. 버빗 원숭이들은 이들 포식자들이 나타나면 서로 다른 경고음으로 주위의 동료들이 안전하게 대피하도록 한다. 미국의 초원에 사는 그라운드호그(groundhog)라는 작은 설치류 동물도 공중의 매와 지상의 코요테 등의 포식자가 나타나면 다른 경고음으로 동료들에게 알린다. 하지만 이것은 외마디 외침으로, 언어라고 보기에는 무리이다.

침팬지는 서로 소통하기 위해 발성, 몸짓, 바디 랭귀지를 사용한다. 그들의 자연스러운 소통 시스템은 인간의 의미 있는 언어는 아니지만 여전히 매우 정교하다. 이들은 인간처럼 물어보고 대답하는 언어 능력은 없다. 그들은 음식 발견, 위험 또는 사회적 상호 작용과 같은 다양한 상황에 대한 특정한 발성을 가지고 있다. 일부 침팬지는 상당수의 단어를 이해하고 지시를 따를 수 있다. 그들은 간단한 방식으로 단어를 결합할 수 있지만 인간 언어에서 발견되는 복잡한 문법과 구문은 보이지 못한다. 침팬지의 인상적인 인지 능력과 어느 정도의 상징적 의사소통 능력은 인간 언어의 복잡하고 생성적인 특성에 비하면 매우 기초적인 수준이다.

수렵·채취 사회에서 언어는 생존에 매우 중요했다. "**노인 한 명이 죽는 것은 도서관 하나가 사라지는 것과 같다**"라는 아프리카 속담이 있다. 노인들이 일생 동안 겪은 경험을 젊은이들에게 전수하는 데 언어는 필수적이었을 것이다. 노인들은 일생동안 사냥감을 추적하던 노하우나 전략을 젊은이들에게 전수하고 자연 재해에서의 생생한 생존 전략을 전수했다. 여자들은 주로 주위에서 먹을 것을 채집했다. 식용 식물이나 버섯 등이 나타나는 계절이나 위치 등을 엄마는 딸에게 말로 전했을 것이다. 그리고 아이를 돌보는 데 필요한 노인들의 지혜를 젊은 엄마들에게 전수하는 과정에서 언어는 필수적이었을 것이다.

언어 발달에 대한 생물학적 이해의 기초는 뇌 구조와 발성 기관에 대

그림 28.1 인간 뇌에서 브로카 영역과 베르니케 영역

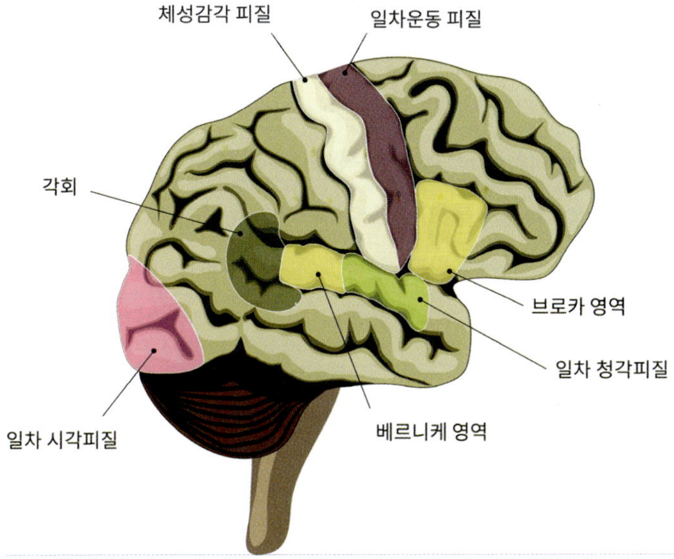

브로카 영역은 언어 조성과 발성에 관련이 있으며 베르니케 영역은 말과 글의 이해에 관여한다.

한 해부학적 지식이다. 대뇌의 베르니케 영역과 브로카 영역이 언어 조성과 발성에 관련되어 있다. 베르니케 영역은 좌측 측두엽에 존재하며 말과 글의 이해에 관여한다. 베르니케 영역이 손상되면 베르니케 실어증이 발생할 수 있다. 베르니케 실어증은 문법적으로 맞지 않는 말을 유창하게 하지만 너무 횡설수설해서 이해하기 힘들다. 브로카 영역은 뇌의 좌측 전두엽에 존재하며 후두, 혀, 목 등의 발성기관과 연결되어 있어서 언어의 운동 중추를 담당하는 지역이다. 브로카 영역이 손상되면 일반적으로 브로카 실어증이 발생하여 말을 해도 떠듬떠듬대며 매우 느리게 하고 언어 생성의 어려움을 겪지만 다른 사람이 말하는 것은 이해한다.

호모 에렉투스와 네안데르탈인과 같은 이미 멸종한 호미닌들도 베르니케 영역과 브로카 영역에 해당하는 곳에서 뇌 발달 징후를 보였으며, 이는 어떤 형태의 의사소통 능력이 있었음을 시사한다. 초기 호모 에렉투스는 덜 발달했지만, 후기 호미닌에서 더 복잡한 언어의 토대를 마련한 원시 언어 능력을 가졌을 가능성이 있다. 특히 네안데르탈인은 현대인과 유사한 언어 체계를 가졌을 가능성이 높지만 호모 사피엔스의 언어 능력에는 미치지 못했다고 학자들은 추측한다. 커다란 짐승을 사냥하기 위해서는 사냥 전략이 필요하다. 일부 학자들은 호모 사피엔스의 언어 능력이 네인데르탈인들보다 뛰어나서 사냥 전략을 짜는 데 유리했고, 이로 인해 네안데르탈인들이 사냥 경쟁에서 밀리게 된 것이 멸종 원인 중 하나로 작용했을 것이라고 주장한다.

인간의 발성기관(구강, 후두, 혀, 성대 등)은 해부학적으로 다른 동물과 다르다. 인간의 후두는 다른 영장류에 비해 목의 깊은 곳에 위치하므로 더 다양한 소리를 낼 수 있으며 혀는 미세한 조절이 가능하고 유연하여 말소리를 정확하게 발음할 수 있다. 그리고 인간은 나른 동물에 비해 더 큰 인두와 성도를 가지고 있어서 더 나은 공명과 소리 형성이 가능하다. 인간의 성대는 다양한 소리를 정확하게 조절할 수 있다. 그리고 인간의 뇌는 이들 발성 기관을 조절하고 제어할 수 있도록 진화했다. 이러한 해부학적 차이점과 진보된 뇌 구조가 결합되어 인간의 말과 발성이 조절된다. 일부 동물은 인간의 말을 흉내 내거나(앵무새처럼) 복잡한 의사소통 체계를 가지고 있지만(돌고래나 영장류처럼) 인간처럼 언어에 필요한 모든 범위의 신체적, 인지적 적응력을 갖춘 동물은 없다.

언어는 확실히 인간만이 가진 독특한 능력이다. 초기 인류 조상들이 언어 능력을 가지고 있지 못했다면 우리는 그저 두 발로 걷는 원숭이일 뿐이었을지도 모른다. 우리와 가장 가까운 사촌인 침팬지들의 뇌의 해부학적 구조와 유전체 구성을 비교하여 보면 우리의 언어 능력의 기원과 발생을 추적할 수 있을지도 모른다. 하지만 이에 대한 대답은 매우 모호하다. 침팬지의 뇌구조와 인간의 뇌 구조는 거의 비슷하다. 위에서 설명한 것과 침팬지의 뇌에도 브로카 영역과 베르니케 영역이 있으며, 침팬지의 유전체와 우리 인간의 유전체는 98.5% 이상이 동일하고 단백질을 암호화한 부위는 더 유사하다. 사람도 태어난 후 다른 인간들과 고립되어 언어를 배울 기회가 없으면 성인이 되어서도 언어를 전혀 하지 못한다. 그리고 발화에 장애가 있는 사람은 말하는 능력은 없어도 수화로 언어를 이해한다. 그러므로 해부학적인 결함이나 특정 유전자는 언어 능력과 관계가 없다. 인간의 언어 능력은 태어난 후 나이가 들면서 능숙해진다. 이에 대해서 인공지능 학자인 막스 베넷트(Max Bennet)는 그의 저서 "지능의 간단한 역서, *A Brief History of Intelligence*"에서 인간의 언어는 다른 사람들과 생각을 공유하고 소통하기 위한 필요성에서 발생했다고 주장한다.

언어에 관련된 유전자들은 많이 보고되었다. 하지만 이들 유전자들도 인간만이 가지고 있는 것은 아니며 인간의 언어 능력 발휘는 유전자 영역 외에도 많은 인자들이 관여되어 있다. *FOXP2*, *CNTNAP2*, *KIAA0319*, *DCDC2*와 같은 유전자의 돌연변이는 브로카 영역과 베르니케 영역을 포함하여 언어에 관련된 뇌 영역의 발달과 기능에 영향을 미친다. 이들은 뇌 영역을 직접 "만들지" 않지만 적절한 발달과 기능에 중요한 역할을 하며 언어 생성과 이해의 기초가 되는 신경 회로에 영향을 미친다. 발성과 언어에 관련된 해부학적 구조와 관련이 있는 유전자들로는

FOXP2, *SRPX2*, *TBX1*, *MYH16*, *PAX9*, *GLI3*, *Hox* 등이 연구되어 있다. 이 유전자들은 주로 발성과 언어에 필수적인 기관인 후두, 혀, 인후의 발달에 관여한다. 이들 중에서 *FOXP2* 유전자는 음성과 언어 발달에 중요한 역할을 하기 때문에 종종 "언어 유전자"로 불린다. 후두, 혀 및 다른 부분의 근육 조정을 포함하여 음성에 대한 운동 제어 발달에 관여하여 음성과 언어 생성을 담당하는 뇌의 신경 회로에 영향을 미친다.

FOXP2(Forkhead Box P2)는 전사인자로서 말과 언어에 필요한 미세 운동 제어를 포함하여 언어와 관련된 신경 회로의 발달과 기능에 중요한 유전자의 발현을 조절한다. 인간의 FOXP2 단백질은 715개의 아미노산으로 구성되어 있으며, 아미노산 서열이 매우 보존적이다. 즉, 이 FOXP2 단백질 구조는 진화 내내 비교적 변하지 않았으며, 이 사실은 생물학적 기능에서 FOX2P가 중요한 역할을 한다는 것을 시사한다. 침팬지, 고릴라, 쥐를 포함한 포유류에서 FOXP2는 아미노산이 몇 개만 다를 뿐 인간 버전과 매우 유사하다. 예를 들어 침팬지와 보노보의 FOXP2는 인간 버전과 아미노산이 두 개만 다르다. 생쥐의 FOXP2 단백질은 인간 버전과 약 98% 동일하다. 현대인과 밀접한 관련이 있는 멸종된 호미닌인 네안데르탈인과 데니소바인도 현대인과 거의 동일한 FOXP2 유전자를 가지고 있었다. FOXP2는 조류에서도 보존되어 있으며, 핀치새와 카나리아와 같은 노래하는 새에서 많이 연구되었다. 인간이 언어를 배우는 것과 매우 비슷하게 노래를 배우는 새들은 노래 생성 및 학습과 관련된 뇌 영역에서 높은 수준의 FOXP2 발현을 보인다. 이러한 사실은 복잡한 발성을 가진 동물(예: 새, 포유류)에서 FOXP2가 음성 학습, 운동 제어 및 의사소통과 관련된 신경 발달에 중요한 역할을 한다는 것을 보여주는 것이다. 그러나 진화적 필요에 따라 종마다 기능하는 방식이 다를 수 있다. 인간의 경우 FOXP2는 특히 언어 발달에 중요하다. 인간과 다른 종 사이에서 나타나는 FOXP2 단백질 서열의 작은 변화가 인간의 뇌 구조의 발달로 인한 인지 능력 향상과 함께 인간 언어와 말하기의 독특한 발달의 기초가 되었을 것이다.

언어도 유전처럼 계통적으로 분류를 한다. 예를 들어 인도-유럽어족은 현재 유럽, 서부 및 남부 아시아 전역에서 사용되는 가장 크고 가장 널리 퍼진 언어족 중 하나이다. 인도-유럽어족에는 독일어 아족, 로마어 아족, 슬라빅어 아족, 인도-이란어 아족 외에도 5~6가지의 아족 언어들이 있다. 한국어는 이전에는 한때 우랄-알타이어족에 속한다고 했으나, 현재 언어학자들은 우랄어족과 알타이 어족을 구분하여 분류하고 있다. 우랄어족에는 핀랜드어 아족, 우글어 아족, 사모예드어 아족이 있으며 알타이어족에는 터키어 아족, 몽고어 아족, 한국어 아족, 일본어 아족 등이 있다. 한때에는 언어 계통과 유전적 계통이 관련이 있다는 설이 있었지만, 현재에는 언어 계통과 유전적 계통은 종종 직접적으로 연관되지 않는다는 설이 정설이다. 즉, 관련 언어를 사용하는 사람들이 반드시 가까운 유전적 조상을 공유하는 것은 아니며, 반대로 공통된 유전적 유산을 공유하는 사람들은 완전히 다른 언어를 사용할 수 있다. 이는 언어가 대규모 인구 이동이나 교배가 필요하지 않고 문화적 확산이나 사회적 접촉을 통해 퍼질 수 있고, 유전적 특성은 언어 변화에 관계없이 퍼지거나 지속될 수 있기 때문이다. 인구 이동 없이 언어가 전파되었기 때문에 문화적 확산은 한 집단이 통혼이나 이주 없이 다른 집단의 언어를 채택할 때 발생할 수 있었다. 예를 들어, 라틴어가 로마 제국 전역에 퍼졌을 때, 많은 현대 로마어 계통 언어(스페인어, 프랑스어, 이탈리아어 등)의 기초가 되었다. 라틴어를 채택한 집단은 유전적으로 다양했다. 라틴어는 주로 정치적 지배와 문화적 영향을 통해 퍼졌으며, 유전적으로 균일한 단일 집단의 이동을 통해 퍼진 것이 아니다. 또 다른 예로는 스페인과 프랑스의 바스크족이 있는데, 이들은 이웃 언어와 관련이 없는 비인도 유럽어족 언어를 사용한다. 유전적으로 바스크족은 다른 유럽 그룹과 조상을 공유하지만 언어는 독특하게 유지되었다. 우리 한국어가 속한 알타이어 아족의 터키인, 몽골인, 만주인은 알타이어족과의 역사적 연관성에도 불구하고 서로 다른 유전적 프로필을 가지고 있다. 터키인은 주로 서유라시아 조상을 가지고 있고, 몽골인은 유전적으로 동아시아인이며, 만주인은 다른 동아시아 계통과도 밀접한 관련이 있다. 따라서 그들이 공유하는 언어 역사는 공통된 유전적 조상을 반영하지 않는다.

언어에는 말하기와 쓰기의 두 가지 기본 구성 요소가 있다. 말하기와 쓰기는 실제로 언어의 두 가지 핵심 구성 요소이며, 각각 다른 목적을 위해 사용되며 다른 상황에서 진화했다. 말하기는 자연스럽고 생물학적 발달에 기반한 의사소통 형태인 반면, 쓰기는 더 영구적이고 복잡하며 광범위한 의사소통을 허용함으로써 구어의 기능을 확장하는 문화적으로 구성된 도구이다. 두 구성 요소 모두 인간 언어에 필수적이며 다양한 맥락에서 서로를 보완한다. 하지만 말을 못하는 사람들 중 글쓰기는 능숙한 사람이 있고 수화로 소통하는 경우도 있다. 쓰기는 인류 역사에서 훨씬 나중에, 약 5,000년 전에 메소포타미아의 설형 문자와 이집트의 상형 문자와 같은 초기 문자 체계가 개발되면서 생겨난 문화적 발명품이다. 말하기와 달리 쓰기는 생물학적인 기초가 없고 학습과 연습이 필요하다. 쓰기 체계는 구어를 기호(문자, 그림 등)로 인코딩하고 이러한 기호를 읽기 위해 디코딩하는 복잡한 규칙을 포함하기 때문에 공식적인 교육과 연습이 필요하다. 모든 언어가 문자를 가지고 있는 것이 아니다. 문자는 의사소통을 위한 보편적인 요구 사항이 아니라 문화적 도구이기 때문이다. 많은 언어, 특히 작고 고립되었거나 또는 근대 이전 사회의 언어는 구전 전통을 통해서만 존재하고 번성했다. 우리는 한글이라는 매우 훌륭한 문자를 가지고 있다. 필자는 이 글을 577돌 한글날(2024년 10월 9일) 쓰고 있다. 그 이전에는 우리는 우리말이 있었으나 문자가 없었다. 아마도 세종대왕께서 한글을 창제하시지 않았으면 우리는 만주족처럼 중국의 소수민족으로 전락했을지도 모른다. 문자는 이처럼 민족의 정체성을 가지며 존속하는 데에도 중요한 역할을 했다.

생물종이 생겨났다가 사라지는 것처럼 언어도 생겨났다가 사라진다. 정확한 숫자를 추정하기는 어렵지만, 역사를 통틀어 수천 개의 언어가 사라졌고 오늘날에는 훨씬 더 많은 언어가 멸종 위기에 처해 있다. 일부 추정에 따르면 인류 역사상 존재했던 모든 언어의 90%가 이미 사라졌다고 한다. 사라진 언어에는 고대 언어뿐만 아니라 시간이 지나면서 사라진 소규모 커뮤니티의 언어도 포함한다. 오늘날 약 7,000개의 언어가 사용되고 있지만, 많은 언어가 멸종 위기에 처해 있다. 언어학자들은 21세기 말까지 이 언어의 50~90%가 사라질 수 있다고 추정한다. 이는 가까운 미래에 3,500개에서 6,300개의 언어가 멸종된다는 것을 의미한다. 인터넷의 상용으로 인해 더 많은 언어들의 소멸 속도가 빠르게 진행될 것이다. 소멸 위험이 있는 언어를 문자로 남기는 것은 인류 문화 발달의 이해와 언어 보존에 중요하다.

방언은 발음, 어휘, 문법 등에서 차이를 갖는 같은 언어의 여러 변이로 지역적 또는 사회적 요인에 기인하여 발생한다. 방언은 집단 정체성을 증진하고 문화적 전수를 용이하게 하며, 사회적 응집력을 장려함으로써 중요한 생물학적, 진화적 역할을 수행해 왔다. 각 지역의 사투리인 방언은 단일 언어의 변형으로써 다양하고 변화하는 환경에서 사회적 유대감과 생존을 위한 중요한 도구 역할을 하며, 미묘하지만 중요한 방식으로 인간의 생존방식과 더불어 진화해 왔다. 옛날에 작은 부족으로 나뉘어 살 때에는 우리와 상대를 구별하는 것이 부족의 생존에 중요했다. 다른 지역의 부족 스파이들이 교묘하게 변장하여 들어와도 방언은 속일 수 없다. 몇 마디 대화를 하면 금방 발각된다. 타 지방 사람을 구별하는 것은 전염병 예방 차원에서도 중요했다. 지금처럼 의술이 발전되지 않았을 때에는 전염병이 창궐하면 외지인을 마을로 들어오지 못하게 하는 것이 마을의 생존이 걸린 중요한 문제였다. 방언은 타지인을 구별하는 확실한 마커로서 기능을 했다. 방언 소멸의 가장 큰 원인 중의 하나가 방송이다. 언어나 방언의 상실은 단순히 단어 집합의 소멸이 아니라 고유한 문화적 유산의 상실을 의미한다. 다행히 언어학자, 인류학자, 방송업자들이 사라지는 방언을 보존하려는 노력을 기울이고 있다.

CHAPTER
29

특별한 재능을 결정하는 유전자들이 존재할까?

과학 저널리스트이자 다큐멘터리 제작자인 존 엔타인(Jon Entine)은 그의 저서 "타부, Taboo"에서 국제 육상 대회에서 100m 경주에서는 서아프리카 출신 또는 서아프리카 혈통을 가진 흑인들이 우세한 반면, 10,000m 이상의 장거리 육상에서는 케냐 또는 에티오피아인들이 강세인 것에 대해 단거리 경주에서 서아프리카 선수들과 중거리 이벤트에서 동아프리카 선수들의 놀라운 성적 뒤에 유전적 요소가 있을 수 있다고 주장했다. 중국인들은 탁구에 뛰어나며 역도는 주로 유럽인들이 우월하다. 하지만 하버드 대학교의 사회 생물학자인 에드워드 윌슨(Edward Wilson)은 서로 다른 인종이나 민족 집단이 다른 스포츠에서 뛰어난 경향이 있다는 사실은 어떤 유전적 요인이 있다는 증거라기보다 잠재적으로 가능한 유전자들을 찾아가는 시발점일 뿐이라고 지적했다. 재능에 대한 유전적 기여를 보여주는 다른 예로 우리는 주위에서 음악, 문학, 미술 등과 같은 예술적 재능에 뛰어난 가족들을 볼 수 있다. 우리나라 여류 작가 한강이 2024년도 노벨 문학상을 받는다는 반가운 뉴스도 최근 있었다. 그녀의 가족은 아버지, 오빠도 문인으로 문인 가족이다. 그럼 문학과 같은 창의성에도 유전이 관여할까?

유전력은 어떤 소질이나 형질에 대한 환경과 유전적 기여도를 나타내는 수치이다. 유전력은 어떤 특성의 집단 내의 변이에서 유전적 변이 정도를 수치로 나타낸다. 장거리 달리기 성과에 대한 유전력을 검사하기 위해 네덜란드 암스테르담 대학의 유전학자인 디 무어(De Moore)는 운동 상태와 지구력 성과에 유전이 중요한 역할을 하는지를 분석했다. 그는 700쌍의 영국 여성 이란성(DZ) 쌍둥이를 대상으로 분석한 결과 운동 지구력에 대한 유전력이 56%라고 네이처 잡지에 발표했다. 여기서 56%는 어떤 개인의 운동 성과 중 56%가 유전적이고 나머지는 환경에 의한다는 것이 아니다. 즉 쌍둥이들이 보인 지구력 차이들 중 56%는 유전적 소인에 의한 것이고 나머지 46%는 환경에 의한다는 것을 보여주는 것이다. 여러 가지 재능에 대한 유전력 연구는 집단이나 연구자에 따라 다르지만 음악적 소질은 대략 40~70%, 그림 그리기/시각 예술 30~60%, 일반적 창의성 20~50%, 운동 능력 30~85%이다.

모차르트, 베토벤과 함께 인류 역사상 가장 뛰어난 음악가 중의 한 명으로 요한 세바스찬 바흐(J.S. Bach)가 있다. 바흐 가문은 음악 역사상 가장 주목할 만한데, 여러 세대에 걸쳐 작곡가들과 피아니스트를 배출하여 서양 클래식 음악의 발전에 큰 기여를 했다. 바흐 가문의 뛰어난 음악적 재능은 여러 세대에 걸쳐 이어졌고, 구성원들은 다양한 음악 분야에서 뛰어난 성과를 거두었다. 서양 고전 음악, 특히 J.S. 바흐가 그의 아들들에게 미친 음악적 영향은 매우 깊다. 바흐 가문의 음악적 유산은 음악 교육, 헌신, 창의성을 중시하는 가족 문화와 함께 유전적 유산도 중요하다는 것을 반영한다. 20세 후반부터 21세기 초반의 팝스타 중 마이클 잭슨처럼 유명한 사람은 드물다. 잭슨 가족은 대중 음악 역사상 가장 유명한 음악 가족이다. 가족 중 많은 구성원이 음악가, 가수, 공연자로 상당한 인정을 받았다. 그들의 음악 여정은 타고난 생물학적 재능, 엄격한 훈련, 독특한 기회의 조합이며, 모두 음악과 공연에 뿌리를 둔 가족 문화에 의해 주도되었다. 스웨덴의 신경 생물 유전학자인 울렌(Ullen)은 일란성 쌍둥이와 이란성 쌍둥이를 조사하여 음악적 소질에 대한 유전적 및 환경적 영향을 추정했다. 그는 음정 구별, 리듬 지각, 멜로디 인식과 같은 특정 능력을 측정했다. 결과에 따르면 음악적 소질은 40~70%의 유전성을 가지고 있어 유전적 영향이 크게 있음을 보여주었다. 그러나 음악 레슨에 대한 노출과 가족 지원과 같은 환경적 요인도 음악적 기술을 개발하는 데 중요한 역할을 하는 것임을 그는 분명히 했다. 이는 음악적 재능을 기르는 데 있어 유전(본성)과 훈련(양육) 간에 상호작용을 강조한다. 음정 구별과 악기를 연주하는 능력은 유전적 영향을 보이지만, 탁월한 음악적 역량을 개발하려면 훈련이 필수적이다. 음악가의 자녀는 부모에게서 종종 음악적 소질을 물려받지만 가정 환경도 중요한 역할을 한다.

일반적인 창의성에는 소설이나 시 쓰기가 포함될 수 있다. 연구자들은 이러한 활동을 언어적 창의성이나 예술적 창의성으로 분류하는데 일반적 창의성은 다음과 같은 요소들이 필요하다. 다양한 사고력은 여러 아이디어나 문학적 주제를 생성하고, 경험에 대한 개방성으로 상상력, 호기심, 새로운 관점을 탐구하려는 의지가 있으며, 감정 표현을 시나 스토리텔링으로 풀어내는 능력이다. 일반적 창의성에 대한 쌍둥이 연구에 따르면 유전적 요인이 이러한 능력에 역할을 하지만 환경적 요인(가족 환경, 교육, 독서 습관, 문화적 노출 등)이 쓰기 기술에 상당한 영향을 미친다. 여러 유전자가 창의력과 잠재력과 관련이 있으며, 이들 중 여러 개가 종종 인지 기능과 정신적 유연성과 관련된 유전자와 겹친다. 이런 유전자들로 잘 알려진 것 중 하나인 *COMT*(카테콜-O-메틸트랜스퍼라제)는 인지적 유연성과 아이디어 생성에 영향을 미치는 도파민 수치에 영향을 미치며, *DRD2*/*DRD4*는 발산적 사고와 새로운 것을 추구하는 행동과 관련된 도파민 수용체 유전자이고 *BDNF*(뇌 유래 신경 영양 인자)는 신경 가소성 및 학습과 관련이 있다. 세로토닌과 도파민은 기분 조절 및 동기 부여에 영향을 미치며 창의적인 작업에 중요한 역할을 하는 신경전달물질들로 이들의 합성에 관련된 많은 SNP들이 알려져 있다. 하지만 특정한 SNP가 곧 창의성을 의미하는 것은 아니고 여러 개의 SNP들과 여러 유전자들 및 작가의 경험, 교육, 노력과 같은 환경이 어우러져서 높은 창의성 발달에 기여한다.

미술적 감각에 대한 유전도 일반적 창의성과 겹치는 유전자들이 많이 있다. 미술적 감각과 시각 예술에 관련된 소질에는 공간 능력으로 모양과 물체를 시각화하고 정신적으로 조직하고, 시각적 영상 및 지각을 기억하고 시각 정보를 정확하게 포착하여 회상하는 능력이 포함된다. 이러한 것을 미술이나 시각으로 표현하기 위해서는 복잡한 세부 사항에 대한 손 움직임의 정확한 제어가 필요하다. 그리고 가장 중요한 것은 창의성으로 기억이나 생각을 새로운 예술적 아이디어와 표현으로 생성하는 능력이다. 다른 예능적 소질과 마찬가지로 미술적 감각이나 시각 예술도 유전과 환경의 합작품이다. 예를 들어 *DRD4*(도파민 조절) 및 *BDNF*(신경 가소성)와 같은 유전자는 창의성과 기술 개발에 기여하는 반면, 연습 및 미술 교육과 같은 환경 요인은 잠재력 형성에 관여한다.

비너스 윌리엄스(Venus Williams)와 세레나 윌리엄스(Selena Williams) 자매는 한때 여자 테니스 선수랭킹 1~2위였다. 이들의 생부인 오라신 프라이스(Oracene Price)도 선수로는 성공하지 못했지만 훌륭한 테니스 코치로 자매를 지도했다. 미국 프로 농구의 스티븐 커리(Stephen Curry)는 3점 슛을 가장 잘 넣는 최정상 선수이다. 그의 아버지 델 커리(Dell Curry)도 미국 프로 농구에서 상당히 성공한 선수였다. 우리나라에서도 훌륭한 축구 선수였던 차범근 선수의 아들인 차두리도 축구 국가 대표를 했다. 이들은 훌륭한 선수가 되기 위해 또한 피나는 훈련을 했다. 운동 성과는 유전적 소인과 훈련, 영양, 동기부여와 같은 환경적 요인의 조합에 의해 영향을 받는다.

운동 능력의 핵심 유전적 구성 요소로 근섬유 구성, 지구력 및 산소 효율성, 심혈관 피트니스, 젖산 역치 및 회복 등을 들 수 있다. 근섬유 구성 유전자로 *ACTN3* 은 스프린트 및 폭발적 움직임에 사용되는 빠른 경련 근육 섬유에 관여한다. *R577X*는 빠른 수축 근섬유에서 발견되는 단백질인 α-액티닌-3를 암호화하는데, 이 단백질은 폭발적인 힘과 속도를 담당한다. 지구력 및 산소 효율성에 관여하는 단백질 EPO (Erythropoietin)는 적혈구 생성을 조절하여 근육으로의 산소 전달에 영향을 미치며, PPARGC1A(Peroxisome Proliferator-Activated Receptor Gamma Coactivator 1-Alpha)는 미토콘드리아 생성에 관여한다. PPARGC1A는 미토콘드리아 효율성과 에너지 생산에 역할을 하며, 젖산 축적을 지연시켜 장시간 운동에 도움을 주어 지구력에 중요하다. 심혈관 피트니스로 최대 산소 섭취량(VO_2 Max)을 측정하는데 이 형질의 유전력은 50~85%로 마라톤과 같은 지구력 스포츠의 성과에 영향을 미친다. 젖산 역치(LT, lactate threshold)는 운동 중 젖산이 혈액에 축적되기 시작하여 근육 피로로 이어지는 지점을 말한다. 이는 지구력 운동 선수(예: 마라톤 선수, 사이클 선수)에게 중요한 요소로, 고강도 노력을 얼마나 오래 지속할 수 있는지를 결정한다. LT가 높을수록 운동선수는 피로 없이 더 오랫동안 운동을 지속할 수 있다. *ACE*(Angiotensin−Converting Enzyme) 유전자의 변종은 심혈관 효율성과 연결되어 산소 전달과 지구력 성능에 영향을 미친다. 젖산으로 인한 근육 회복도 중요한데 미오스타틴(MSTN)은 근육 성장을 조절하고 회복 속도에 영향을 미치며, IL−6(인터루킨−6)은 염증과 회복에 영향을 미친다. 이들 유전자의 특정 유전적 변이는 운동 후 더 빠른 회복을 돕는다.

서 아프리카 출신 흑인들은 단거리 경주에서는 강세이지만 장거리에서는 별로 성적이 좋지 못하다. 장거리 달리기는 종아리와 햄스트링에 있는 완근 섬유 근육이 발달하면 유리한데, 이 근육들은 저강도의 지속적인 수축을 담당한다. 산소에 의존하고 피로에 저항하여 지구력 활동을 지원한다. 반면 단거리 선수와 역도 등의 파워 운동선수들은 속근 섬유 근육이 발달되어 있다. 속근 섬유는 대퇴사두근(허벅지)과 비복근(종아리)과 같은 근육에 위치하며, 짧은 시간에 폭발적인 힘을 생성하지만 쉽게 피로해진다. 두 섬유 유형은 함께 작동하지만 유전적 소인이 비율을 결정한나. *ACE* 유전자의 *R* 대립유진자는 속근 성능과 관련이 있는데 이 변이는 서아프리카계 사람들에게 더 흔하다. *R577X*의 *R* 대립유전자는 속근 섬유의 존재로 인해 파워 및 스프린트 스포츠(예: 스프린트, 역도)에서 더 나은 성과와 관련이 있으며, *X* 대립유전자는 완근 섬유에 작용해서 α−액티닌−3의 감소를 야기하지만 지구력 성과를 더 좋아지게 한다. 서아프리카인들에게는 *R* 대립유전자를 가진 사람들이 많은 반면, 케냐인들에게는 *X* 대립유전자를 가진 사람들이 *R* 대립유전자를 가진 사람들보다 많다. 하지만 *PPARGC1A* 유전자는 미토콘드리아 기능을 강화하고 지구력을 위한 완근섬유를 지원하는데 서아프리카인들과 케냐인들 간의 뚜렷한 변이 차이는 발견하지 못했다. 학자들은 케냐의 고지대 생활과 훈련으로 환경과 유전이 작용하여 이러한 능력을 형성한 것으로 추측하고 있다.

케냐인들 모두가 장거리 달리기에 능한 것은 아니다. 케냐의 고산족 중에 난디족이 있는데 이들은 세계적인 마라톤 및 장거리 주자를 많이 배출했다. 이들의 체형은 긴 팔다리와 마른 체형을 가지고 있어 달리기 효율이 높다. 이들은 해발 고도 약 2,000m의 고지대에서 생활하므로 자연스럽게 산소 사용과 지구력이 향상되었다. 난디족의 문화유산으로 가축 습격 전통이 있는데 가축을 습격하여 가축을 몰고 주인이 오기 전에 최대한 멀리 도망가면 도둑으로 몰리지 않고 가축을 소유할 수 있는 전통이 있다. 가축 습격 전통은 용감함, 인내심, 민첩성을 시험하는 역할을 했으며, 젊은이들은 가축 소유주의 추적을 피하기 위해 먼 거리를 달렸다. 이 관행은 마라톤 달리기에 필요한 지구력, 속도, 정신적 강인함을 키워 그들의 달리기 능력에 간접적으로 기여했다. 가축 습격에 능하여 가축을 더 많이 모으면 경제적으로 보상을 받아 신부를 맞는데 유리하므로 이 전통이 이어진 수천년 동안 약간의 진화적 선발의 이점으로 작용했을 것이다. 가축 습격 전통의 신체적 요구 사항은 장거리 달리기에서 성공하는 데 필요한 자질과 일치하여, 오늘날 장거리 경기에서 난디족이 우위를 점할 수 있는 문화적 기반을 제공했다. 유전, 환경, 문화가 결합하여 마라톤 성과를 위한 이상적인 조건을 만들었다.

CHAPTER 30

지능을 결정하는 유전자들의 기능과 역할

지능은 학습, 추론, 문제 해결 및 환경 적응에 관여하는 지적 능력이다. 이는 다양한 렌즈를 통해 이해할 수 있는 다면적인 구성 요소로서 일반적인 인지 능력, 다중 지능, 맥락적 및 문화적 적응성이다. 지능은 인간이 다른 동물과 구별되는 가장 뚜렷한 특징 중의 하나이다. 일부 동물들도 인지 능력이나 기억력이 있는 것으로 알려져 있다. 인간의 지능은 혁신하고, 추상적으로 소통하고, 복잡한 사회를 구축하는 능력으로 구별되는 반면, 동물의 지능은 도구 사용, 소통 또는 좁은 영역 내의 사회적 협력으로 인간에 비해 제한적이다. 간단한 도구를 만들고 제한적인 언어능력을 보유한 침팬지의 지능은 인간의 4~5세 어린이의 지능을 넘지 못한다. 코끼리는 때로는 수십 년에 걸쳐 놀라운 장기 기억력을 가지고 있어서 환경적 도전을 헤쳐 나가고 사회적 역학을 효과적으로 관리할 수 있는 지능을 가진 동물로 알려져 있다. 동물의 지능이 인간보다 열등하다고 보는 것보다 특정 생태적 및 진화적 압력에 적응된 것으로 평가하는 것이 옳다. 인간과 동물들은 다른 지능은 똑같이 매혹적인 형태의 인지적 진화를 반영하는 것이다.

매혹적인 여배우 마릴린 먼로가 세기의 천재 물리학자 아인슈타인에게 "박사님, 박사님과 제가 결혼하여 아이를 낳으면 좋을 텐데요. 저의 외모에 박사님의 지능을 가진 아이가 태어날 수 있으니까요"라고 말하자, 아인슈타인 박사는 "미안하지만 저의 외모에 먼로 양의 지능을 가진 아이가 태어날 수도 있어요"라고 응답했다는 항간의 우스갯소리가 있다. (실제로 마릴린 먼로가 상당히 지적이었다는 설이 있음. 그녀의 사후 공개된 개인 도서관에 장서가 400여 권으로 그녀는 섹스 심볼이라는 이미지와는 달리 지적이고 사색적이었다는 설도 있음) 지능은 유전이 되는 것일까? 쌍둥이들을 대상으로 연구한 결과에 의하면 지능의 유전력은 50~80% 정도로 상당 부분은 유전적이지만 가족 환경, 교육 및 학습기회, 유아기의 영양, 사회 경제적 지위 등 환경적 요인도 지능에 많은 영향을 미친다. 지능은 유전뿐 아니라 환경과의 상호 작용에 의해 결정된다. 어린이의 경우 환경이 더 큰 역할을 하는 반면, 성인이 되면 개인이 주변 환경을 더 많이 통제할 수 있기 때문에 유전의 영향이 더 커진다. 따라서 지능의 유전력은 성인의 측정치가 어린이의 측정치보다 높다. 지능을 담당하는 단일 유전자는 없다. 지능은 다유전자적 특성으로, 여러 유전자의 영향을 받으며 각 유전자가 작은 효과에 기여하는데 이러한 유전 현상을 양적 형질이라고 한다. 게놈 전체 연관 연구(GWAS)와 같은 대규모 연구에서 인지 능력과 관련한 여러 유전자좌를 확인했지만 이러한 유전자 각각은 전반적인 지능에 미치는 영향이 미미하다. 이들은 뇌 발달에 관여하는 유전자들이며 특히 지능 발달의 차이를 설명하는 연구에서 복잡한 인지 능력에 중요한 영역인 전두엽 피질의 구조에 영향을 미치는 유전자들에서 변이들이 발견되었다. 유전자의 변이 외에도 후성유전적 환경 요인에 의한 유전자 발현의 영향이 지능 발달에 영향을 미칠 수 있다. 예를 들어, 인종 차별이나 사회경제적 박탈과 관련된 스트레스는 인지 발달에 영향을 미칠 수 있으며, 이러한 효과 중 일부는 세대를 거쳐 이어질 수 있다.

지능은 유전자-환경의 상호 작용에 영향을 받는다. 하지만 일부 학자들의 지능에 대한 유전자 결정론은 많은 사회적 논란을 불러 일으켰다. 1994년도에 하버드 대학교의 심리학 교수인 리차드 헐스타인(Richard J Herrstein)과 과학 기고가인 찰스 머레이(Charles Murray)는 "벨 커브: 미국인들의 지능과 계층 구조, Bell Curve: Intelligence and Class Structure in American Life"라는 저서에서 소득, 교육, 범죄와 같은 사회적 지표에서 지능이 중요한 역할을 한다고 주장했다. 그들은 IQ로 측정한 인지 능력이 사회적 배경이나 교육보다 사회경제적 성공(소득 및 교육 등)을 잘 예측한다고 주장했다. 미국 사회가 지능에 따라 계층화되고 있으며, 최상위에는 "인지적 엘리트"가 있고, 하위에는 인지적 능력이 상위층과 구분되는 하위 계층이 있다고 주장했다. 이 책에서 인종과 민족 집단 간의 IQ 차이에 대한 기술은 가장 논란이 되는 부분 중 하나이다. 저자들은 흑인 미국인이 백인이나 아시아계 미국인보다 IQ 테스트에서 평균적으로 낮은 점수를 받는다는 것을 보여주는 데이터를 제시하며 이 차이가 인종 집단 간에 사회경제적 격차를 부분적으로 설명할 수 있다고 주장했다.

인종과 지능에 대한 허스타인과 머레이 주장은 격렬한 논쟁을 불러일으켰다. 비판가들은 IQ의 인종적 차이가 부분적으로 유전적일 수 있다는 것은 인종적 고정관념을 조장하는 설이라고 주장했다. 학자들은 저자들이 자신의 주장과 일치하는 행동 유전학 연구에 크게 의존하는 반면, 사회경제적 요인과 체계적 인종 차별의 역할을 축소했다고 비판했다. 미국 심리학 협회(American Psychiatric Association, APA)를 포함한 비평가들은 이 책이 유전, 환경 및 지능 간의 복잡한 관계를 지나치게 단순화했다고 지적했다. APA는 지능에 대한 보고서를 발표하면서 IQ 테스트가 일부 인지 능력을 측정하지만 결과는 환경 및 사회경제적 요인의 영향을 받는다고 강조했다. 또한 인종 간 IQ 차이에서 유전의 역할에 대한 일관된 증거가 없다고 지적했다. 이러한 비판에도 불구하고 벨 커브는 여러 분야에 지속적인 영향을 미쳤다. 긍정적인 영향으로 인지 능력이 사회경제적 결과에 미치는 영향에 대한 인식을 높이고, 지능과 공공 정책의 역할에 대한 연구에 관심을 불러 일으켰다. 하지만 반대로 그것은 인종적 고정관념을 강화하고 일부 정치 집단에서 불평등을 정당화하고 소외된 커뮤니티를 위한 사회 프로그램에 대한 투자를 줄이는데 사용되는 부정적인 영향도 있었다.

동아시아계 미국인은 종종 백인 미국인보다 평균 IQ 테스트에서 약간 더 높은 점수를 받는 반면 흑인 미국인들은 낮은 점수를 받는 경향이 있다. 그러나 각 그룹 내의 개인들 간의 IQ 범위는 넓고 상당한 중복이 있어 단순 평균으로는 실제 통계학적으로 차이가 있다고 결론지을 수 없다. 인종 집단 간에 관찰된 IQ 차이가 유전적 차이에 의해 결정된다는 주장을 뒷받침하는 과학적 근거는 없다. 인간의 유전적 다양성은 집단 내에서 변이 폭이 집단 간보다 더 크다. 지능은 수백 개, 아니 수천 개의 유전자에 의해 영향을 받는 매우 복잡한 특성이며, 각 유전자는 IQ에 작은 영향을 미친다. 더욱이, IQ 점수의 차이는 더 광범위한 사회적, 환경적 맥락을 고려하지 않고는 해석할 수 없다. 사회경제적, 환경적 요인으로 교육 시스템(교육의 질, 영유아 프로그램, 자원 접근성)의 차이는 인지 발달에 상당한 영향을 미친다. 흑인들이 거주하는 지역에 비해 부유한 백인들이 거주하는 지역의 학교는 일반적으로 인지 발달에 도움이 되는 더 나은 시설, 교직원, 커리큘럼을 제공한다. 가족 소득 및 영양과 경제적 불평등은 어린이의 인지 발달에 큰 영향을 미친다. 불우한 지역에서 흔히 볼 수 있는 영유아기의 영양 결핍은 뇌 발달을 저해하고 IQ 점수에 영향을 미친다. 또한 IQ 테스트 자체의 허점으로, 일부 질문이 특정 사회 경제적 또는 문화적 배경을 가진 사람에게 유리할 수 있기 때문에 테스트의 문화적 편향도 무시할 수 없는 문제이다.

1904년 프랑스 심리학자 알프레드 비네(Alfred Binne)와 테오도르 시몽(Theodore Simon)이 프랑스 정부가 특수 교육 지원이 필요한 어린이를 파악하는 데 도움이 되도록 IQ 테스트를 개발했다. 그들이 고안한 테스트는 비네-시몽 지수라고 불렸다. 그들의 목표는 타고난 지능을 측정하는 것이 아니라 학교에서 성공하는 데 필요한 실질적인 능력을 평가하는 것이었다. 비네는 이 테스트가 타고난 지능을 측정하는 것이 아니므로 어린이에게 영구적으로 IQ로 라벨을 붙이는 데 사용하지 말라고 경고했다. 실제로 비네-시몽 지수에서는 평가치를 점수로 나타내지 않았다. 오늘날 우리가 알고 있는 IQ 점수의 개념은 미국 스탠포드 대학교의 루이스 터먼(Lewis Terman)이 1916년에 비네-시몽의 테스트를 미국에서 사용하도록 개량하여 도입하면서 IQ를 지수화했다. 터먼은 IQ 지수를 (정신연령÷생활연령)×100의 공식에 따라 표준화된 점수를 산출할 수 있다는 아이디어를 도입했다. 여기서 100은 주어진 연령의 평균 지능을 나타낸다. 터먼은 지능이 대체로 타고난 것이라고 믿었고 개인 간의 지적 능력을 측정하고 순위를 매기는 방법으로 IQ 테스트를 옹호했다. 그의 테스트 버전은 큰 인기를 얻어 미국에서 교육 분야와 군사 및 취업과 같은 광범위한 사회적 응용 분야에서 널리 사용되었다.

비네와 시몽은 지능 지수를 아이들이 학교에서 성공하는 데 도움이 되는 실용적인 도구로 쓰이도록 IQ 테스트를 만들었지만, 테스트가 발전함에 따라 사회적 계층화와 우생학 정책을 정당화하는 데 종종 오용되어 오늘날까지 계속 논란을 불러일으켰다. IQ 테스트는 사회적 편견을 강화한다는 비판을 받았다. 터먼을 포함한 초기 미국 연구자들은 결과가 인종과 계층 간의 고유한 차이를 반영한다고 믿었고, 이는 차별 정책을 정당화했다. 이는 어느 정도 개선되어 이후 연구에서는 IQ 점수가 유전뿐만 아니라 교육, 사회경제적 지위, 문화적 배경과 같은 환경적 요인의 영향을 받는다는 점도 인정했다. 오늘날 IQ 테스트는 교육 및 임상 환경에서 학습 장애와 영재성을 파악하는 데 사용된다. 그러나 많은 심리학자들은 지능이 단일 점수로 파악할 수 없는 광범위하고 다차원적인 개념이라고 주장한다.

IQ 테스트에서 점수는 정규 분포, 즉 종 모양 곡선을 따른다. 대부분의 사람들은 (약 68%) 85~115 사이의 점수를 받는다. IQ 100은 평균 점수로, 인구의 절반은 그보다 높은 점수를 받고 절반은 그보다 낮은 점수를 받는다. 95%의 사람들의 IQ는 70~130점 사이이며, 소수(약 2.5%)만이 70점 미만 또는 130점 이상을 받는다. 수재에 속하는 IQ 130 이상의 사람들은 전체의 1.25%, 즉 1,000명 중 12명 정도이다. 하지만 IQ 점수 분포의 표준 편차가 ±15점이다. 그러므로 IQ 130과 115는 표준 편차 범위 내에 있는 것이다. 뉴질랜드의 통계학자인 제임스 플린(James

Flynn)은 매 10년마다 IQ 점수가 3점씩 증가하는 것을 발견하여 보고했다. 이것을 플린 효과라 하는데 이와 같은 현상으로 인해 IQ 점수는 주기적으로 재표준화한다. 이를 통해 전반적인 인지적 성과가 시간이 지남에 따라 변하더라도 평균 IQ는 100으로 유지된다.

IQ 테스트는 단기 기억 능력, 추론 능력, 언어 능력 등의 최소 3가지 영역에 12가지의 소검사 항목으로 이루어져 있다. IQ 테스트는 후천적 교육과 테스트 당일의 컨디션에도 많은 영향을 받는다. 언어적 역량은 지능에 높은 비중을 차지함에도 IQ 테스트에는 이 항목이 없다. 이것은 아마도 각 언어권별로 테스트를 만들기 어렵기 때문이다. IQ 테스트는 언어 능력의 일부 측면을 측정할 수 있지만, 위대한 작가와 소설가들이 보여주는 창의성, 뉘앙스, 감정적 지능을 포착하지 못하는 경우가 많다. 세계 최고의 문학가들 중 다수는 뛰어난 IQ 점수를 받지는 않았지만 혁신적인 언어 사용과 창의적인 스토리텔링을 통해 인간에 대한 심오한 통찰력을 표현할 수 있었다. 이는 특히 예술적, 언어적 창의성 분야에서 인간 지능의 전체 범위를 평가하는 데 있어 IQ 테스트의 한계를 보여준다. 노벨상을 수상한 "음향과 분노(The Sound and the Fury)"와 "내가 누워 죽을 때(As I Lay Dying)"의 저자 윌리엄 포크너(William Faulker)는 20세기 최고의 소설가 중 한 명으로 널리 알려져 있다. 포크너는 문학적 천재성에도 불구하고 학업적으로 뛰어나지 않았고 전통적인 표준화된 시험에서 높은 점수를 받지 못했다. 그의 강점은 언어적 실험, 의식의 흐름에 따른 글쓰기, 인간 정신에 대한 깊은 이해에 있었는데, 이 중 어느 것도 IQ 테스트로는 잘 측정되지 않았다. "위대한 캐츠비(*The Greatest Gatsby*)"의 작가 스카트 피츠제럴드(Scott Fitzgerald)는 미국 꿈과 사회적 쇠퇴와 같은 주제에 대한 생생한 산문적 표현으로 유명했다. 피츠제럴드의 지능은 그의 문학 작품에서 분명하게 드러나지만, 그가 특별히 높은 IQ 점수를 받았다는 기록은 없다.

미국의 유명한 물리학자인 리차드 파인맨(Richeard Feynman)은 IQ가 125라고 알려져 있다. 그는 고지능자에 속하지 못하지만 물리학계에 큰 업적을 남기고 노벨 물리학상을 받았다. 상위 0.1%에 속하는 IQ 160 이상의 사람들을 멘사 클럽에 속한다고 한다. 하지만 멘사 클럽에 속한 사람들이 특별하게 큰 업적을 남기는 일은 많지 않다. 20세기 생물학계의 가장 큰 업적인 DNA 구조를 발견한 제임스 왓슨은 자신의 IQ가 보통보다 높지 않다고 항상 이야기했다. 유명한 이론 물리학자이자 우주론자인 스티븐 호킹의 IQ가 약 160이었다는 주장이 널리 퍼져 있지만, 이는 대부분 추측에 불과하다. 호킹 자신은 자신의 IQ 점수를 공개적으로 밝힌 적이 없다. 그는 지능 측정의 중요성을 무시하고 지능 지수가 단순한 숫자일 뿐이라고 강조한 것으로 알려져 있다. IQ가 얼마냐고 묻는 사람들에게 호킹은 "모르겠어요. IQ를 자랑하는 사람들은 패배자예요"라고 답했다고 한다.

PART 4

유전자를 활용하는 생명공학 기술의 현재와 미래

특정 유전자를 박테리아의 플라스미드에 삽입하는 기술이 1970년대 초반에 개발되었다. DNA 재조합 기술의 개발은 생물을 다루는 학계에 가히 혁신적인 발명으로 평가받았으며 생명공학의 부흥을 이끌었다. 당시 안정성 문제와 윤리적 파장에도 불구하고 각계의 전문가들이 자발적인 지침을 마련하였으며 그 후 약 50년이 지난 지금까지 생명공학은 그야말로 빛의 속도로 발전하여 우리 사회 전반에 영향을 주고 있다. 생명공학의 태동 기술 중 하나인 재조합 DNA 기술을 응용한 유전자 기술 기법이 1970년대 초반에 개발되자 사람들은 유전자 재조합 기술의 안전성 및 윤리적 파장에 대해서 매우 염려하였다. 1975년에 분자생물학자, 법률가, 의학자, 윤리학자 등 전문가들이 캘리포니아 몬테레이 반도에 있는 아실로마 리조트에서 컨퍼런스를 열고 자발적인 지침을 마련했다. 1980년대 중반에 개발된 PCR 기술은 생명공학, 의학, 농학, 법의학, 인류학 등 여러 분야에서 중요한 도구로 자리 잡았다. PCR 기술을 응용한 DNA 지문은 법의학에서 증거 채택의 패러다임을 바꾸어 놓았다.

발생 생물학의 새로운 용어인 이보-디보는 다양한 생물체의 발생에 대한 기초를 제공하였다. 생명공학의 혁신적인 기술은 인권, 환경 영향, 과학적 진보와 도덕적 책임 간의 균형을 신중하게 고려해야 하는 윤리적, 사회적 문제를 제기한다. 특히 생식 생물학에서의 생명공학은 윤리적 문제를 많이 안고 있어서 이에 대한 심도 있는 고려가 필요하다. 특허는 정부가 발명가 또는 양수인에게 부여하는 법적 권리로, 특정 기간 동안 발명품을 만들고, 사용하고, 판매하고, 배포할 수 있는 독점적 권리를 부여하는 것이다. 생명공학 기술은 의학, 농업, 환경적 지속 가능성에 혁신적인 솔루션을 제공하지만 생명공학과 지적 재산권의 교차점에는 심각한 윤리적 우려가 있다. CRISPR-Cas9 유전자 가위 기술을 둘러싼 개발자들의 첨예한 특허분쟁은 얼마나 생명공학 세계에서 특허가 미묘한지를 설명한다. 생명공학 기술의 가장 진보한 분야 중의 하나가 유전자 치료 분야이다. 유전자 치료는 질병을 치료하거나 예방하기 위해 결함이 있는 유전자를 수정하거나 교체하는 의료 기술이다. 재생 의학은 인간의 세포, 조직 또는 장기를 수리, 교체 또는 재생하여 정상적인 기능을 회복하는 데 중점을 둔 학제 간 연구 및 임상 응용 분야로서 아직 초기 단계이지만 장기 훼손이나 결함으로 고생하는 많은 사람들에게 희망을 주고 있다.

CHAPTER 31

생명공학 세계를 태동한 유전자 클로닝 기술

유전자 클로닝은 현대 생명공학의 태동을 가능하게 한 핵심 기술 중의 하나이다. 클로닝은 단일 조상이나 출처에서 유래하여 유전적으로 동일한 개인이나 세포를 생산하는 과정을 말한다. 클로닝과 복제는 같은 의미이다. 클로닝은 박테리아나 영양생식을 하는 일부 식물에서 자연적으로 발생할 수도 있다. 유전자 클로닝의 목적은 특정 유전자나 DNA 서열의 사본을 만드는 것이다. 관심 있는 유전자를 재조합 DNA 기술을 이용하여 박테리아의 플라스미드에 삽입한 후 이것을 박테리아 세포에 삽입하여 박테리아를 배양하여 동일한 유전자를 대량으로 얻을 수 있다.

재조합 DNA 기술에는 두 가지 효소가 필요하다. 하나는 제한효소(restriction enzymes)이고 다른 하나는 DNA 연결효소(DNA ligase)이다. 제한 효소는 박테리아가 생성하는 단백질로 DNA 분자의 특정 염기서열을 인지하여 절단한다. 박테리오파지는 박테리아를 감염시키는 바이러스인데 박테리아는 자신의 DNA가 아닌 박테리오파지 DNA를 선별하여 제한효소로 절단함으로써 자신을 보호한다. 제한효소는 특정한 염기서열을 인식하여 절단한다. *Eco*RI이라는 제한효소는 GAATTC/CTTAAG 서열을 인식하고 *Hin*dIII는 AAGCTT/TTCGAA 서열을 인식한다(아래 그림 참조). 지금까지 약 3,000종 이상의 제한 효소들이 발견되었다.

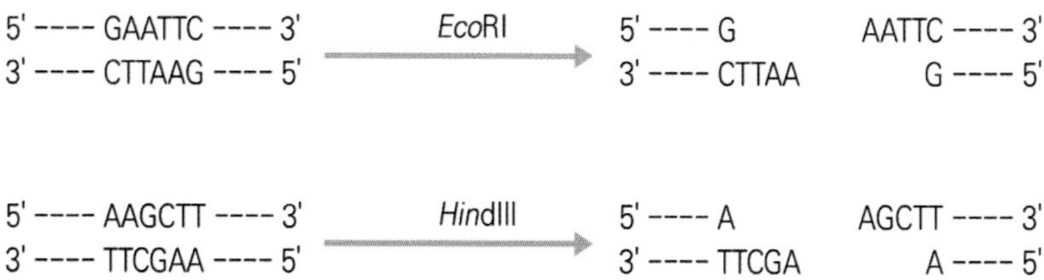

박테리아 세포에는 박테리아 염색체 외에 플라스미드라는 작은 원형 DNA를 가지고 있다. 이들 플라스미드는 박테리아 염색체와는 별도로 독립적으로 복제되므로 세포가 분열을 하여 증식을 하면 플라스미드 DNA도 동시에 증식이 된다. 생물학자들은 인조 플라스미드를 만들고 원하는 DNA 조각을 플라스미드에 삽입하여 박테리아 증식과 함께 원하는 DNA를 대량으로 얻을 수 있다. 이와 같은 인조 플라스미드를 클로닝 벡터라고 하는데 유전자 클로닝에 많이 사용되는 클로닝 벡터로 pUC19이라는 벡터가 있다. pUC19은 2,700개의 뉴클레오티드로 되어 있으며 자발적 복제를 위한 복제 시발점, 항생제 저항성 유전자, 그리고 *lacZ* 유전자를 가지고 있다. *lacZ* 유전자 서열 내에는 *Eco*RI 인식 염기서열이 있다. *lacZ* 유전자가 발현되면 IPTG(isopropyl β-D-1-thiogalactopyranoside)와 X-Gal(5-Bromo-4-chloro-1H-indol-3-yl β-D-galactopyranoside)가 들어 있는 선별 배지에서 청색 콜로니를 형성한다. pUC19 벡터를 *Eco*RI 제한효소로 절단한 후 절단된 곳에 원하는 유전자를 삽입하여 DNA 연결 효소를 처리하면 DNA 재조합된 pUC19 벡터가 만들어진다. 선별 배지에서 배양하면 재조합된 pUC19 벡터를 가진 박테리아는 *lacZ* 유전자 중간에 다른 유전자가 삽입됐기 때문에 *lacZ* 유전자가 손상되어 발현되지 못해 백색 콜로니를 형성하지만, *lacZ* 유전자 내에 클로닝하고자 하는 유전자가 삽입이 안 된 상태로 *lacZ* 유전자가 정상적인 기능을 하면 청색 콜로니를 보인다. 선별 배지는 항생제를 함유하고 있기 때문에 pUC19벡터를 가지지 않은 박테리아는 살아남지 못하므로 선별 배지에서 백색 콜로니로 보이는 것은 모두 클로닝하고자 하는 유전자를 보유한 재조합 pUC19 벡터를 가진 박테리아이다. 백색 콜로니의 박테리아들을 액체 배양액에서 배양하면 클로닝하고자 하는 유전자를 대량으로 획득할 수 있다.

스탠포드 대학교 교수인 스탠리 코헨(Stanley Cohen)과 캘리포니아 대학교 샌프란시스코 교수인 허버트 보이어(Herbert Boyer)에 의해 1973년도 개발된 유전자 재조합을 이용한 유전자 클로닝 기술은 획기적이어서 유전공학과 생명공학의 기초가 되는 발전이었다. 유전자 복제의 개발은 유전자를 조작하고 연구하기 위한 강력한 도구를 제공함으로써 생명공학을 혁신했다. 이는 의학, 농업, 산업 공정 및 연구에 적용되어 재조합 단백질(예: 인슐린), 유전자 변형 작물 및 유전 질환에 대한 새로운 치료법과 같은 발전을 가능하게 했다. 유전자 복제 기술의 지속적인 진화는 다양한 분야에 영향을 미치고 있으며, 인간의 건강, 식량 안보 및 산업 효율성을 개선하는 혁신을 주도하고 있다.

의학 분야에서 유전자 재조합 및 클로닝 기술의 가장 성공적인 응용

중 하나는 재조합 인간 인슐린의 생산이다. 과학자들은 인간 인슐린 유전자를 박테리아에 클로닝하여 복제함으로써 인슐린을 보다 효율적으로 생산할 수 있었다. 이전에는 인슐린을 돼지의 췌장에서 추출하였는데 추출 양이 제한적이서 가격이 매우 비쌌으며, 어떤 환자에게는 알레르기 반응으로 동물 세포 유래 인슐린 사용이 제한적인 경우도 있다. 하지만 유전자 재조합에 의해 생산되는 인슐린은 가격도 저렴하고 알레르기 위험도 줄였다. 또한 유전자 복제를 이용해 낭포성 섬유증이나 혈우병과 같은 유전적 질환을 앓고 있는 환자의 결함이 있는 유전자를 대체하기 위해 기능적 유전자를 도입하는 유전자 치료를 개발할 수 있다. 이에 더해 DNA 클로닝 기술은 과학자들이 살아있는 세포에서 항체를 생성하는 유전자를 복제하고 수정하여 정확하고 효율적인 단일 클론 항체 생산을 가능하게 한다. DNA 복제 기술을 이용한 단일클론 항체(mAb) 생산은 의학에 혁명을 일으켜 암, 자가면역 질환, 감염성 질환을 포함한 광범위한 질병을 치료하는 데 사용되는 고도로 특이적인 항체를 만들어낼 수 있게 했다.

유전자 재조합 기술은 농업에도 많이 응용되고 있다. 유전자 재조합 기술을 응용한 GMO(Genetically Modified Organism, 유전자 변형 생물체) 기술은 작물에 해충 저항성 및 가뭄 내성과 같은 특성을 도입하는 데 사용되고 있다. 예를 들어, Bt 옥수수는 식물이 곤충 해충으로부터 보호하는 독소를 생산할 수 있는 박테리아인 바실러스 투린지엔시스(*Bacillus thuringiensis*) 유전자를 가지고 있다. 클로닝 기술은 근육량 증가나 질병 저항성과 같은 유리한 특성을 담당하는 유전자를 클로닝하여 가축 개량에도 이용되고 있다. 생명공학의 산업적 응용의 예로 유전자 클로닝은 바이오 연료를 보다 효율적으로 생산할 수 있는 미생물 엔지니어링의 기반 기술을 제공하며 재조합된 유전자는 미생물에서 세제, 식품 가공 및 섬유 제조를 위한 효소를 생산하는 데 사용된다. 또한 유전자 재조합 기술은 분자생물학 기초 연구에 매우 중요하다. 유전자 클로닝은 유전자 기능, 유전자 조절 및 질병의 분자적 메커니즘을 연구하는 데 필수적이다. 이를 통해 과학자들은 유전자를 조작하고 그 효과를 관찰하여 유전학과 분자 생물학의 눈부신 발전을 이룰 수 있었다.

하지만 재조합 DNA 기술이 1970년대 초에 처음 발명되었을 때 안전성과 윤리적 의미에 대해서 학계에서는 많은 우려가 있었다. 예를 들어, 유전자 변형 미생물이 실수로 실험실에서 빠져나와 환경에 예기치 못한 영향을 끼치거나, 재조합 DNA를 생물 무기나 기타 악의적인 방법으로 사용할 가능성도 있다. 또한 유전자 수준에서 생명을 조작할 수 있는 능력에 대해 많은 학자들이 인간이 자연질서에 어느 정도까지 개입할 수 있는지에 대해 깊은 우려를 표명하였다. 과학자들의 안전하고 윤리적인 연구를 위한 지침의 필요성이 대두되었다.

유전자 재조합 기술의 이러한 우려를 논의하기 위해 1975년 2월 캘리포니아의 몬테레이 반도에 있는 아실로마 리조트에서 역사적인 아실로마 컨퍼런스(Asilomar Conference)가 열렸다. 컨퍼런스에는 약 140명이 참석했는데, 주로 분자 생물학, 유전학, 의학 등 다양한 분야의 과학자들이었다. 참석자 대부분이 연구자와 학자였지만, 컨퍼런스에는 변호사, 윤리학자, 공중 보건 전문가도 포함되었다. 이렇게 광범위한 분야에서 대표를 선발한 것은 의도적인 것이었으며, 논의에서 재조합 DNA 기술의 과학적, 대중적 의미에 대해 철저히 검토하도록 했다. 목표는 안전 지침을 수립하고 유전자 조작과 관련된 윤리적 문제를 해결하는 것이었다.

아실로마 컨퍼런스는 개방적인 접근 방식으로 진행되었으며 참석한 과학자들은 자발적으로 아래와 같은 연구 지침을 부과했다.

1. **격리 및 안전 프로토콜:** 물리적 및 생물학적 격리: 가장 큰 우려 사항은 유전자 변형 생물체(GMO)가 실험실을 빠져나와 인간의 건강이나 환경에 위험을 초래할 가능성이었다. 연구자들은 재조합 DNA와 관련된 모든 실험은 서로 다른 수준의 물리적 격리(실험실 안전 절차)와 생물학적 격리(실험실 밖에서는 생존 가능성이 낮은 생물체)를 사용하여 엄격한 생물 안전 프로토콜을 따라야 한다는 데 동의했다. 실험은 위험 수준에 따라 분류되었으며 필요한 격리 정도는 위험에 비례했다. 예를 들어, 병원성 생물체와 관련된 고위험 실험은 최대 격리가 필요했다.

2. **특정 고위험 실험 금지:** 처음에는 인간 병원체나 발암 유전자를 가진 바이러스와 관련된 것과 같은 일부 유형의 고위험 실험은 위험을 더 잘 파악할 수 있을 때까지 전면 금지되었다. 이러한 신중한 접근 방식은 재조합 DNA 연구의 초기 단계에서 의도치 않은 결과를 방지하는 데 필수적이었다.

3. **연구자의 윤리적 책임 자발적 준수:** 과학계는 연구자에게 정부의 개입을 기다리기보다 지침을 따를 책임을 부여하는 자체 규제 방식을 채택했다. 이러한 자발적인 약속은 책임감을 갖도록 하는 문화를 형성하고 잠재적 위험에 대한 신중한 고려를 촉진하기 위한 것이다. 연구자는 또한 대중에게 연구 결과와 위험 및 안전

조치에 대한 공개적인 의사소통을 통해 신뢰를 쌓고 유전 연구에 대한 잘못된 정보가 퍼지는 것을 방지하기로 약속했다.

4. **위험-이익 분석:** 위험과 이익의 균형 가이드라인은 모든 재조합 DNA 실험은 의학적 혁신이나 농업 발전과 같은 가능한 이익과 균형을 이루도록 건강과 환경에 대한 잠재적 위험에 대한 신중한 분석을 포함해야 한다고 강조했다.

5. **대중 및 정부 참여:** 컨퍼런스는 대중이 유전 연구의 위험과 이점에 대해 알 권리가 있음을 인정했으며, 이는 과학에서 대중 대화와 투명성을 제고하기 위한 선례를 만들었다. 이 지침은 처음에는 자체적으로 부과되었지만, 아실로마 컨퍼런스는 더 광범위한 규모로 안전한 연구 관행을 보장하도록 미래의 정부 규정에 대한 문을 열었다. 아실로마 가이드라인은 재조합 DNA 연구에 대해 근거 없는 주장에 기반한 반발을 예방하고, 안전성과 윤리적 책임을 촉진하는 동시에 유전공학의 지속적인 발전을 보장하는 데 도움이 되었다.

6. **국제 협력:** 아실로마 가이드라인은 미국에 국한되지 않았다. 과학계는 유전공학을 규제하는 데 있어 국제 협력이 필요하다는 것을 인지했고, 이후 전 세계적으로 유사한 논의와 안전 프로토콜이 생겨났다.

아실로마 컨퍼런스는 유전공학의 책임 있는 개발을 합법화하고 안내하는데 중요한 역할을 했다. 재조합 DNA 기술은 그 후 빠르게 발전하여 의학, 농업, 산업 분야에서 수많은 획기적인 발전을 이루었다. 컨퍼런스에서 확립된 원칙은 오늘날에도 여전히 사용되고 있는 생물 안전 규정의 토대를 마련하여 과학적 자유와 대중의 안전을 균형 있게 유지하고 있다. 수립된 가이드라인은 널리 받아들여졌으며 현대 생물 안전 프로토콜의 기초가 되었다. 이는 과학자들이 새로운 기술의 윤리적 및 안전 문제를 적극적으로 해결했던 성공적인 사례로 자주 인용된다. 이러한 원칙은 여전히 생명공학, 유전공학 및 합성생물학에 대한 현재의 규정에도 영향을 미친다.

아실로마 컨퍼런스에서 만들어진 프레임워크는 과학적 진보와 대중 안전, 윤리적 고려 사항 간에 균형을 이루면서 생명공학 분야에서 책임 있는 혁신을 이룰 수 있는 토대를 마련했다. 이 행사는 종종 과학 커뮤니티가 새로운 기술을 책임감 있게 규제하고, 정부의 과도한 개입을 피하면서 윤리적 기준을 유지할 수 있는 방법에 대한 모델로 인용된다.

CHAPTER 32

생명공학 기술을 혁신한 중합효소 연쇄반응(PCR)

PCR(Polymerase Chain Reaction, 중합효소 연쇄반응)은 분자생물학의 혁명적인 기술 중 하나로, 특정 DNA 조각을 짧은 시간 안에 수천만~수억 배로 증폭할 수 있게 해주는 기술이다. 복잡한 생화학적인 반응을 작은 테스트 튜브에서 구현하여 목표로 하는 염기서열만을 가장 단순하고 명료한 형태로 대량 생산하여 눈으로 확인할 수 있게 해 줌으로써 분자생물학의 모든 분야에서 새로운 지평을 열었다. 이런 공로로 PCR의 원리를 개발한 과학자는 노벨화학상을 수상하였다.

PCR은 1983년 미국의 생화학자 캐리 멀리스(Kary Mullis)에 의해 고안되었다. 샌프란시스코에 있는 생명공학회사인 Cetus Corporation의 연구원이었던 캐리 멀리스가 중합효소 연쇄반응 아이디어를 처음 떠올린 순간은 꽤 드라마틱하다. 1983년 11월 비가 오는 금요일 밤, 그는 해안도로를 여자 친구와 드라이브 중이었다고 한다. 그때 갑자기 "DNA 가닥을 반복적으로 복제하면 어떨까?"라는 생각이 떠올랐고, 그는 차를 세우고 노트에 아이디어를 끄적였는데, 그것은 분자생물학 역사상 가장 큰 발견의 하나로 꼽힐 PCR 개발 원리가 시작되는 순간이었다.

초기 기술의 단점은 반응의 각 사이클 마다 반복되는 고온에 DNA 중합효소가 파괴되므로 사이클마다 DNA 중합효소를 넣어 주어야 한다는 것이었다. 1986년 Cetus Corporation의 랜디 사이키(Randy Saiki)가 고온에서도 생존이 가능한 *Thermophilus aquaticus*라는 세균에서 DNA 중합효소 분리에 성공하여 Taq DNA 중합효소라고 이름을 붙였다. Taq 중합효소는 내열성이 있어 반응에 한 번만 첨가하면 되었기 때문에 훨씬 저렴하게 DNA 연쇄 중합반응을 자동화하게 했다. 이 간단하면서도 혁신적인 아이디어 덕분에 과학자들은 목적하는 DNA 조각을 빠르고 정확하게 복제할 수 있었다.

PCR의 기본 원리는 자연적인 DNA 복제 과정과 유사하다. DNA 중합효소라는 효소가 DNA 복제를 돕는 역할을 하는데, PCR에서는 Taq 중합효소라는 특수한 효소를 사용한다는 점이 다르다. 이 효소는 뜨거운 온도에서도 안정적으로 작동하며 고온의 반복적인 열주기를 견딜 수 있으므로 DNA 복제와 증폭이 훨씬 저렴했고 자동화가 가능해졌다.

PCR 과정에는 몇 가지 필수 구성 요소가 있다. 그리고 PCR 과정은 크게 세 가지 단계로 나뉜다.

한 사이클은 위의 세 가지 과정으로 이루어지고 사이클을 반복하면, 초기의 DNA 샘플에서 원하는 부분을 빠르게 대량 증폭할 수 있다. 일반적으로 30~40회의 사이클을 거치면 수십억 개 이상의 DNA 복제가 가능하다. 예로 32회 사이클 반응을 할 경우 목적하는 DNA 가닥은 약

10억 배(2^{30}=1,073,741,824배)로 증폭된다. PCR 기술이 발명되기 이전에는 특정한 유전자 서열을 얻기 위해서는 이전 장에서 소개한 유전자 클로닝 법을 이용하여 유전자 재조합 플라스미드를 제작하고 이를 대장균에 넣어서 배양하는 등 다소 복잡한 과정을 거쳐야 했다. 대장균의 세포분열 주기를 PCR의 사이클로 생각할 수 있는데, 대장균의 세포분열 주기가 20분이지만 PCR의 한 사이클은 2~3분이면 충분하다. 그러므로 PCR을 이용하면 쉽게 원하는 유전자 서열만을 특화하여 신속하게 대량 획득할 수 있다는 장점이 있다.

PCR 기술은 생물학, 의학, 법의학, 고고학, 생태학, 농학 등 다양한 분야에 혁명을 불러왔다. 분자생물학 분야에서는 특정한 유전자 연구를 위하여 유전자를 클로닝하고 배양 후 대량으로 유전자 단편을 획득하고 염기 서열을 분석하는 등 복잡한 과정이 필요하였다. 하지만 PCR 방법을 이용하면 단 몇 시간 내에 원하는 유전자 서열을 대량으로 획득할 수 있다. 그리고 특정한 유전자의 발현 연구를 위하여 세포 내 RNA를 추출한 후 전기영동하고 이를 니트로셀룰로스 막에 전이한 다음 원하는 유전자를 탐침자로 분자 교잡하는 등의 복잡한 과정을 수행하여야 했지만 PCR 기술을 응용한 RT-PCR 방법을 사용하면 정확하게 특정 유전자의 발현량을 측정할 수 있다.

PCR이 특히 기여한 분야는 유전체 연구분야이다. 유전체(게놈)는 한 종이 가지고 있는 DNA의 총량을 일컫는다. 유전체학(genomics)이란 한 생물체의 게놈 전체에 대한 연구로서 염기서열 분석을 기본으로 한다. PCR은 차세대 염기서열 분석법(Next Generation Sequencing, NGS) 진행 과정에서 필수적인 단계로, DNA 또는 RNA 단편을 증폭하여 자세한 유전체 분석을 가능하게 하였다. NGS는 수백만 개의 DNA 또는 RNA 단편의 염기서열을 동시에 분석하여 전체 게놈, 전사체 또는 관심 영역을 연구하는 것을 가능케 해준다. 샘플 초기의 DNA 또는 RNA 양이 아무리 미세하더라도 PCR은 DNA 개수를 기하급수적으로 증폭하여 NGS 분석에 충분한 양을 확보할 수 있게 해준다. 구체적인 NGS 분석 방법을 기술하는 것은 본 저서의 범주를 벗어나므로 생략하고 NGS의 효율성을 간략하게 소개한다. NGS 방법이 고안되기 이전에는 DNA 단편의 염기서열 분석은 비용이 많이 들고 시간도 많이 소요되었다. 예로 인간 게놈 프로젝트(Human Genome Project)는 1990년에 시작하여 2003년에 완성하였는데 이 프로젝트는 총 약 27억 달러의 비용이 들었으며, 여러 샘플로 나누면 게놈당 약 1억 달러가 들었다. 하지만 NGS 기술을 사용하면 분석 시간도 1~2일 정도가 소요되며, 분석 비용이 반복 분석 정도와 사용된 플랫폼에 따라 다르지만 약 500~1,000달러로 분석이 가능하여 개인 유전체 의학(personal genome medicine)이 가능하게 되었다('16장 **유전자형에 따른 환자 맞춤 의료**' 참조).

의학 분야에서의 PCR 응용은 매우 필요하다. 환자 세포에서 질병 유전자의 염기서열 분석을 실시하여 환자 세포의 돌연변이 유무를 확인할 수 있다. 또한 알려진 유전질환의 유전자를 분석하여 조기에 질병을 예측하는 데 활용될 수 있다. 더불어 NGS 기술을 이용할 경우 임신 중인 태아의 유전질환 검사도 가능하다. 임산부의 피에 섞여 있는 미세한 양의 태아 DNA를 인지하여 침습적인 양수 검사 없이도 태아의 유전질환을 검사할 수 있다. 다른 예로 바이러스 감염 여부 확인을 빠르고 쉽게 할 수 있다. 코로나 바이러스를 예로 들면 면봉을 이용하여 콧속이나 입안 구강세포를 간단하게 비벼서 RNA 추출 키트에 넣고 RNA를 추출한다. 그런 다음 RNA 역전사 효소를 이용하여 DNA로 전환한 다음 코로나 바이러스에 특이적인 프라이머를 이용하여 PCR 반응을 실시하면 소량의 바이러스도 쉽게 감지할 수 있어서 코로나 바이러스 감염 여부를 확인할 수 있다.

법의학에서의 PCR 응용은 범죄 현장에서 소량의 DNA 흔적이 발견되면 이를 대량 증폭하고 분석하여 범인을 추적할 수 있다. 예를 들어, 수사관이 아주 작은 혈흔, 머리카락 한 가닥 또는 피부 조각을 발견하면 이러한 흔적에서 DNA를 추출하여 PCR은 그것이 누구에게서 왔는지 식별하는 데 도움이 될 수 있다. 이 기술은 샘플양이 매우 미세하거나 분해된 경우에도 DNA의 특정 부분을 복사하여 작동한다. 과학자들은 이러한 부분을 증폭하여 잠재적 용의자의 샘플과 비교할 수 있는 충분한 DNA를 PCR로 확보할 수 있다. 이 과정을 통해 용의자를 범죄 현장과 일치시키거나 배제할 수 있다. PCR은 증거가 부족한 사건을 해결하는 데 특히 유용하여 정확성이 매우 높은 고유한 유전적 지문을 기반으로 개인을 식별하는 방법을 가능케 한다('33장 DNA 지문법을 이용한 법의학의 태동' 참조).

PCR은 농업에서 식물 질병을 감지하고 작물 육종을 개선하며 식품 안전을 보장하기 위해 널리 사용되고 있다. 식물에서 박테리아, 바이러스 또는 곰팡이와 같은 병원체를 식별하는 데 도움이 되어 작물 손실을 방지하기 위한 조기 개입을 가능하게 한다. PCR은 또한 가뭄 저항성이나 더 높은 수확량과 같은 바람직한 특성을 위해 식물 DNA를 분석하여 우수한 품종을 개발하는 분자육종기술을 구현하는 데 사용된다. PCR 분자 표지를 이용한 분자 육종은 신품종 육성 연한을 크게 단축시킨다. 또한 PCR은 품종의 특정 표지 인자를 분석하여 육종가의 권리 보장을 위한 도구로도 활용될 수 있다. 국산 농작물에 대한 PCR 분자 표지는 농산물 시장에서 외래 농산물을 선별하므로 외국산 농산물 유입을 차단할 수 있다. 또한 식품에서 유해한 미생물이나 유전자 변형 생물(GMO)을 감지하여 식품 안전을 보장한다.

고생물학 또는 인류학 연구에서도 PCR은 화석 유해, 뼈, 치아 또는 보존된 조직에서 고대 DNA(ancient DNA, aDNA)를 연구하는 고생물학 및 인류학에서 귀중한 도구이다. 화석이나 오래된 조직에서 추출하는 고대 DNA는 종종 심하게 분해되고 미량으로 존재하기 때문에 PCR을 이용해 특정 DNA 단편을 증폭시켜 연구한다. 이를 통해 연구자는 멸종된 종의 유전체를 재구성하고, 진화적 관계를 연구하고, 고대 인류와 현대인 간에 유전적 연결을 분석할 수 있다. 인류학에서 PCR 응용의 한 예는 고대 뼈 화석에서 네안데르탈인 DNA를 분석하는 것이다. 과학자들은 네안데르탈인 화석에서 추출한 작고 분해된 DNA 조각을 증폭시켜 네안데르탈인 유전체와 현대인을 비교하였다. 그 결과 두 종 간에 교잡이 일어났으며 현대인 집단에 네안데르탈인 유전자가 존재한다는 사실을 밝혀 인간의 진화와 이주에 대한 통찰력을 제공하였다. PCR은 또한 고대 표본에서 병원체나 식단 흔적을 탐지하여 과거 환경과 생활 방식에 대한 통찰력을 얻는 데 도움이 되기도 한다.

PCR은 DNA 증폭 기술로서, 생명공학, 의학, 농학, 법의학, 인류학 등 여러 분야에서 중요한 도구로 자리 잡았다. 이 기술은 실험실에서 특정 DNA를 신속하게 복제하고 분석할 수 있는 강력한 방법을 제공하며, 유전학, 법의학, 의료 진단, 그리고 신약 개발에 필수적인 도구로 사용된다. PCR은 생명공학 산업의 혁신을 이끌었으며, 유전 정보를 기반으로 하는 맞춤형 의료와 치료법 개발에 큰 영향을 미쳤다. PCR 기술이 가져온 변화는 앞으로도 계속될 것이며, 생명과학의 새로운 발전을 이끄는 중요한 원동력이 될 것이다. 생명공학의 복잡한 문제를 해결하는 데 있어 PCR이 보여준 가능성은 그 무엇보다 크다.

CHAPTER 33

DNA 지문법을 이용한 법의학의 태동

1985년 9월 영국 레스터 대학 알렉 제프리(Alec Jeffereys) 교수 실험실의 연구원은 자신, 자신의 아버지, 어머니, 그리고 제 3자의 DNA를 제한효소로 절단하고 전기영동 한 후 DNA를 니트로셀룰로스 막으로 전이시킨 뒤 여기에 인간의 유전체에 반복적으로 존재하는 부수체 DNA를 탐침자로 하여 분자 교잡을 실시하였다. 제프리 교수는 실험 결과를 보고 "유레카"를 외쳤다. 실험 결과 여러 개의 분자 교잡 밴드를 보였는데 각각의 양상이 서로 달랐다. 밴드 분리 양상이 복잡했지만 분리 양상이 사람들마다 다르게 나타나는 것을 보고 제프리 교수는 개체 식별을 위한 유전자 지문으로 이용할 수 있다는 것을 깨달았다. 그것은 새로운 과학 분야를 열었다. 연구팀은 범죄, 친자 관계, 일란성 쌍둥이를 포함한 적용 분야와 비인간 종의 보존 및 다양성에 대한 연구에 이를 활용할 수 있다는 것을 발견하였다.

유전자 지문의 첫 번째 법의학적 적용은 1980년 초 영국의 레스터 인근의 레스터샤이어 지역에서 일어난 두 건의 강간 및 살인사건의 범인을 잡는 데 이용된 것이었다. 체포된 용의자는 한 건의 살인에 대해서는 자백했지만 다른 건은 자신이 저지르지 않았다고 주장했다. 이에 제프리의 유전자 지문법을 이용하여 분석한 결과 두 사건 모두 용의자가 범인이 아닌 것으로 나타나 무죄 판결을 받았다. 경찰은 두 명의 여성 피해자에서 채취한 샘플과 일치하는 지문을 찾기 위해 지역 남성들을 대상으로 광범위한 유전자 프로파일링을 실시하였다. 콜린 피치포크라는 남성이 친구의 혈액을 자신의 혈액으로 경찰에게 제공하였다고 자랑하는 것을 들은 경찰은 피치포크를 체포하여 그의 DNA를 두 여성의 피해 여성에게서 채취한 DNA 지문과 비교한 결과 지문이 일치하여 그를 진범으로 체포하였다. 1990년대 초 영국 BBC 방송국의 "Jim'll Fix It(짐이 고쳐줄게)"라는 인기 프로그램이 있었다. 제프리는 이 프로그램 PD로 부터 11살짜리 쌍둥이 소녀들이 일란성 쌍둥이인지 이란성 쌍둥이인지를 밝혀줄 수 있냐는 요청을 받았다. 제프리는 이들의 DNA 지문들이 일치하는 것을 보여 주며 이들은 일란성 쌍둥이임을 확인하여 주었다. 제프리의 DNA 지문법은 동물 복제 시 얻은 동물이 정말 복제 동물인지 확인하는 데도 이용되었다. 실제로 영국 로슬린 연구소에서 복제양 돌리를 만들고 돌리가 어미양과 동일한 DNA를 가지고 있는지 확인시켜 주었다.

제프리의 DNA 지문 분석 기술은 복잡하였지만 요즘은 앞 장에서 다룬 PCR이라는 간편한 기술을 활용하여 매우 간단해졌다. 진핵생물의 유전체에는 염기의 길이가 1~10개 정도 되는 단편이 여러 번씩 반복하여 존재하는 단순 서열 반복(Simple Sequence Repeat, SSR)들이 수없이 존재하는데 이들의 반복 단위가 개인 또는 개체마다 다르므로 개체 식별에 아주 유용하다. PCR 방법을 이용하면 아주 소량의 DNA만으로도 분석이 가능하다. 범죄 현장의 피 한 방울, 침 자국, 머리카락의 모근 세포 등에서 추출한 DNA만으로도 여러 번의 PCR 반응이 가능하다. 실제로 미국 오레곤주의 멀트노마에서 1980년에 일어난 터커라는 19세 소녀의 성폭행 살인 사건은 미제 사건으로 남아있었다. 범죄가 일어나고 곧 포버트 플림튼이라는 청년이 용의자로 검거되었지만 증거 불충분으로 풀려났다. 터커의 부검 과정에서 사용되었던 면봉이 남아있었는데 2021년에 면봉에서 분리된 DNA 분석 결과 범인이 빨간 머리였을 가능성이 있다는 것을 밝혔다. 플림튼이 빨간 머리였으므로 다시 용의 선상에 올렸다. 경찰은 플림튼의 집에서 그가 씹다 버린 껌조각에서 그의 DNA를 추출하여 분석 결과 DNA 지문이 터커의 부검에서 사용된 면봉의 DNA 지문과 일치하는 것을 확인하고 범죄가 일어나고 41년 만에 플림튼을 강간 살인범으로 기소하였다.

우리나라의 사례도 두 건 소개한다. 이 두 사례는 인터넷 검색에서 나온 사례를 재구성한 것이다. 2008년 6월에 A씨는 제주 시청 근처에서 술에 취해 있던 피해자를 사촌 동생과 함께 주변 숙박업소로 끌고 가 성폭행을 했다. 사건 발생 당시 목격자나 다른 증거가 없어서 미제로 남아 있었다. 두 피의자의 DNA를 확보했지만 당시의 DNA 데이터베이스와는 일치하지 않았다. 하지만 사건이 나고 15년 후 국립과학수사연구원은 사건 현장에서 추출한 DNA를 재분석한 결과 A씨의 DNA와 일치하는 것을 확인하였다. 결과를 통보 받은 경찰은 A씨를 검거하여 구속 영장을 신청했다. 하지만 사건 현장에서 채취한 DNA가 피해자 체내에서 채취한 것이 아니고 현장의 물품에서 채취한 것으로 DNA 증거가 A씨의 성폭행 증거로 보기에 부족하다고 법원은 판단하여 영장을 기각했다. 경찰은 다시 보완 수사를 하여 재구속 영장을 신청하였고 결국 A씨는 구속되었다. 두 번째 사건은 2012년에 일어난 사건이다. 한 다방 업주가 자신의 다방에서 사망한 채로 발견되었다. 피해자의 손톱 밑에서 극소량의 샘플이 검출되었고 DNA 분석 결과 피해자 여성과 신원불명남성의 DNA 지문이 나왔다. 당시 DNA 분석 기술로는 신원 불명의 DNA 주인공을 찾기 어려웠다. 하지만 2019년 국립과학수사연구소는 혼합 유전자 분리 기술로 범인이 다른 다방의 업주를 폭행해 2년간 복역 후 출소한 50대 남성 A씨라는 것을 확인하여 기소하는 데 도움을 주었다. A씨는 1심에서 살인 혐의를 인정받아 25년을 선고받았다.

DNA 지문은 범인을 잡는 데도 이용되지만 억울하게 감옥살이를 하는 사람들의 사면에도 이용된다. 1989년부터 2023년까지 미국에서 DNA 증거를 통해 무죄가 선고된 사람은 375명이 넘는다. 이러한 잘못된 유죄 판결은 종종 잘못된 목격자 식별, 잘못된 법의학, 허위 자백 및 검찰의 부정행위와 같은 요인으로 인해 발생한다. "무죄 프로젝트(Innocence Project)"와 같은 민간단체에서 잘못된 유죄 판결에 DNA 증거를 사용하여 이의를 제기한 후 무죄 판결을 받아 내고 있다. 또한 DNA 증거의 사용은 무고한 사람의 억울함을 풀어줄 뿐 아니라 많은 경우 진짜 가해자를 식별하는 데 이용된다.

미국 메릴랜드에 사는 커크 블러드워스(Kirk Bloodsworth)는 1985년에 강간과 살인 혐의로 사형 선고를 받았다. 하지만 1993년 어린 소녀를 강간하고 살해하여 감옥에 있던 다른 남자의 DNA 검사 결과 그가 1985년의 강간·살인 사건 범인이라는 것이 밝혀져 커크 블러드워스는 무죄로 석방되었다. 메릴랜드에서는 2005년도에 잘못 유죄판결을 받고

그림 33.1 DNA 지문

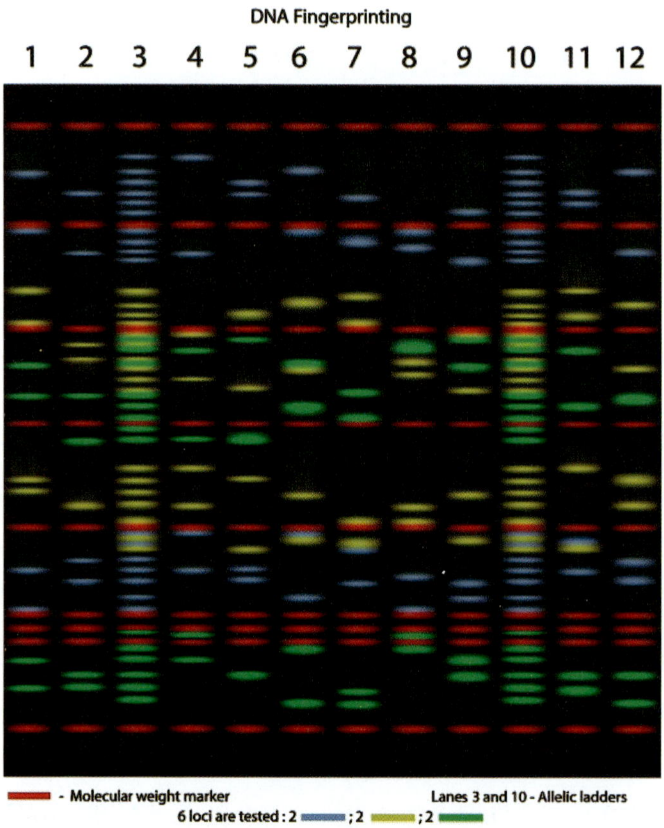

붉은색 밴드는 DNA 단편 크기 마커들이다. 6개의 SSR 유전자(청색 2개, 노란색 2개, 푸른색 2개)를 이용하였다. 3번과 10번 레인의 밴드들은 각 SSR 유전자들이 가지는 대립유전자들이다. 1, 2, 4~9, 11, 12번 등 10명의 DNA 프로파일이 각각 다르다. 보통 범죄 수사에서는 10~13개의 SSR 유전자들을 이용하여 DNA 지문 분석을 하는데 일란성 쌍둥이가 아닌 이상 같은 DNA 프로파일을 가질 가능성은 없다.

수감된 사람들에게 보상하는 새로운 법이 제정되었다. 커크 불러도워스는 이미 오래전에 무죄 판결을 받았지만 부당하게 9년간 옥살이를 한 것에 대한 보상으로 메릴랜드주 정부로부터 40만 달러의 보상금을 지급받았다.

DNA 지문의 법의학 활용에는 DNA 데이터베이스가 매우 중요하다. 각 나라마다 자체의 DNA 데이터베이스를 가지고 있으며 상업적 데이터베이스도 있지만 상업적 DNA 정보는 법의학 이용에 제한이 있다. 가장 방대한 DNA 데이터베이스는 미국 연방수사국(FBI)에서 관리하는 CODIS(Combined DNA Index System)로 미국 내에서 범죄자, 체포자 및 범죄 현장에서 채취한 법의학적 샘플을 포함하여 2,000만 개 이상의 DNA 프로파일이 저장되어 있다. 최근에는 미국 국토안보부에서도 범죄 용의자를 식별하고 인신매매를 억제하기 위한 새로운 정책에 따라 국경에서 구금된 개인의 DNA를 수집하기 시작했다. 영국은 국가 데이터베이스(National DNA Database, NDNAD)에서 개인의 DNA를 수집, 보관, 관리하는데, 영국인 10명당 1명에 해당하는 약 600만 개 이상의 DNA 프로파일을 보유하고 있다. 영국에서는 기록 가능한 범죄(개인의 범죄 기록에 포함되는 범죄, 일반적으로 더 심각한 범죄)로 체포된 모든 사람에게 DNA 수집이 의무이다. DNA 샘플은 해당자가 기소 또는 유죄 판결을 받지 않은 경우에도 채취되고 보관 여부는 사건의 결과에 따라 달라진다. 하지만 2012년 자유 보호법에 따라, 특정 예외(예: 테러와 같은 심각한 혐의)가 적용되지 않는 한 일반적으로 일정 기간 후에 DNA를 파기해야 한다.

우리나라도 주로 형사 사법 목적으로 사용되는 국가 DNA 데이터베이스를 유지·관리하고 있다. 2010년에 제정된 법에 따라 살인, 강간 및 기타 폭력 범죄와 같은 중범죄로 유죄 판결을 받은 개인과 재범자의 DNA 샘플을 수집하고 있다. 데이터베이스는 만들어진 이후로 크게 성장하여 최근 추산에 따르면 70만 개가 넘는 DNA 프로파일이 있다. 유죄 판결을 받은 범죄자의 DNA 프로파일은 국가 데이터베이스에 영구적으로 보관된다. 무죄 판결을 받거나 기소되지 않은 개인의 경우 데이터베이스에서 DNA 프로파일을 제거하는 절차가 있지만 다른 국가와 마찬가지로 이 과정은 복잡하다. 이 데이터베이스는 미제 사건 해결, 실종자 식별, 법의학적 DNA 증거를 통해 용의자를 미제 범죄와 연결하는 등 범죄 수사에 광범위하게 사용되고 있다. 우리나라 범죄 사상 가장 유명하였던 화성 연쇄 살인범도 피해자 옷 등 증거물 3건에서 나온 DNA 지문과 용의자의 지문과 완전히 일치하여 사건 발생 33년 만에 범인을 검거하였다.

범죄 수사에 이용되는 유전자 지문은 위에서 잠시 언급한 SSR(혹은 short tandem repeat, STR)의 반복 단위 변이를 분석한다. 미국 FBI의 Combined DNA Index System(CODIS)은 개인들 간에 변이가 매우 높은 SSR 마커 13개를 이용하였지만 2017년부터는 20개로 확대하였다. SSR 마커들은 범죄 현장에서 수집하는 PCR 반응 시 극히 소량의 DNA 만으로도 반응이 가능하다. 이들 SSR 마커들은 PCR 반응 시 재현성이 매우 높고 모든 인종들에게서 반복 단위 차이가 매우 높게 발견되는 특징을 가지고 있다. 일란성 쌍둥이를 제외하고 13~20개의 SSR 마커들이 모두 일치할 확률은 약 $1/10^9$~$1/10^{18}$로서 거의 0% 정도로 극히 낮다. 각국에서는 자기들의 SSR마커들을 개발하여 이용하고 있으며, 우리나라의 국립과학수사연구소에서도 CODIS SSR마커를 포함하여 20개의 SSR 마커들을 사용하고 있는 것으로 알려져 있다. 영국에서는 17개의 SSR 마커를 이용하며 인터폴에서는 12개의 국제 공통 SSR 마커들을 이용하여 DNA 프로파일 호환성을 증진시키려 하고 있다.

SSR 반응은 DNA가 어느 정도 훼손되어 있어도 안정적이고 재현성이 높은 결과물을 얻을 수 있으며 SSR 변이 대립유전자들은 유전되므로 전사자 감별이나 실종자 확인 등에도 유용하게 이용된다. 국방부에도 유전자 감식반이 있어서 6.25 전쟁당시의 전사자 유골이 발견되면 유골에서 DNA를 추출하여 SSR 유전자 지문으로 전사자 가족을 확인한다. 2019년 국방부 자료에 의하면 2000년부터 6.25 전사자 유해 발굴사업을 실시한 이래 1만여 위의 국군 전사자를 발굴하였으며 이 중에서 전사자 중 132위를 DNA를 통해 신원을 확인하여 유가족에게 유해 또는 유물을 인계하였다. 국방부에서는 6.25 전사자 가족들의 DNA 시료채취 참여가 확대되면 신원확인율이 높아질 것을 기대하고 있다.

KBS에서는 1983년 6월 30일부터 11월 14일까지 무려 138일 동안 이산가족 찾기 생방송을 실시하여 많은 사람들이 그리운 가족을 찾는데 도움을 주었다. 아마도 이 당시 DNA 지문 기술이 있었다면 더욱 쉽게 많은 이산가족들이 실종자를 만날 수 있지 않았을까 생각한다. 아직도 이산가족이나 실종가족 신청을 받고 있어서 해외 입양 동포들이나 어려서 미아가 되어 부모와 헤어진 사람들에게 도움을 주고 있다. 실례 한 가지를 소개한다. 경상남도 진해에 살고 있는 A씨는 35년 전에 이혼한 남편이 데리고 있던 당시 5세 된 딸을 잃어버렸다는 얘기를 들은 이후 딸의 행방을 찾아 헤맸다. 오랜 세월이 지났지만 A씨는 딸을 찾는 것을 포기하지 않고 2022년 주거지인 진해 경찰서에 유전자 등록을 했다. 딸 B씨는 당시 5살 무렵 혼자 집을 나섰다가 길을 잃었고, 양어머니 밑에서 30년 넘게 자라왔다. B씨는 혹시나 하는 마음에 경찰서를 방문해 실종신고와 유전자를 등록했다. B씨는 아동권리보장원을 통해 국립과학수사연구원 데이터베이스에 자신과 어머니로 유추되는 사람이 있다는 소식을 전해 들었다. 어머니와 딸은 유전자 지문이 완전히 일치하지는 않지만 대립유전자들의 유전 양상을 통해 친부모와 딸의 관계를 확인하고 이들 모녀는 헤어진 지 35년 만에 마침내 DNA 프로파일을 통해 재회하였다.

유전자 감식 기술은 사람에게만 적용되는 것은 아니다. 농촌진흥청에서는 유기견 줄이기 프로젝트로 반려견 유전자 지문 감식법을 개발하여 활용성이 높은 1,300개의 SSR 마커를 선발하였다. 그리고 토종 견 보호를 위해 진도견, 풍산견등의 마커를 개발하여 토종견 순도를 유지하고 있다. 유전자 지문법은 식물에도 이용된다. 2007년에 국립공원 계룡산의 100년된 반송 한 그루가 감쪽같이 사라졌다. 반송은 가지가 우산처럼 퍼져서 자라므로 수형이 좋아 최고급 정원수로 쓰이며, 사라진 반송은 그 당시 시가로 3억원에 상당했다. 경찰은 주변의 한 분재원에서 도난당한 것과 비슷한 반송을 발견했지만 결정적인 증거가 없었다. 경찰은 국립산림과학원의 유전자 감식팀에 의뢰하였다. 감식반은 계룡산 원래 자라던 곳에서 사라진 반송의 뿌리와 분재원의 반송유전자를 비교한 결과 두 샘플이 같은 것임을 밝혀냈다. 식물의 유전자 감식 기술은 DNA 바코딩 기술이나 육종가의 권리 보장을 위한 품종보호 기술에도 이용된다. DNA 바코딩은 개체의 식별을 목적으로 하는 것이 아니고 식물 종(種, species) 수준에서 다른 종들과 식별하는 기술이다. 바코딩 분자 마커들은 한 종 내에는 같은 DNA 서열을 가지지만 종 간에는 다른 DNA 서열을 가지는 엽록체나 핵 내의 리보솜 유전자 서열들이 이용된다. 반면, 동일 종 내에서 우수한 품종을 육성한 육성가가 자신의 권리보장을 위해 자신의 품종을 다른 품종들과 식별할 수 있는 특이적인 DNA 마커 조합을 이용하여 자신의 품종 보호 수단으로 이용한다.

유전자 지문법은 친부 감별에도 이용된다. 친부 감별은 엄마, 아빠, 그리고 아기의 DNA 지문을 비교한다. 아기가 아빠와 다른 SSR 대립유전자를 가지면 비부성(nonpaternity)이 인정되는 것이다. 즉, 엄마가 남편이 아닌 다른 남자와 외도한 것이다. 미국이나 영국 같은 경우 평균적으로 신생아의 5~10% 정도가 비부성이라고 한다. 친부 검사 서비스를 해주는 사업을 하는 필자의 지인에 의하면 의뢰하는 케이스의 30% 정도가 비부성이라고 한다. 하지만 이 수치는 우리나라 신생아의 30% 정도가 엄마의 외도에 의해 태어난다는 것은 아니다. 남편이 부인의 신실성을 의심하여 의뢰하는 케이스이므로 일반 부부의 실제 수치는 이 보다는 훨씬 낮을 것이다.

CHAPTER 34

유전자 변형 생물(GMO)의 태동과 농업 발전의 미래

DNA를 합성하거나 절단 혹은 결합하여 활용하는 모든 생명공학기술을 대중적 용어로 "유전 공학" 혹은 "유전자 변형"이라고 한다. 생명체들은 동일한 유전자 코드를 사용하기 때문에 유전자 서열 정보만 알면 어떤 생명체의 유전자라도 유전공학을 통한 형질전환 기술로 유전자 변형 생물체(GMO)를 만드는 것이 가능하다. 생명현상을 조절하는 DNA는 단순한 화학물질로 자연 상태에서도 DNA 조각 또는 전체가 종들 간에 이동할 수 있으며 이러한 현상을 자연에서 이루어지는 형질 전환이라고 할 수 있다. 예로 우리의 염색체에는 상당한 부분이 바이러스 게놈에서 유래한 DNA들이 삽입되어 있는데, 이들은 마치 우리의 유전 정보처럼 작동하고 있다. 박테리아들 간에는 종들 간의 DNA 이동이 매우 빈번하다. 하지만 유전 공학을 사용한 GMO는 인간이 식용하거나 산업용으로 사용할 수 있는 생물체를 의도적으로 합성한 생명체이다. GMO는 죽은 세포도 포함하지만, 생명현상을 통해 생존할 수 있는 유전자 변형 생물체는 Living Modified Organism(LMO)라고 지칭하기도

한다. GMO 혹은 LMO에 대한 국제 규약은 카르타헤나 의정서(Cartagena Protocol on Biosafety)에서 다음과 같이 정의하고 있다. LMO는 **"현대 생명공학에 의해 유전물질이 변형되어 새롭게 생성된 살아 있는 생물체"**를 의미하며 자연적인 번식이나 자연적 재조합이 아닌 유전자 조작 기술을 통해 생성된 생명체를 의미한다.

수억 년 동안 자연에서 다른 생명체들 간의 유전자 교환이 이루어지며 현재의 생명체들로 진화해 왔음에도 GMO는 인간이 의도적으로 연구실 내에서 만들었다는 사실 때문에 뜨거운 대중적 논쟁의 최전선에 있었다. 유전자 변형 생물체들의 유전자 교환은 지금까지 식물 또는 동물 육종에 사용해 온 교잡을 통한 유전자 교환 대신 교잡할 수 없는 생명체에 존재하는 유전자를 직접 도입하는 방식이다. 미생물이나 바이러스에 있는 유전자를 유전공학 기술을 활용하여 식물이나 동물 혹은 미생물에 도입하는 것으로 일반적으로 질병 저항성, 빠른 성장, 또는 향상된 영양 성분, 저장성 향상과 같은 유전자를 도입하여 원하는 특성을 달성한 생물체이다.

육종을 통한 우수 품종 개발은 이전부터 농부들이 작물과 가축의 특성을 개량하기 위해 좋은 형질을 가진 두 개체 간 교잡이나 다른 종들 간에 종간 교잡 후 인간이 원하는 우수한 형질을 가진 개체들을 선발하는 것으로 이루어졌다. 지금은 전 세계적으로 가장 보편적인 기술이 되어 있고 작물의 생산성 및 품질 향상에 가장 큰 이바지를 하고 있는 기술이 1대 잡종(F1 품종) 종자의 보급이다. F1 품종은 우수한 순계 계통 간 잡종 강세 현상을 이용하기 때문에 균일하고 우수한 생산성을 보여 농업생산성에 혁명적 발전을 제공하였다. 하지만, 이 기술이 1920년대에 개발된 이후 전 세계적으로 보급되기까지는 매우 오랜 기간이 소요되었다. 국가에 따라 1970년대까지 F1 종자의 보급이 제한되기도 하였다. 현재는 아무 거부감이 없이 종자산업의 핵심 기술로 이용되고 있는 F1 종자 생산 기술이 과학적인 이유 때문이 아니라 사회적인 거부감 때문에 보편적으로 인정받는 데 약 50년 이상이 소요되었다.

F1 품종은 교잡이 가능한 같은 종 내 집단 간의 우수한 유전자 집단을 만드는 것이다. 하지만 아무리 우수한 유전자가 존재해도 교잡이 가능한 동일 종 내에 존재하지 않으면 유전자 도입이 불가능하다. 이러한 교잡의 불가능성, 즉 교잡 장벽을 극복하는 기술로 1970년대 초 재조합 DNA 기술이 출현하였다. DNA 재조합과 형질전환 기술을 통해 교잡이 불가능한 다른 종들 간에도 인위적으로 유전자 이동이 가능해졌고, 이로써 현대 GMO 생물체 개발이 시작되었다. 과학자들은 제한 효소를 사용하여 DNA 가닥을 절단하고 유전자 조각을 플라스미드(박테리아의 작은 원형 DNA)에 삽입할 수 있는 방법을 발견했다. 또한 PCR 기술을 이용해 목적하는 유전자를 무한대로 증폭할 수도 있다. 이런 기술들을 이용하여 특정 유전자를 한 생물체에서 다른 생물체로 도입하여 기존의 육종 장벽을 효과적으로 우회 할 수 있었으며 특정한 유전자만 효율적으로 노입할 수 있게 되었다.

GMO 기술에서 나온 최초의 상업적 제품 중 하나는 1970년대 후반에 유전자 조작 박테리아에 의해 생산된 인간 인슐린이었다. 이전에는 인슐린을 동물에서 추출했는데, 비효율적이어서 비쌌고, 동물 유래 인슐린을 복용한 환자가 가끔 알레르기 반응을 일으킬 수도 있었다. 하지만 GMO 대장균에서 생산한 인슐린은 돼지 췌장에서 분리한 인슐린보다 가격도 저렴하고 알레르기 반응이 낮아서 더 안전하다. 이후 유전자 변형 기술은 다양한 분야에 응용되어 현대 의학 발전의 중추적인 역할을 하고 있다. 예로서 GMO 기술을 이용한 "유전자 재조합" 항체 생산을 들 수 있다. GMO 기술을 활용함으로써 제약 회사는 매우 특이적이고 고순도의 항체를 효율적으로 대량 생산할 수 있다. 이러한 항체는 일반적으로 인간 또는 인간화된 면역글로불린 유전자를 발현하도록 설계된 유전자 변형 세포주(예: 중국 햄스터 난소 세포 또는 CHO 세포)에서 제조된다. 과학자들은 엄격하게 통제된 조건에서 매우 특이적인 항체를 대량으로 생산함으로써 자가면역 질환에서 암에 이르기까지 다양한 질병에 대한 치료법을 혁신했다. 이로써 한때 불치병으로 여겨졌던 질환에 대한 치료 환경을 변화시켜 전 세계 수백만 명의 환자에게 희망을 제공했다.

피트산은 이노시톨이라는 화합물에 인산기가 6개 붙어 있는 고인산 화합물로 식물의 종자 및 기타 조직에 풍부하게 존재하며 발아과정 등에 식물이 생성하는 효소에 의해 인산(Pi)과 이노시톨(Inositol)로 분해된다. 인산은 세포의 에너지 대사, 유전자 조절, 인지질 합성 등에 쓰이는 중요한 무기 영양소가 되고 이노시톨은 비타민류 유사 화합물로, 세포막 신호전달, 지방 대사, 신경전달물질 조절 등에 관여하는 비타민 B 복합체로 간주되기도 한다. 하지만 피트산이 분해되지 않은 그 자체의 형태로는 강한 음이온으로 작용하여 칼슘, 철, 아연, 마그네슘 등의 양이온 무기질과 결합해 불용성 킬레이트(chelates)를 형성하여 다른 유용한 영양분의 흡수를 방해하는 물질로 작용한다. 식물의 종자를 섭취하는 동물 대부분은 식물의 피트산을 분해시키는 효소 유전자가 없어서 피트산이 분뇨로 배출된다. 피트산을 포함한 가축 분뇨가 하천으로 흘러 들어가 수질 오염 및 부영양화(수역에서 조류가 과도하게 증식하여 산소가 고갈되고 수생 생물에 해를 끼침)와 같은 환경 문제가 발생한다. 가축업자들은 가축의 소화를 개선하기 위해 사료에 인 보충제 또는 피타아제 효소를 첨가하지만 비용이 증가하고 인 배설 문제를 완전히 해결하지 못하고 있다. 캐나다 겔프 대학의 동물 생명공학자들은 이 문제를 해결하기 위해 타액에서 피트산 분해효소인 피타아제 효소를 생산하는 형질전환 돼지(때로는 "Enviropigs"라고 함)를 개발했다. 이 돼지는 박테리아인 대장균(*E. coli*)의 유전자를 발현할 수 있어 사료를 섭취할 때 자연스럽게 피타아제를 생산하고 피트산을 분해 흡수하여 돼지 분뇨의 인 함량을 낮출 수 있었다. 하지만 미국의 식품의약청(Food and Drug Administration, FDA), 캐나다의 보건청(Health Canada)과 식품 검사청(Canadian Food Inspection Agency, CFIA)에서는 Enviropigs의 시중 판매를 허락하지 않고 엄격히 제한했으며 2012년도에 Enviropigs 사업 과제는 공식적으로 종료됐다.

유전자 재조합 기술을 이용한 GMO 기술은 농업에서도 큰 성공을 거두었다. 1994년에 Flavr Savr 토마토는 과일을 부드럽게 하는 유전자 발현을 억제하여 더 긴 유통기한과 더 나은 풍미를 갖도록 의도된 것으로, 미국에서 판매 승인을 받은 최초의 유전자 조작 품종이 되었다. 하지만 Flavr Savr은 초기의 관심에도 불구하고 상업적인 문제와 물류적 문제로 1990년대 후반에 단종되어 더 이상 생산되지 않는다.

GMO는 또한 작물 수확량을 늘리고 손실을 줄이는 데 도움이 되었다. 토양에 사는 박테리아인 바실러스 트린지엔시스(*Bacillus thuringiensis*)는 독소를 생성하는데, 작물을 가해하는 특정 곤충(해충)이 이 독소를 섭취하면 소화계를 교란시켜 결국 그 해충을 죽인다. 이 독소를 Bt 독소라 하는데 이 독소는 특정 해충에는 독성이 있지만 인간과 대부분의 비대상 생물에는 무해하다. 생명공학자들은 이 Bt 유전자를 분리하여 GMO 기법으로 옥수수와 면화와 같은 해충 저항성 작물에 도입하였고, 일부 지역에서 화학 살충제의 살포를 크게 감소시켰다. 결과적으로 농부는 살충제 처리를 하지 않고 밭을 보다 지속 가능하게 보호하여 환경 피해를 줄이고 비용을 절감할 수 있었다.

글라이포세이트(glyphosate)는 제초제의 주요 성분이다. 글라이포세이트에 내성을 가지는 단백질을 암호화한 유전자를 *Streptomyces hygroscopicus*라는 세균에서 분리하여 대두에 도입한 제초제 내성 작물이 식물 유전공학자들에 의해 제작되었다. 글라이포세이트 내성 대두는 농부가 작물을 손상시키지 않고 잡초를 효과적으로 제어할 수 있게 하여 잡초 제거에 필요한 노동력을 줄일 수 있었다. 하지만 제초제 내성 작물에 대한 우려도 많다. 환경론자들은 글라이포세이트 내성 작물은 제초제를 견딜 수 있기 때문에 농부는 글라이포세이트를 더 자주, 더 많은 양으로 사용할 수 있으며, 이것은 의도치 않게 글라이포세이트 내성 잡초("슈퍼 잡초")가 생겨서 더 많은 제초제를 사용하거나 다른 화학적 제어제를 도입하게 만들지도 모른다고 우려한다. 또한 많은 양의 제초제를 투입하므로 토양 미생물에 영향을 미치고 빗물에 의해 토양의 글라이포세이트가 하천으로 유입되면 수생 생물에 잠재적인 영향을 끼칠 수 있다고 주장한다. 하지만 실제로 제초제 저항성 작물을 재배하는 현장에서는 오히려 제초제 살포가 현저히 줄어들었다고 한다. 잡초와 제초제 내성 작물이 경쟁 상태로 자랄 때 제초제를 살포하면 잡초는 죽고 작물이 우점하게 되어 잡초와의 경쟁에서 우위를 차지하게 되어 이후 제초제 살포가 거의 필요 없어지기 때문이라고 한다.

GMO의 안전성은 GMO의 우수성만큼 진지하게 다루어지고 있다. GMO 생명체는 개발 과정에서 엄격하게 통제된 환경에서 개발이 이루어지며 실제 산업 현장에 투입될 때는 굉장히 복잡한 GMO 안전성 검사를 수행한 후에 재배가 허가되므로 일부 과학자들은 GMO 생명체만큼 모든 면에서 안전성을 검사한 것이 지금까지 없다고 말하기도 한다. 즉, GMO가 개발되면 독성 검사, 알레르기 유발 가능성 검사, 영양 성분 변화 여부 검사 등이 수행되며 유전자 안정성과 목표 형질 외 다른 부작용 효과가 있는지 검사한다. 그리고 환경에 무방비하게 노출되거나 잡초화될 위험성 등에 대해서도 체계적으로 검사하여 요건에 맞을 때만 허가가 이루어지므로 유전, 환경, 건강 면에서 안전하다는 보장을 하고 있다. 하지만 GMO 반대 의견과 잠재적 위험성은 다양한 사례를 통해 보고되기도 하였는데 검증 결과 실제 위험성이 없고 잘못 제기된 사례들로 정리되고 있다.

환경 위해성에 대한 이슈가 1999년 미국 코넬대학교 연구팀에 의해 제기되었는데, 과학잡지 Nature에 식물 해충에게만 피해를 주는 Bt 독신 유전자를 가진 옥수수 꽃가루가 근처의 밀크위드라는 식물의 잎에 떨어져서 밀크위드의 잎을 먹고 자라는 제왕 나비의 유충에 해를 끼칠 수 있다는 짧은 논문을 게재하였다. 제왕 나비는 들판 가장자리에서 자랄 수 있는 밀크위드 식물에 알을 낳기 때문에 Bt 옥수수에서 떠도는 꽃가루는 이 식물을 먹는 애벌레에게 잠재적인 위험으로 여겨졌다. 이 논문은 Bt 옥수수를 광범위하게 심으면 옥수수와는 전혀 관련이 없는 생물체에도 위협이 될 수 있다는 경각심을 불러일으켰다. 하지만 이어지는 후속 연구는 실제 현장 조건에서 Bt 톡신을 내는 유전자 변형 옥수수가 제왕 나비 유충에 미치는 영향은 미미하다고 결론지었다. 그럼에도 불구하고 이 연구는 GMO의 환경 위해성 등에 대해 막연한 불안감을 주장하는 사례로 여전히 인용되기도 한다.

아르파트 푸스타이(Árpád Pusztai) 박사는 스코틀랜드의 로웻트 연구소(Rowett Institute)의 연구원인데, 1998년 한 TV 프로그램에서 GMO 감자를 먹은 쥐와 비GMO 감자를 먹은 쥐를 비교한 결과 면역 체계와 성장에 해를 끼치는 등 잠재적인 건강 부작용을 보였다고 말했다. 하지만 후속 연구에서 그의 발견은 재현되지 않았다. 또한 그의 연구 설계와 방법론에 결함이 있다고 결론내렸으며, GM 감자가 특정 위험을 초래한다는 결정적인 증거는 나타나지 않았다. 그럼에도 불구하고 그의 주장은 대중에게 유전자 변형 식품은 위험하다는 인식을 심어 주었다.

황금 벼(Golden Rice)는 아시아와 아프리카의 많은 지역에서 심각한 공중 보건 문제인 비타민 A 결핍을 해결하기 위해 설계된 유전자 조작 쌀(*Oryza sativa*) 품종이다. 황금 벼의 특징적인 쌀알의 "황금색"은 곡물의 배유에서 생성되는 베타 카로틴(비타민 A의 중요한 전구체)에서 나온다. 수선화(그리고 나중에는 옥수수)와 토양 박테리아의 베타 카로틴 유전자를 벼에 도입하여 연구자들은 쌀 알갱이의 식용 부분에서 베타 카로틴 합성을 유발할 수 있었다. 목표는 비타민 A 결핍으로 인한 어린이 실명과 면역 체계 손상을 줄이는 데 도움이 되는 주요 작물을 만드는 것이었다. 하지만 이러한 이점에도 불구하고 유전자 조작 작물이 넘어야 할 여러 가지 규제 장벽과 사회적 인식, GM 기술을 둘러싼 여러 가지 지적 재산권, 농부들에게 효과적으로 전달하는 데 있어 필요한 인프라 및 교육 문제 등 복합적인 문제로 현재 황금벼는 재배되고 있지 못하다.

몬산토(Monsanto, 현재 Bayer에 통합됨), 신젠타(Syngenta) 및 코르테바(Corteva)와 같은 다국적 기업은 제초제 내성 또는 해충 내성 품종을 마케팅하면서 GMO 종자 개발을 선도했다. 이들의 혁신은 생산 비용과 노동력을 줄임으로써 농업을 현대화했지만 이로 인해 시장 통합과 이러한 기업이 종자 공급에 행사하는 힘에 대한 논쟁이 일어났다. 소수의 거대 다국적 기업들에 의해 주도되는 GM 기술을 가지지 못한 개발도상국가와 선진국가들과의 괴리와 비싼 종자를 구입하기 어려운 농업인들과 충분한 자본력을 가진 기업농들과의 차별적 경쟁으로 인한 빈부격차의 심화 등에 대한 염려가 있다.

식물 생명공학자들은 GM 작물이나 가축 제작 시 이용되는 유전자들이 실험실에서 합성한 유전자가 아니고 이미 자연계에서 존재하는 유전자이며 인간이 인위적으로 다루었다는 것 외에 우연적으로 발생할 수 있는 상황과 차이가 없다고 항변한다. 기존의 작물 신품종 육성시에도 종간 교잡 기술이 많이 되어 다른 종간 유전자 교환이 빈번히 일어날 뿐 아니라 돌연변이를 인위적으로 유도하는 방법도 육종 기술에 합법적으로 적용되므로 GM 식품이 달리 취급받는 것은 부당하다고 말한다. 지난 30년 동안 GM 작물의 채택은 전 세계 여러 지역, 특히 미국, 브라질, 아르헨티나, 인도, 캐나다에서 증가했다. 일반적인 GMO 작물에는 옥수수, 대두, 면화, 유채가 있다. 이는 글로벌 농업 시장의 상당 부분을 차지하며, 유전자 조작 품종에 대한 의존도가 높아지고 있음을 반영한다. 실제로 미국에서 재배되는 옥수수, 대두, 유채 등의 GM 작물 비율은 90% 이상이다. 한편, 유럽 연합과 같은 지역에서는 규제 환경이 더 제한적이고 대중의 회의론이 여전히 높다. 많은 유럽 국가에서는 엄격한 안전성 평가 및 상표표시를 요구하여 GMO의 재배 및 수입을 제한한다. 아직 우리나라에서는 GM 작물이 재배되고 있지는 않다. 다만 GM 작물로부터 유래된 식품은 유통되고 있는데 상품의 포장에 유전자 변형 식품이라는 것을 명시하도록 되어 있다.

유전자 가위를 이용한 유전자 편집 기술이 최근 GMO를 대체하는 수단으로 부각되고 있다. GMO의 이점에도 불구하고 특허 받은 종자에 대한 의존도와 대규모 GMO 채택의 잠재적 환경적 영향에 대한 우려가 늘 따라오고 있는데 이는 외래 유전자 도입에 대한 우려로부터 출발한다. 최근 몇 년 동안 CRISPR-Cas9과 같은 새로운 유전자 편집 도구가 등장해 대상 생물체가 보유하고 있는 자체적인 유전자를 정확하게 교정하여 원하는 특성을 획득한 유전자 편집 생물체(Gene-Edited Organism, GEO) 개발 기술이 보편화되었다. GEO 기술은 기존 GMO 방법에 비해 항생제 저항성 유전자나 제초제 저항성 유전자와 같은 외래 유전자가 도입되지 않기 때문에 일반 GMO와 구별되어 취급되며 미국과 유럽 일본 등 많은 국가들에서는 유전자 변형 생물체로 취급되지 않고 일반 생물체와 같이 취급되고 있다. 일본에서 세계 최초로 상업화된 유전자 편집 생물체인 가바(GABA) 토마토는 건강 기능성과 유전자 편집 기술의 융합 사례로 주목받고 있으며 생식용 토마토이지만 더 비싸게 판매되고 있다. 미국에서는 올레산 함량을 증진시킨 콩, 쓴 맛을 제거한 겨자잎, 갈변을 줄이는 바나나와 양송이를 개발하여 보급하고 있다.

과학자들은 식물의 질병 저항성, 향상된 영양 성분, 심지어 "유전자

드라이브"를 통해 침입 종을 제거하는 능력에 대한 CRISPR−Cas9 유전자 편집 기술의 잠재력을 탐구하고 있다. 유전자 드라이브는 멘델식 유전보다 더 빠른 속도로 특정 유전자나 유전자 집합을 여러 세대에 걸쳐 유전시키는 유전 공학 기술이다. 주로 CRISPR−Cas9와 같은 분자 도구를 사용하여 특정 유전적 특성이 집단 전체에 빠르게 퍼지도록 한다. 유전자 드라이브는 잠재적으로 야생에서 전체 종을 변화시킬 수 있으므로 환경, 농업 및 공중 보건 문제를 해결하는 강력한 도구이다. CRISPR−Cas9과 같은 새로운 기술이 인기를 얻으면서 우리는 엄격한 과학적 평가와 신중한 규제를 적용하여 유전자 변형이 안전성이나 생물 다양성을 손상시키지 않으면서 사회에 이롭게 작용하도록 해야 한다. 궁극적으로 GMO 기술의 성공은 투명한 관행, 이해 관계자 간의 협력, 지속 가능하고 책임감 있는 방식으로 세계의 증가하는 요구를 충족하려는 노력에 달려 있다.

재조합 DNA 연구의 뿌리에서 오늘날 우리가 보는 광범위한 응용 분야에 이르기까지, GMO 및 GEO 기술은 과학적 진보의 중요한 이정표를 보여주고 있다. 수확량을 늘리고, 살충제 사용을 줄이며, 특정 영양 성분을 강화하여 식의약품으로서의 기능을 부여하기 위해 농업을 재편하고 있다. 또한 많은 제약 및 산업 공정을 뒷받침하여 인슐린 생산에서 식량 생산 및 의약품 제조에 이르기까지 모든 것을 혁신하고 있다. 그러나 여전히 GMO에 대한 반대와 우려하는 목소리도 존재하므로 지속적으로 GMO의 안전성 관리에 신중해야 할 것이다. 반대로 이러한 GMO 반대 단체도 집단이기주의를 위한 맹목적 주장이 아니라 정확한 과학적 판단에 대해 성찰하며 건강한 비판과 체계적인 과학의 진보가 될 수 있도록 해야 할 것이다.

CHAPTER
35

복제 생물의 역사와 전망

일본에서 태어났지만 영국에서 자란 노벨 문학상 수상작가인 가즈오 이시구로(Kazuo Ishiguro)의 소설 "네버 렛미 고(Never Let Me)"는 장기 기증을 목적으로 만들어진 복제 인간들의 이야기이다. 할리우드 영화 "The Boys from Brazil"에서는 아우슈비츠에서 유대인 학살을 담당하였던 의사인 조세프 멩겔(Josef Megele)이 나치정권의 재수립을 위해 죽은 아돌프 히틀러의 복제 인간을 만드는 이야기가 있다. 복제 인간에 대한 소설이나 영화는 이외에도 여러 편이 있다.

스코틀랜드 로슬린 연구소(Roslin Institute)의 연구원인 이안 윌머트(Ian Wilmut)와 키트 캠벨(Keith Campbell)은 1997년 2월 Nature에 복제양 돌리(Dolly)에 대해서 발표했다. 윌머티 연구팀은 Scottish Blackface 품종의 암컷 양의 수정되지 않은 난자를 분리하여 핵을 제거하고 대신에 Finn Dorset이라는 품종의 암컷 양의 유선 세포에서 분리한 핵을 주입하였다. 즉, Scottish blackface 암양의 난자 핵이 Finn Dorset 품종의 체세포인 유선세포 핵으로 치환된 것이다. 연구진은 이 융합된 난자에

그림 35.1 복제양 돌리

성체의 체세포로부터 유래하여 복제한 첫 번째 포유동물. 돌리의 성공적인 탄생은 줄기 세포 연구 및 재생의학 연구에 새로운 장을 열었다.

전기 자극을 주어서 활성화시켜서 자연적으로 수정된 것처럼 분열하도록 유도하였다. 이렇게 핵 치환된 배아를 실험실 배양 접시에서 며칠 동안 배양 후 대리모인 Scottish Blackface 품종의 다른 암양 자궁에 이식하였다. 대리모의 자궁에서 정상적인 발생 과정을 거쳐서 1996년 7월 5일에 복제양 돌리가 태어나게 된 것이다. 이 과정은 특수화된 성체 세포가 완전히 형성된 동물로 발달할 수 있는 배아 상태로 재프로그래밍 될 수 있음을 보여주는 것이었다. 이전에 많은 학자들은 성체 세포가 새로운 생명체의 모든 조직으로 발달할 수 있는 상태로 되돌아가기에는 너무 "특수화"되어 있다고 믿었다. 돌리는 성체 체세포에서 성공적으로 복제된 최초의 포유동물이었다. 돌리의 성공적인 탄생은 성체 세포가 재프로그래밍될 수 있음을 증명하여 줄기세포 연구에 혁명을 일으켰고 재생의학의 잠재력을 크게 향상시켰다.

돌리는 2003년에 진행성 폐 질환으로 안락사되기까지 약 6년 반 동안 살았다. 돌리가 앓은 병은 양에게 비교적 흔한 연령 관련 질병이었지만, 돌리의 건강과 짧은 수명은 복제가 수명과 질병에 대해 영향을 미치는지에 대한 연구를 촉진했다. 그리고 돌리의 탄생은 복제, 장기이식, 심지어 인간 복제의 가능성에 대한 윤리적, 과학적, 철학적 논쟁을 불러일으켰다.

식물 세포는 체세포를 분리하여 적절한 배양 조건을 갖추면 다시 성체 식물로 재분화시킬 수 있다. 이렇게 완전한 성체로 재분화할 수 있는 능력을 분화 전형성능(totipotency)이라 한다. 하지만 동물 체세포는 배양하여 완전한 성체로 분화가 안 된다. 이미 세포의 운명이 결정된 것이다. 난자에 정자가 수정된 수정란을 접합자라고 하는데 수정 초기의 배아는 성체의 모든 조직으로 발달될 수 있는 전형성능을 가지며, 이를 배아 줄기세포(embryonic stem cell)라고 한다. 배아는 세포 분열을 거듭하면서 배반포(blastocyte) 배아가 되는데 배반포 배아는 외배엽, 중배엽, 내배엽 등의 세 배엽이 있어서 이들은 외배엽은 신경, 피부; 중배엽은 근육, 뼈, 혈액, 연결 조직; 내배엽은 장 점막, 호흡 점막 및 관련 기관으로 분화된다. 이와 같이 성체의 모든 조직으로 분화되지는 않지만 아직 여러 조직으로 분화될 수 있는 능력을 다능성(pluripotency)이라고 한다. 배반포 배아는 세포분열을 거듭하여 낭배(gastrular) 배아가 되는데 낭배기의 세포는 다양하지만 제한된 관련 세포 유형(예, 모든 혈액 세포, 모든 뉴런 세포 등)을 생성할 수 있다. 이를 다분화성(multipotency)이라고 한다. 이후 낭배는 배아가 성숙되면서 세포의 운명이 결정되어 완전히 특수화된 세포(예, 피부 세포, 안구 세포 등)로만 분화된다. 이를 단일 분화성(unipotency)이라고 한다. 배 발생 단계와 분화 능력은 다시 되돌릴 수 없는 일방향이다. 즉, 낭배기 세포는 배양을 하여도 피부가 되거나 신경 세포가 되지 않으며 배반포의 중배엽 세포를 배양하여도 완전한 성체로 분화되지 못한다.

줄기 세포(stem cell)는 여러 종류의 조직으로 분화할 수 있는 미분화 세포이다. 줄기세포에는 배아 줄기 세포(embryonic stem cells), 성체 줄기세포(somatic stem cells), 유도 만능 줄기세포(induced pluripotent stem cells, iPSC)가 있다. 배아 줄기 세포는 배반포(초기 단계의 배아, 일반적으로 인간의 경우 수정 후 약 5~7일 후)의 내세포 덩어리에서 추출된다. 배반포 세포는 신체의 모든 조직으로 분화할 수 있는 전능성을 가지므로 다능성과 초기 발달 과정을 연구하는 데 매우 요긴하며 재생 의학(예: 대체 조직 또는 장기 생성)에 큰 잠재력을 가진다. 하지만 배아줄기세포를 사용하려면 일반적으로 배아를 파괴해야 하므로 윤리적, 법적 논쟁이 뒤따른다. 성체 줄기 세포는 신체의 다양한 조직에서 발견되며(예: 골수, 피부, 뇌, 간, 골격근), 일반적으로 다능성(또는 특정 조직에서는 단능성)을 가지고 있어서 원래 조직과 관련한 제한된 범위의 세포 유형으로 분화할 수 있다. 예로 골수의 조혈 줄기 세포는 모든 유형의 혈액 세포를 형성할 수 있지만 신경 세포나 근육 세포는 형성할 수 없다. 성체 줄기 세포의 자연적인 역할은 조직 유지 및 복구이다. 예로 혈액 질환에 대한 골수 이식과 같은 의료 치료에 사용될 수 있다. 성체 조직에서 줄기세포를 채취할 수 있으므로 윤리적 문제가 없다.

유도 만능 줄기 세포는 이미 분화 능력이 특정 세포로 결정된 성체 세포(예: 피부 섬유아세포)를 특정 전사 인자(일반적으로 OCT4, SOX2, KLF4, c-MYC)를 사용하여 성체 세포를 재프로그램하여 만든다. 분화 능력은 배아줄기세포와 기능적으로 유사하여 신체의 거의 모든 세포 유형으로 분화할 수 있다. 환자 자신의 세포를 이용하여 만능줄기 세포로 만들었으므로 환자 맞춤형으로 면역 거부 위험을 줄일 수 있는 큰 장점을 가진다. 유도 만능 줄기세포는 질병 모델링, 약물 테스트 및 개인화된 재생 치료에 유용하며 배아 사용과 관련된 윤리적 문제가 많지 않다. 유도 만능 세포 기법을 발견한 일본 교토대학의 신야 야마나카(Shinya Yamanaka)는 2012년 노벨 생리 의학상을 수상하였다. 하지만 효율성, 유전적 안정성, "후성 유전적 기억"으로 유도 만능 줄기세포에서 유래한 기관은 경우에 따라서는 문제가 될 수 있다.

황우석 박사는 서울대학교 교수 재직 시절 체세포 핵 이식(SCNT)을 통해 인간 배아줄기세포 계통을 성공적으로 만들었다는 획기적인 논문을 Science 저널에 2004년과 2005년에 발표하면서 전 세계적인 주목을 받았다. 본질적으로 인간 배아를 복제하여 줄기세포를 추출하는 것으로 이러한 주장이 사실이라면 줄기세포 연구의 상당한 진전을 의미하는 것이었다. 그러나 2005년 후반에 이르러 황 박사의 데이터와 그림들이 조작되었으며 인간 난자 채취 과정에서 윤리적 위반 사실이 밝혀졌다. 그 후 그의 논문들이 철회되어 그는 재직하던 서울대학교에서 결국 해고되었고, 연구 기금 횡령 및 생명윤리법 위반으로 형사 고발에 직면했다. 그는 감옥에 가는 것을 피했지만, 이 스캔들로 인해 주류 학술 연구에서 그의 입지가 사실상 끝났다. 스캔들에도 불구하고 황 박사는 동물 복제에 관한 민간부문 연구에서 일했다. 그의 사례는 과학적 부정 행위, 엄격한 동료 평가의 중요성, 생물의학 연구의 윤리적 기준의 필요성에 대한 경고로 남아 있다.

이탈리아 불임 치료 의사인 세베리노 안티노리(Severino Antinori)는 2000년대 초반에 최초의 인간 복제를 만드는 작업을 하고 있다고 발표했다. 그는 1990년대에 시험관 수정(IVF)을 통해 노년 여성이 임신하도록 도운 것으로 악명을 떨친 산부인과 의사로, 이미 여러 가지 유명한 불임 치료 사건에 연루되어 있었다. 그는 2002년도에 언론에 인간 복제 기술 개발 중이거나 이미 복제인간이 태어났다고 주장했지만, 검증 가능한 과학적 증거를 제시하지 않았다. 언론은 그의 발언을 광범위하게 보도했지만 동료 검토를 거친 증거가 없으므로 주류 과학자와 생명윤리학자들은 그의 발표에 매우 회의적이었다. 그의 인간복제 결과는 결코 검증되지 않았다. 오늘날까지 안티노리가 성공적으로 복제 인간을 만들었다는 것을 확인할 수 있는 신뢰성 있는 과학적 문서는 없다. 이러한 사건은 구체적인 증거가 없더라도 사이비 과학자가 복제 인간으로 어떻게 대중의 관심을 크게 끌 수 있는지를 보여주는 사례이다.

동물 복제는 그 동물에 대한 유전적 복제본을 만드는 것이다. 이는 두 개인의 유전 물질이 결합되는 일반적인 번식 및 발생과 대조된다. 소설이나 영화에서 과학자들은 부유한 사람들을 위해 나치, 정치인, 공룡, 장기 기증자를 복제하는 이야기들이 많이 있다. 실제 과학자들은 양, 쥐, 고양이, 돼지, 양서류를 복제하고 있다. 그럼 복제된 동물은 원래의 동물과 똑같을까? 답은 "아니요"이다. 지금까지의 동물 복제는 핵을 제거한 난자에 체세포의 핵을 이식한 다음, 난자를 발육시키는 것이다. 이 기술은 더 정확하게는 "체세포 핵 이식" 또는 그냥 "핵 이식"이다. 그러나 핵 이식은 여러 가지 이유로 사람의 정확한 복제품을 생산할 수 없다. 우선 핵 기증자의 핵의 염색체 텔로미어가 수용자 세포의 텔로미어보다 짧다('19장 노화와 죽음을 막아줄 유전자는 있을까?' 참조). 짧아진 텔로미어에서 나타나는 조기 노화는 최초의 복제 포유류인 돌리가 심각한 호흡기 감염으로 젊은 나이에 죽은 이유일 수 있다. 복제에서 기증자 핵의 유전자는 정자나 난자를 통과하지 않으므로 각인되지 않는다. 각인이 부족하면 유전자 발현 조절은 태아기 발달 중에 여러 번 비정상적이다('6장 유전자에 담겨 있는 모성애, 부성애 그리고 형제애' 참조). 기증자 세포의 DNA는 수년간 돌연변이를 축적했다. 그러한 돌연변이는 복제 동물의 발달을 프로그래밍하는 데 사용된다면 파괴적일 수 있다('3장 돌연변이가 없다면 인류가 생존하였을까?' 참조). 그리고 X-불활성화는 배아에서 발생하는데 클론 개체의 불활성화 패턴은 아마도 핵 기증자의 패턴과 일치하지 않을 수도 있다('5장 돌연변이 없이 자식에게 전달되는 유전자의 기억' 참조). 또한 세포질에 있는 미토콘드리아 DNA는 기증자 세포가 아닌 수용자 난자에서 유래하기 때문에 기증자의 표현형과 다르게 나타난다('4장 한 지붕 아래 세 가족을 이루는 식물세포의 비밀' 참조). 마지막으로 환경은 클론이 동일한 사본이 아닌 또 다른 강력한 요인이다. 예를 들어, 클론된 송아지나 고양이의 털 색깔 패턴은 핵 공여자의 패턴과 다르다. 동물이 배아일 때, 색소를 생성하도록 정해진 세포는 각 개체에서 고유한 방식으로 움직여 다른 색상 패턴을 생성하기 때문이다.

"쥬라기 공원"은 화석이 된 호박에 갇혀있는 모기에서 멸종된 공룡의 피를 추출하여 다시 공룡을 부활시키며 발생할 수 있는 가상 세계를 영화화한 것으로 1990년대 많은 인기를 끌었다. 하지만 멸종된 동물의 혈액으로부터 동물을 부활 발생시킨다는 것은 소총 사격으로 달을 파괴하는 것보다 더 가능성이 낮다. 멸종된 공룡의 혈액에서 공룡의 모든 유전자들을 클로닝하는 것도 불가능하지만 이들 유전자들을 발현시켜 공룡을 부활시킨다는 것은 공상과학 할리우드 영화에서나 가능하다. 혈액세포, 피부세포, 간세포 등 각 세포들은 정해진 프로그램에 의해 유전자 세트를 발현하는데 이를 정확히 재현한다는 것은 불가능하다. 이와는 다르지만 유전체 해독 결과가 쌓이면서 최소한의 유전자를 가진 새로운 생명체를 만들려고 하는 합성생물학이라는 학문 분야가 전개되었다.

합성생물학을 이용하여 멸종된 동물을 부활시키는 과제가 실제로 진행되고 있다. 미국 하버드 대학교의 유전학자이자 시스템 생물학자인 조지 처치(George Church)와 그가 설립한 생명공학회사인 Colossal Biosciences(https://colossal.com/)는 적어도 4,000년 전에 멸종한 털 매머드를 부활시키는 과제를 진행하고 있다. 털 매머드 부활 프로젝트는 CRISPR－Cas9 유전자 편집을 사용하여 아시아 코끼리 세포에 핵심 매머드 유전자(예: 두꺼운 털과 단열 지방 유전자)를 삽입하여 추위에 적응한 코끼리－매머드 잡종을 만드는 것을 목표로 한다. 코끼리－매머드 잡종을 "매모펀트(mammophant)"라고 부르는데 연구팀은 "매모펀트" 무리를 시베리아에 재도입하면 잃어버린 초원 서식지를 복원하고 눈 덮임을 줄이고 영구 동토층 해빙을 늦추는 데 도움이 될 수 있을 것으로 기대하고 있다. 과제는 자금이 충분하고 지금도 활발하게 진행 중이지만, 아직 과학적 및 윤리적으로 해결하여야 할 문제들이 많이 있다. 매머드와 가장 가까운 코끼리 종인 아시아 코끼리를 이용하여 매모펀트를 만들려고 한다. 하지만 아시아 코끼리는 멸종 위기종이며 코끼리 복제는 성공한 적이 없으므로 이러한 문제를 해결해야 하는 것이 선결 과제이다.

CHAPTER
36

이보-디보로 설명되는 발생생물학의 오묘함

Evo-Devo는 Evolutionary Developmental Biology의 약자로, 생물체의 발생을 안내하는 과정이 진화적 궤적에 어떻게 영향을 미치는지, 그리고 그 반대의 경우도 마찬가지인지 이해하려는 비교적 최근의 학문분야로서 매우 영향력 있는 연구 분야이다. 이보–디보는 근본적으로 진화생물학과 발생생물학이라는 두 가지 오래된 학문의 융합이다. 이보–디보는 생물학적 다양성의 기원과 생명체가 수정란에서 완전히 형성된 존재로 성장하는 메커니즘을 모두 밝히는 응집력 있는 프레임워크로 통합된 분야이다. 역사적으로 찰스 다윈의 자연선택이론은 종이 시간이 지남에 따라 어떻게 변화하는지 이해하는 기초를 제공한 반면, 발생생물학자들 단일 세포에서 개별 생물체를 형성하는 복잡한 세포 및 분자 경로에 관심을 둔다. 그러나 분자 유전학의 기술적 발전과 고도로 보존된 유전적 "도구 키트"(예: *Hox* 유전자)의 발견이 이루어지고 난자 발생 과정 자체가 어떻게 진화하는지에 대한 연구가 진정으로 가능해졌다. 이러한 획기적인 발견은 놀라울 정도로 유사한 유전자 세트가 종종 초파리에서 인간에 이르기까지 매우 다른 생물체들의 신체 계획과 기관 형성을 주도한다는 것을 밝혀 분자 수준에서 생명 간에 놀라운 통일성이 있음을 보여주었다.

이보-디보는 학문적 생물학을 넘어 더 광범위한 의미를 갖는다. 예를 들어, 특정 유전자가 복합적 특성의 발달을 어떻게 조율하는지 이해하면 선천적 질병에 대한 의학 연구에 정보를 제공하여 특정 발달 과정이 어디에서 잘못될 수 있는지에 대한 통찰력을 제공할 수 있다. 또한 특정 발달 제약이 있는 생물 종이 빠른 환경 변화에 어떻게 적응할 수 있는지(또는 적응하지 못할 수 있는지) 예측하기 위한 프레임워크를 제공하기 때문에 보존 생물학에도 영향을 미친다. 실험실을 넘어서 이보-디보가 촉발한 개념적 변화는 대중이 생명의 다양성에 내재된 통일성을 인식하도록 한다. 인간이 파리, 벌레 및 기타 모델 종과 같은 유기체들과 기본적인 발생 및 유전적 과정을 공유한다는 인식은 모든 생명체에 대한 연결성과 존중심을 키울 수 있다. 이런 방식으로 이보-디보는 단순히 과학적 탐구의 기술적인 분야가 아니라 유전학, 발생학, 고생물학, 생태학 등을 통합하여 자연이 끊임없이 스스로를 재창조하는 심오하고도 놀라운 메커니즘을 밝혀내는 세계관으로 자리매김한다.

이보-디보 연구를 주도하는 핵심 통찰력은 발달 중 유전자 조절의 변화가 심각한 형태적 변화로 이어질 수 있으며, 따라서 새로운 종이나 새로운 특성의 출현을 촉진할 수 있다는 것이다. 예를 들어, 배아 단계에서 특정 유전자가 언제 또는 어디에서 발현되는지에 약간의 변화가 성체로 발달 시 사지가 길어지거나 색소가 형성되거나 지느러미가 사지로 전환되는지 여부를 결정할 수 있다. 따라서 이보-디보 과학자들은 물고기 지느러미에서 사지로의 진화나 현화 식물의 다양화와 같은 주요 진화적 전환의 유전적 및 발달적 기초를 조사하여 자연 세계가 오늘날 보이는 생물 다양성 패턴을 보이는 이유를 더 잘 설명한다. 마찬가지로 중요한 점은 이보-디보가 진화 자체에 대한 우리의 관점을 재조정한다는 것이다. 진화를 무작위 돌연변이의 점진적인 축적으로 보는 것이 아니라, 기존의 발달 경로를 어떻게 공동으로 이용, 조정 또는 재활용하여 진화적 가능성을 열거나 제한할 수 있는지 강조한다.

군집 편모충에서 유래한 초기 동물은 아마도 현재의 스폰지와 같은 해면동물처럼 몸체의 대칭성이 없는 측생동물이었을 것이다. 그 후 진정후생동물이 나타나서 동물의 몸통이 방사성 대칭인 자포동물(해파리 등)이 나타나고 다시 이들로부터 좌우 대칭을 가진 좌우 대칭 동물이 나타났다. 이들 좌우 대칭 동물들의 몸통은 모두 전방부(anterior, 머리 부분), 후방부(posterior, 꼬리 부분), 등부(dorsal, 뒤 또는 위 부위), 배부(ventral, 아래 또는 배부위) 등의 공통적인 특징을 갖는다. 좌우 대칭동물의 배발생 단계는 낭배기까지는 모두 동일하지만 낭배기에서 외배엽, 중배엽, 내배엽이 형성된 후 배의 아래쪽 외배엽이 함몰되기 시작하여 좌우로 나누어진다. 함몰을 개시한 부위를 원구라 하는데 원구가 입이 되고 반대쪽이 항문이 되면 원구동물이며 원구가 항문이 되고 반대쪽이 입이 되면 후구동물이다. 원구동물에는 편형동물, 윤형동물 연체동물, 선형동물, 절지동물 등이 있으며 후구동물에는 극피동물과 척추동물이 있다.

전방부와 후방부의 발생은 형태발생 인자(morphogen)가 개입하는데, 형태 발생인자는 배아 조직을 통해 확산되어 농도 기울기를 생성하는 신호 분자이다. 이러한 기울기는 세포에 위치 정보를 제공하여 형태발생 인자의 국소 농도에 따라 운명을 결정하는데 이와 같은 발생을 패턴 형성(pattern formation)이라 하며 형태발생 인자는 발달 중에 전방-후방(머리-꼬리) 축과 같은 발달 방향을 확립하는 데 중요하다. 이러한 유전자의 예로 초파리의 *Bicoid* 유전자가 있는데 이 유전자는 전방부를 형성하는 단백질을 암호화하며, *Sonic hedgehog*(*Shh*) 유전자가 암호화한 단백질은 척추동물의 신경관과 사지 패턴 발생에 영향을 미친다.

***Homeo* 유전자**(생물의 신체 계획의 발달 청사진을 지배하는 유전자)의 발견은 발생 생물학 및 유전학 분야에서 중요한 장을 열게 했다. 초파리는 발생 생물학과 유전학 연구에 모델로서 많은 기여를 했다. 1930년대에서 1950년대의 초파리 연구 과학자들은 한 신체 부위가 다른 신체 부위의 특성으로 변하는 유전자들을 발견했다. 예를 들어 *Antennapedia* (*Antp*) 유전자 돌연변이를 가진 파리는 일반적으로 더듬이가 있는 곳에 다리가 발생하였으며 *Ultrabithorax* (*Ubx*) 돌연변이는 흉부 부위에 날개가 더 있거나 날개 구조가 바뀌는 등 변형을 보였다. 초파리 과학지들은 이러한 유전자들을 "호메오틱 유전자(homeotic gene)"라고 명명하고 이것이 배아 발달 중에 신체 부위의 정체성을 결정하는 역할을 한다고 제안했다(Homeotic이라는 용어의 유래는 영국의 유전학자인 Willliam Bateson이 1894년 동물과 식물에서 한 기관이 다른 기관으로 변형되는 현상을 가리켜 homeosis라는 용어를 사용한 데서 옴). 미국 캘리포니아 공대 교수인 에드워드 루이스(Edward B. Lewis)는 이들 초파리의 체절 구조를 조절하는 마스터 유전자인 *Homeobox* 유전자를 발견하고 이를 *Hox* 유전자로 명명하였다. *Hox* 유전자는 발생중인 배아에서 전방-후방(머리에서 꼬리까지) 축을 따라 다양한 신체 부위(예: 머리, 흉부, 복부)의 정체성을 지정

하는 데 중요한 역할을 한다. *Hox* 유전자는 호메오 도메인(homeo domain)이라는 단백질 도메인을 암호화하고 있는데 *Hox* 단백질이 DNA에 결합하고 발달에 관련된 다른 유전자의 발현을 조절할 수 있도록 한다. Hox 단백질은 배아 발생 단계에서 약 100여 개의 유전자 발현을 조절하여 배아의 기관 발달을 조절하므로 *Hox* 유전자는 마스터 스위치(master switch)유전자라고 할 수 있다. 에드워드 루이스는 *Hox* 유전자의 발견으로 1995년 노벨 생리의학상을 수상하였다.

발생 생물학에서 근본적인 역할을 하는 *Hox* 유전자 클러스터는 유전자 서열이 초파리에서 인간에 이르기까지 광범위한 생물체에서 매우 잘 보존되어 있다. 초파리의 *Hox* 유전자 클러스터에는 8개의 유전자가 있는데, 이들은 특정한 염색체에 유전자 중복에 의해 연속하여 존재한다. *Hox* 유전자 8개 중 5개는 2번 염색체에 있는데 이들은 머리와 가슴 부분이 발생하는데 관여하며, 3개의 *Hox* 유전자는 3번 유전자에 있고 이들은 배 부위의 발생에 관여한다. 인간은 13개의 *Hox* 유전자가 있는데 이들은 2번, 7번, 12번 17번 염색체에 위치한다. *Hox* 유전자 클러스터에서 초파리의 *Hox* 유전자들과 인간의 *Hox* 유전자들의 순서와 각각의 염기서열도 상당히 보존적이다. 즉, 초파리의 머리 부분에서 발현되는 *Hox* 유전자는 *lab*, *pb*, *Dfd* 등의 유전자들이 있는데 이들과 상동적인 인간 유전자들은 각각 *HOXA1*, *HOXA2*, *HOXA3*로 초파리 유전자들의 염기서열과 매우 비슷하다. 또한 인간의 배아발달 시 초파리와 비슷하게 머리 부분이 되는 전방부(anterior)에서 발현을 한다. 그러므로 이들 초파리 *Hox* 유전자 기능과 조절에 대해 이해하는 것은 인간의 발달 결함을 교정하기 위한 조직 공학, 재생 의학 및 유전자 치료에 대한 전략을 알려준다. 그리고, *Hox* 유전자에 대한 연구는 발생 생물학

그림 36.1 *Hox* 유전자 배열과 발현

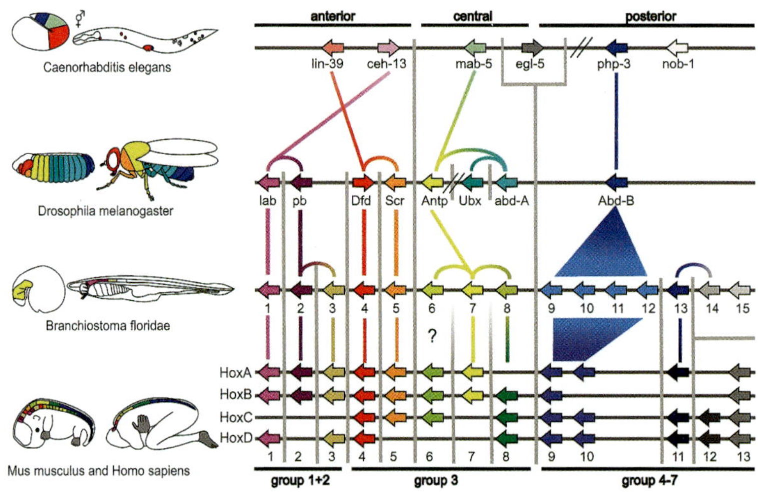

곤충과 척추동물과 같은 서로 다른 동물에서도 *Hox* 유전자는 배아 발달을 제어하고 따라서 성체의 형태를 제어한다. *Hox* 유전자들의 배열이 거의 일치하는데 이것은 수억 년의 진화를 통해 매우 보존되었다. *Caenorhabitis elegans*, 예쁜꼬마선충; *Drosophila melanogaster*, 초파리; *Branchiostoma floridae*, 창고기; *Mus musculus*, 생쥐; *Homo sapiens*, 인간.

출처: http://doi.org/10.1371/journal.pone.0010820.g002. CC Attribution 4.0 International license.

과 진화 이론을 연결하여 발달 유전자의 변화가 종 간의 형태적 다양성에 어떻게 기여하는지 설명한다.

***Hox* 유전자**는 체형과 체절 정체성을 결정함으로써 배아 발달에 중요한 역할을 한다. 유전자 발현을 조절하고 세포 분화에 영향을 미치는 근본적인 역할을 감안할 때 *Hox* 유전자를 조작하는 것은 다양한 의학적 응용 분야에서 상당한 잠재력을 가지고 있다. *Hox* 유전자 조작이 치료 목적으로 탐구되거나 활용되는 몇 가지 두드러진 예를 소개한다. *HOXA9*은 급성 골수성 백혈병(AML)에서 자주 과발현되며 높은 수준의

HOXA9 발현은 예후가 좋지 않고 백혈병 세포의 증식이 증가한다. 그러므로 연구진들은 백혈병 세포 증식을 줄이고 세포 사멸을 유도하기 위해 *HOXA9* 발현을 억제하는 억제제와 안티센스 올리고뉴클레오타이드를 개발하고 있다. 다른 예로 *HOXB13*은 유방암의 진행 및 전이에 연루되어 있다. *HOXB13*의 발현 변화는 특정 호르몬 요법에 대한 내성과 관련이 있다고 알려져 있다. RNA 간섭(RNAi)과 같은 기술은 *HOXB13* 발현을 낮추어서 타목시펜(tamoxifen)과 같은 호르몬 요법에 대한 민감성을 회복한다. 그리고 *Hox* 유전자는 유도만능줄기세포(iPSC) 또는 배아줄기세포(ESC)가 특정 세포 유형 또는 조직으로 분화되도록 하는 데 중요한 역할을 한다. 예로 *Hox* 유전자 발현을 조작하면 줄기세포가 근육 섬유로 분화되는 것을 향상시켜 근위축증이나 근육 손상 치료에 도움을 줄 수 있다. 또한 *Hox* 유전자 활동을 조정하여 특정 신경 하위 유형의 형성을 촉진할 수 있으며, 이는 신경 퇴행성 질환이나 척수 손상을 치료하는 데 이용한다. 하지만 *Hox* 유전자 조작을 임상 치료로 성공하려면 상당한 과학적, 기술적, 윤리적 과제를 극복해야 한다. 연구자들은 이러한 접근 방식을 지속적으로 탐구하고 개선하여 가장 시급한 의학적 요구 중 일부를 해결하는 혁신적인 치료법에 대한 희망을 가지고 있다.

어류가 육지로 상륙하기 위해서 변한 형질 중 하나로 지느러미가 없어지고 다리로 발달한 것이다. *Vav2*와 *WASLB* 유전자에 암호화된 단백질은 각각 배아 발생 시 근육형성 단백질인 액틴(actin)과 세포 골격을 조절하는 기능을 담당하는 단백질들인데 이들은 사지 발생과 세포 이동 및 모양 변화에 참여한다. *Hox* 단백질은 *Vav2* 및 *WASLB* 활동을 조절하는 신호 분자와 상호 작용하여 세포골격 역학이 패턴 요구 사항과 일치하도록 할 수 있다. 하버드 대학교와 보스톤 어린이 병원의 연구원인 브렌트 호킨스(Brent Hawkins)는 2021년 유명 과학 잡지인 Cell에 실린 논문에 실험실 모델 어류인 지브라피시(zebra fish)의 *Vab2*와 *WASLB* 유전자를 CRISPR−Cas9으로 편집하여 돌연변이를 유발한 결과, 지브라피시의 지느러미의 뼈가 사지 동물의 팔뼈처럼 변화하였다고 발표하였다. 논문의 저자들은 "vav2/wasl 경로의 돌연변이는 *hoxa11b*의 발현을 증가시켜 전완과의 발달적 상동성을 나타냅니다. 우리의 연구 결과는 간단한 유전적 변화에 의해 활성화되는 지느러미의 잠재적인 사지 형성 패턴 능력을 보여줍니다."라고 결론을 지었다. 이와 같은 결과는 유전자 조절을 세포 역학과 통합함으로써 *Hox* 유전자, *Vav2*, *WASLB*의 공동 활성 조절이 사지 발달에 필수적이라는 것을 보인 분자 역학의 좋은 예이며 배 발생 장애에 대한 치료적 개입을 위한 잠재적 길을 보여주는 예이다.

CHAPTER 37

생명공학으로부터 제기되는 윤리적 숙제

의학, 농업, 산업 등 다양한 응용 분야에서 생물학적 지식을 응용한 생명공학은 유전자 편집과 조직 공학에서 개인화된 의학에 이르기까지 놀라운 가능성을 열었다. 그러나 이러한 최첨단 혁신은 또한 인권, 환경 영향, 과학적 진보와 도덕적 책임 간의 균형을 신중하게 고려해야 하는 생명윤리라는 윤리적, 사회적 문제를 제기한다. 생명 윤리는 생물의학 연구와 생물의학에서 발생하는 윤리적, 법적, 사회적 문제를 연구하는 학문이다. 생명 윤리는 생명과 관련된 윤리적, 도덕적 문제를 다루면서, 주제로 생식 윤리, 장기 기증 및 이식, 유전적 연구, 인간의 사망 및 임종 등 생물과 생명에 관련된 분야를 포함한다. 생명의 탄생과 낙태, 우생학, 유전과 인종 등에서 생물 또는 생명 윤리에 대해서 이전 장들에서 설명하였으므로 본 장에서는 체외 수정 임신, 대리모, 정자 은행, 유전자 편집과 맞춤아기 등과 관련된 이슈들을 다룬다.

미국 뉴저지에 살던 엘리자베스 스턴스(Elizabeth Sterns)와 윌리엄 스턴스(William Sterns) 부부는 부인이 지병으로 아기를 가질 수 없게 되자 1986년 3월에 화이트헤드(Whitehead)라는 여성에게 남편인 윌리럼 스턴스의 정자로 시험관 수정을 통해서 대리모로 아기를 낳아 달라는 거래를 하여 대가로 1만 달러를 지불하였다. 화이트헤드 부인은 10개월 후 정상적으로 아기를 낳았다(자료에는 아기 이름을 밝히지 않고 그냥 Baby M이라고 부름). 화이트헤드 부인은 아기를 낳고 나서 마음이 바뀌어 Baby M을 키우기로 결정하여 스턴스 부부와 아기의 양육권을 두고 법정다툼을 벌였다. 1988년, 뉴저지 대법원은 대리모 계약이 공공 정책과 상충된다는 이유로 무효라고 선언했다. 법원은 친부인 윌리엄 스턴스에게 단독 양육권을 부여했고, 화이트헤드 부인에게는 면회권을 부여했다. 이는 미국에서 처음으로 대대적으로 알려진 대리모 사건 중 하나였기 때문에 언론에서는 종종 "스캔들" 또는 "법적 논란"이라고 불렀다. 이는 수년간 대리모에 대한 논의와 법률적 근거를 형성했으며, 그 후 미국 법원이 유사한 사건에 접근하는 방식에 영향을 미쳤다.

국제적 "대리모 관광"이 가끔 뉴스거리가 된다. "Baby Gammy"는 호주 커플이 태국의 대리모에게서 낳은 쌍둥이 아이 중 하나이다. 2014년 호주의 부부 웬디 화넬(Wendy Farnell)과 데이비드 화넬(David Farnell)은 대리모 중계 업체를 통해 태국 여성인 파타라몽 찬부아(Pattaramon Chanbua)를 대리모로 계약하였다. 찬부아는 남자 아기와 여자 아기 쌍둥이를 낳았는데 여자 아기는 정상 아기였지만 남자 아기는 다운증후군을 가지고 태어났다. 화넬 부부는 정상 아기는 입양하여 호주로 데려갔지만 다운증후군 여자 아기(Baby Gammy)는 입양하지 않고 대리모에게 남겨 두었다. Baby Gammy 사례가 사회적 문제가 되자 태국은 외국인에 대한 상업적 대리모를 금지하기 위해 신속하게 움직였다. 이로 인해 유사한 상황에 처한 부모가 다른 나라에서 대리모를 구하거나 대리모에게 양육권을 포기하도록 강요하는 것이 거의 불가능해졌다.

대리모에 대한 도덕적 논쟁은 의도된 부모가 특수한 필요가 있는 대리모 자녀에 대한 양육권을 거부할 수 있는지(또는 거부해야 하는지)에 대한 것과 모든 당사자가 대리모와 관련된 법적, 윤리적 의무를 이해하도록 할 필요성에 초점을 맞추고 있다. 하지만 아이는 합법적인 주인에게 반환해야 할 소유물이 아니다. 아이의 운명을 결정해야 하는 것은 모든 당사자에 대한 공평성이 아니라 아이에게 무엇이 더 좋은가를 고려해야 한다.

체외 수정(*In Vitro* Fertilization, IVF) 과정을 통해 난자를 채취하여 시험관에서 수정시킨 뒤 2~5일 정도 배양해서 보통 8개에서 15개 정도의 수정된 배아를 얻게 되는데 이 중에서 발달이 좋은 수정란을 산모의 자궁에 착상시킨다. 사용하고 남은 배아도 사실 정상 아기로 발생할 가능성이 있는 배아로서 보통 급속 냉동 보관하여 향후 부부가 다시 임신을 원할 경우에 사용하거나 의학 연구를 위하여 의료 기관에 기부하기도 하고 부부가 더 이상 냉동 보관을 원치 않을 경우 폐기한다. 여기에서 생명 윤리 문제가 발생한다. 수정란 또는 배아가 인간의 도덕적 지위를 가지고 있는지, 그리고 어느 정도 보호받을 가치가 있는지에 대한 것이다. 어떤 사람들은 생명이 수정과 함께 시작된다고 주장하여 배아를 버리는 것은 인간의 삶을 끝내는 것과 동일시한다. IVF를 받는 부부나 개인은 종종 과도한 배아를 어떻게 처리할지 결정해야 한다. 배아를 폐기하기로 결정한 부부도 후에 배아가 폐기된 후 죄책감이나 후회의 감정이 생길 수 있다. 특히 이들 부부의 배아에 대한 도덕적 견해가 시간이 지남에 따라 바뀌는 경우 더욱 그렇다. 한 파트너가 배아를 폐기하거나 기증하고 싶어 하는 반면 다른 파트너는 반대할 때 더욱 복잡한 윤리적 문제가 발생한다. 배아를 폐기하고자 하는 파트너(남편)가 사망하면 윤리적, 법적 복잡성이 증가한다. 생존한 아내가 보관된 배아를 사용하여 임신하는 것은 옳은 것인가? 이러한 시나리오에서 사망한 배우자가 배아를 사용하도록 의도한 경우 배아를 폐기하는 것은 윤리적으로 위험할 수 있다. 어떤 사람들은 과학 연구나 줄기세포 연구에 기부하는 것이 의학 발전에 기여하기 때문에 배아를 완전히 폐기하는 것보다 윤리적으로 더 좋은 방법이라 생각한다. 다른 사람들은 여전히 배아의 도덕적 지위를 손상시키거나 과학적 이익을 위해 잠재적 생명을 이용하는 것은 윤리적으로 문제가 있다고 생각한다. 이와 같이 언급한 사항 외에도 배아 폐기에 대해서 많은 논란이 있을 수 있다. 이것은 궁극적으로 정책과 개인적 결정은 윤리적 틀, 종교적 및 문화적 신념, 지역 법률에 따라 다르다. 체외수정 기술이 계속 발전하고 잉여 배아가 생산됨에 따라 이러한 논쟁은 계속될 가능성이 높으며, 다양한 도덕적 신념을 존중하는 더 명확하고 공감적인 가이드라인에 대한 요구가 계속되고 있다.

결혼을 안 하고 독신으로 사는 사람들이 부쩍 늘었다. 자녀를 원하는 개인이나 동성 커플에게 정자 은행은 중요한 리소스이다. 우리나라에서도 독신인 여성 방송인이 정자 기증을 받아 아이를 낳아서 화제가 된 적이 있다. 기증된 정자로 임신하는 사람들은 자세한 기증자 프로필을 보고 정자를 선택하는 것을 좋아한다. 이들은 정자 기증자의 신체적 특성, 교육 수준 또는 건강 기록 등 자신이 중요하게 여기는 특성에 따라 기증자를 선택할 권리가 있다고 믿는다. 많은 학자들은 일부 사람들의 그릇된 인식으로 "우월한" 특성(아름다움, 지능, 신체적 능력)에 따라 기증 정자를 선택하는 것이 현대 우생학 또는 "디자이너 아기" 문화의 한 형태로 이어질 수 있다고 우려한다. 이들은 부유한 개인이 특정 기증자 특성에 대해 추가 비용을 지불할 수 있다면 일부 어린이에게 인식된 유전적 이점을 제공하여 사회적 불평등을 악화시킬 수 있다고 주장한다. 대부분의 정자 은행은 이익을 위해 운영되며, 수요가 많은 기증자 특성을 마케팅으로 기증자 프로필 및 "프리미엄" 정자를 광고하지만 이는 잠재적 부모를 위한 카탈로그와 유사할 수 있다. 이러한 상품화는 인간의 생식을 시장처럼 취급한다고 느끼게 한다. 신체적 아름다움이나 학업적 성공을 중시하는 사회는 특정 편견을 강화할 수 있어 특정 민족적 배경을 가진 기증자나 "바람직한" 키와 외모를 가진 기증자에 대한 더 많은 수요가 있을 수 있다. 또한 프라이버시와 익명성의 문제가 있다. 많은 정자 은행이 기증자 익명성을 보호했지만, 일부 지역에서는 유전자 검사 키트의 증가로 여론이 바뀌었다. 가끔 기증자가 잉태한 아이가 유전적 기원을 알 권리가 있다고 주장하기도 한다. 어린이의 관점으로 어린이는 자라면서 자신이 특정 특성을 위해 선택되었거나 "설계"되었는지, 그리고 그것이 자신의 정체성과 자존감에 어떤 영향을 미칠 수 있는지 의문을 가질 수 있다.

정자 은행과 맞춤 아기를 대하는 것에 있어서 개인의 자유와 윤리적 우려의 균형이 필요하다. 여론은 부모의 선택권에 대한 전적인 지지에서 상품화, 불평등, 윤리에 대한 우려에 이르기까지 매우 다양하다. 그러나 많은 사람들이 책임감 있고 정자 기증에 대한 정보에 입각한 선택을 하는 잠재적 부모의 아이디어를 지지하고, "디자이너" 사고방식에 대해 메뉴에서 고르듯이 어린이의 특성을 선택하는 것에 대해 사회적 결과와 도덕적 함정을 염려한다. 생식 기술이 발전하고 유전자 검사가 더욱 정교해짐에 따라 어떤 특성을 "선택"하는 것이 허용되는지, 그리고 이를 규제해야 하는지(또는 어떻게)에 대한 대중의 논의가 심화될 가능성이 높다. 정자 은행 서비스가 확산되고 유전 도구가 더욱 정교해짐에 따라 특정 특성에 대한 기증자 선택에 대한 논쟁은 핵심적인 생명윤리적, 사회적 문제로 남을 것이다. 정자 기증자로부터 태어난 아이를 둔 가족은 때때로 어떤 정보를 공유할지, 어떤 나이에 아이를 공유할지에 대해 고민해야 한다.

CRISPR-Cas9(Clustered Regularly Interspaced Short Palindromic Repeats의 약자)은 원래 박테리아 면역 방어의 일부로 발견된 강력한 유전자 편집 시스템이다. CRISPR－Cas9는 가이드 RNA(gRNA)로 표적으로 삼고자 하는 특정 DNA 서열과 일치하는 작은 RNA 분자를 설계하고 Cas9 효소는 분자 가위처럼 작용하여 gRNA에 의해 DNA 가닥의 정확한 위치로 안내되어 DNA를 절단하면 세포의 자연적인 복구 메커니즘이 절단을 복구하여 연구자들이 특정 DNA 서열을 삽입, 제거 또는 변경(편집)할 수 있다. 이를 CRISPR－Cas9 유전자 편집 기술이라 한다. CRISPR－Cas9은 정밀성과 상대적 단순성 덕분에 유전학 연구의 핵심 도구가 되었으며, 질병을 유발하는 돌연변이를 교정하는 것부터 작물과 기축의 번식을 발전시키는 것까지 다양한 용도로 사용된다.

2018년 11월 중국 심천에 있는 남부과학기술대학에 소속된 중국의 생물물리학자인 허젠쿠이(He Jiankui)는 CRISPR－Cas9 유전자 편집 기술을 사용하여 쌍둥이 소녀인 루루와 나나의 유전체를 성공적으로 수정했다고 발표했다. 그는 HIV 바이러스 수용체 유전자인 CCR4(C－C chemokine receptor type 4) 유전자를 편집하여 HIV 감염에 대한 저항성을 가진 유전자 편집 쌍둥이 여아를 탄생시켰다고 주장했다. 알려진 바에 의하면 허젠쿠이는 참가자가 잠재적 위험과 영향을 충분히 이해하지 못한 채 비밀리에 실험을 수행했다. 이에 많은 생명 윤리학자들은 경악했다. 과학자들은 사용된 CRISPR-Cas9 기술이 의도치 않은 돌연변이를 유발하여 실험 대상인 개인의 안전성과 장기적 건강에 미칠 수 있는 잠재적 위험을 우려했다. 세계 과학계는 대체로 그의 행동을 성급하고 비윤리적이며 위험하다고 비난했다. 미국 과학 아카데미, 세계보건기구(WHO), 중국 정부와 같은 주요 기관은 이 실험을 맹렬히 비난했다. 결과적으로 그의 실험은 강력한 윤리 지침과 안전 프로토콜이 수립될 때까지 인간 생식세포 편집에 대한 전 세계적 중단을 촉구하도록 하였다. 발표 직후 중국 당국은 허젠쿠이의 활동에 대한 조사를 시작하고 2019년 12월 불법 의료 행위로 3년 징역형을 선고했다. 또한 그는 재직하던 학교에서 해고되었다.

과학 기술의 발전은 양날의 칼이다. 체외수정, 산전 진단, 유전자 편집을 포함한 생식 의학의 발전은 가족 계획과 유전 건강 기회를 변화시켰다. 많은 불임 가족들과 유전병의 위험에 있는 가족들에게 행복과 위안을 주었다. 그러나 이러한 혁신은 또한 자율성, 형평성 및 인간 유전자 조작의 도덕적 의미와 관련하여 상당한 생명윤리적 문제를 동반한다. 이러한 획기적인 발전이 공정하고 도덕적으로 양심적인 방식으로 사회에 이바지하도록 하려면 기술적 진보와 윤리적 책임의 균형을 맞추는 것이 필수적이다.

CHAPTER 38

생명공학 기술의 지적 재산권 분쟁

특허는 정부가 발명가 또는 양수인에게 부여하는 법적 권리로, 특정 기간 동안 발명품을 만들고, 사용하고, 판매하고, 배포할 수 있는 독점적 권리를 부여한다. 그 대가로 발명가는 발명의 세부 사항을 공개하여 다른 사람들이 이를 통해 배우고 추가 혁신에 기여할 수 있도록 해야 한다. 특허는 일반적으로 20년 동안 유효하며, 그 후 발명품은 공공 영역으로 돌아간다.

루이 파스퇴르(Louis Pasteur)는 1857년 프랑스에서 맥주 양조와 알코올 발효에 사용되는 특수 효모 균주에 대한 최초의 생명체 특허를 받았다. 이후 무성 생식을 하는 많은 식물들의 변이체들이 20세기 초반부터 특허를 받았다. 1980년에 미국 제너럴 일렉트릭사의 연구원인 아난다 차크라바티(Ananda Chakrabarty)가 미국 특허청에서 박테리아가 원유 성분을 분해할 수 있게 하는 재조합 플라스미드에 대한 특허를 받았는데 이것이 유전자 변형 생물체(GMO)에 대해 부여된 최초의 특허이다. 몬산

그림 38.1 Flavr Savr 토마토

유전자 변형 기술을 토마토의 성숙을 지연시켜 저장기간을 늘린 GM 토마토

토 생명공학회사(현재의 바이엘 생명공학회사)는 1983년에 유전자 변형 GM 페튜니아의 특허를 취득하였으며 1994년에는 오랫동안 신선함을 유지하고 저장기간이 긴 Flavr Savr 토마토 특허를 획득하였는데 이후 많은 GM 작물들이 특허를 받았다. 1988년 하버드 대학교는 연구 목적으로 암에 더 취약하도록 유전자 조작된 최초의 유전자 변형 동물인 OncoMouse에 대한 특허를 취득했다. 많은 연구자들은 자신들이 발견한 유전자에 대한 특허를 취득한다. 1980년대에는 유전자 염기서열 방법이 복잡하고 느려서 단지 몇 개의 유전자만이 특허를 받았으나 1990대 중반부터 DNA 염기 서열 분석이 자동화되면서 DNA 조각의 기능이 밝혀지지 않았어도 이들 DNA 단편들에 대한 특허 신청이 많아졌다. 하지만 유전자 서열에 대한 특허 신청이 넘쳐 나면서 요즘은 DNA 서열만으로는 특허를 받기 어려우며 이들 DNA 단편을 이용하여 진단 검사 등에 유용성을 증명하여야 특허 취득이 가능하다.

생명공학은 현대 과학에서 가장 빠르게 발전하는 분야 중 하나로, 의학, 농업, 환경적 지속 가능성에 혁신적인 솔루션을 제공하지만 생명공학과 지적 재산권의 교차점에는 심각한 윤리적 우려가 있다. 유전 물질, 생물체, 생명공학적 프로세스에 대한 특허는 종종 소유권, 필수 자원에 대한 접근, 토착 지식의 잠재적 활용에 대한 논란을 초래하기도 한다. 위에서 예로 들은 Oncomouse의 경우 암을 유발하도록 유전자를 변형시켜서 동물 복지에 대한 우려가 제기되었다. 이것은 생물을 지적 재산으로 취급하는 것에 대한 상당한 윤리적 우려를 불러일으켜서 생명체에 대한 특허가 생물을 상품화하고 이익을 위한 단순한 제품으로 전락시킨다고 비판의 대상이 되고 있다.

카나반병(Canavan Disease)은 뇌에 영향을 미치는 희귀하고 치명적인 유전적 질환이다. 카나반 재단은 카나반병에 걸린 가족들이 설립한 비영리 단체이다. 마이애미 어린이 병원에서 일하는 유전학자인 루벤 마탈론(Reuben Matalon)은 카나반 재단을 통해 카나반 질환 어린이를 가진 가족들이 제공한 DNA 샘플을 사용하여 카나반병의 원인인 ASPA(as-partoacylase) 유전자 돌연변이를 발견했다. 마이애미 어린이 병원과 마탈론 박사는 카나반병을 진단하기 위한 ASPA 유전자와 유전자 검사에 대한 미국 특허를 획득한 후 마이애미 어린이 병원은 ASPA 유전자 검사 사용에 대해서 라이선스 수수료를 청구하기 시작했다. DNA 샘플을 제공한 가족들은 이윤을 목적으로 하지 않고 연구를 지원하기 위해 유전 물질을 제공했기 때문에 배신감을 느꼈다. 이 소송은 2003년 법원에서 합의되었는데 합의 조건은 공개되지 않았지만, 마이애미 어린이 병원이 유전자 검사에 대한 허가 수수료를 낮추는 데 동의한 것으로 알려졌다. 이 사건은 유전 연구 윤리에 있어 획기적인 사건으로 남아 있으며, 유전 정보를 소유한 사람과 의학 연구의 권리에 대한 의문을 제기한다.

윤리적 우려를 넘어 생물 다양성에 미치는 특허의 영향도 상당하다. 유전자 변형 생물(GMO)에 대한 특허는 단일 작물과 단일 품종 재배로 이어질 수 있으며, 이는 생물 다양성을 위협하고 새로운 식물 병원균의 발생과 번성을 초래할 수 있다. 또한 인간의 이익을 위해 변형된 생명체를 기업이 소유하는 것에 대한 윤리적 문제도 제기된다. 유전자 변형 작물에 대한 특허와 이 기술을 이용하여 개발한 종자는 농부나 식량안보 측면에서 여러 가지 논쟁을 불러오기도 한다. 일부 비판론자들은 종자에 대한 특허가 특정 기업의 독점을 초래하고 종자가격을 올리며 식량공급의 집중화와 식량안보를 위협할 수 있다고 경고한다. 학계에서는 GMO 기술이 수확량을 증가시키고, 병해충을 줄여 식량 생산을 안정화시키고 있다는데 동의한다. 종합적으로 생명공학 기술이 특정 국가나 기업에 집중하여 발생할 수 있는 잠재적 위험성에 대해서는 계속하여 주지하여야 할 것이다.

수년 동안 기업들은 인간 유전자에 대한 특허를 보유하면서 인간 유전 물질의 소유권에 대한 윤리적 논쟁을 불러일으켰다. 대표적인 사례는 미리아드 제네틱스(Myriad Genetics) 생명공학회사로, *BRCA1*과 *BRCA2* 유전자에 대한 특허를 취득했는데, 이 유전자의 돌연변이는 유방암과 난소암과 관련이 있다. 이 특허는 이러한 돌연변이에 대한 테스트를 수행하는 개인이나 조직이 미리아드 제네틱스에 라이센스 수수료를 지불해야 한다는 것을 의미했다. 하지만 2013년 미국 대법원은 자연적으로 발생하는 인간 유전자는 특허를 받을 수 없다고 판결하면서 유전자는 자연의 산물이지 인간의 발명품이 아니라고 판결했다. 이 결정은 유전자 검사를 더 쉽게 이용할 수 있게 했기 때문에 공중 보건의 승리로 기념되었다. 여기서 윤리적 문제는 의료 접근성과 생물 해적 행위에 관한 것도 있다. 유전자 특허는 진단 검사를 엄청나게 비싸게 만들어 취약 계층의 생명을 구하는 의료 접근성을 제한할 수 있다.

특허는 혁신을 장려하기 위한 것이지만, 때로는 독점을 만들어 추가 연구와 혁신을 억제할 수 있다. 한 가지 예는 UC 버클리와 브로드 연구소(Broad Institute) 간에 진행 중인 CRISPR–Cas9 특허 분쟁이다. 이 분쟁으로 인해 다른 과학자들이 특허 기술을 사용하려면 허가가 필요했기 때문에 새로운 치료법을 개발하는 데 CRISPR–Cas9을 사용하는 것이 까다롭게 되었다. 특허의 독점은 기업이 핵심 기술에 대한 과도한 통제권을 가질 수 있으며 다른 연구자들이 기존 특허 기술을 개선하거나 사용하는 것을 차단할 수 있다.

하버드 대학교와 MIT가 제휴하여 만든 브로드 연구소(Broad Institute)와 UC Berkeley 간 CRISPR-Cas9 특허 분쟁은 이 혁신적인 유전자 편집 기술에 대한 권리를 누가 소유하는지에 대한 것이었다. 핵심 문제는 진핵세포(인간 세포와 같은)에서 최초로 CRISPR-Cas9을 발견하고 사용할 권리를 가진 그룹이 누구인가이다. 제니퍼 두드나(Jennifer Doudna)와 엠마누엘 샤펜티어(Emmanuelle Charpentier)가 이끄는 UC Berkeley 팀은 원핵세포(박테리아)에서 CRISPR-Cas9를 사용하기 위한 특허를 2012년에 출원했다. 그들의 연구는 획기적이었지만 진핵세포에서 CRISPR-Cas9를 입증하지 못했다. 2013년 펭 장(Feng Zhang)이 이끄는 브로드 연구소는 진핵세포에서 CRISPR-Cas9를 사용하는 것을 입증하고 우선

심사(fast track) 방법으로 특허를 출원하였다. 브로드 연구소가 우선심사를 위한 추가 비용을 지불했기 때문에 UC Berkeley보다 늦게 출원했음에도 불구하고 그들의 특허가 먼저 부여되었다. UC Berkeley는 그들의 발명이 기초적이며 진핵세포를 포함한 CRISPR-Cas9의 모든 용도를 포괄한다고 주장했다. 브로드 연구소는 진핵세포에 CRISPR-Cas9를 적용하는 작업이 별도의 창의적인 단계라고 주장했다. 2017년 미국 특허 심판 및 항소 위원회(PTAB)는 두 팀의 특허가 서로 다른 발명을 포괄하기 때문에 간섭이 없다고 브로드 연구소에 유리한 판결을 내렸다. 2022년 미국 특허 상표국(Patent Trial and Appeal Board, PTAB)은 브로드 연구소가 진핵세포에서 CRISPR-Cas9에 대한 권리를 소유하고 UC Berkeley가 원핵 시스템에서 사용할 권리를 보유하고 있음을 확인했다. 결과적으로 브로드 연구소는 상업적으로 더 가치 있는 인간 및 동물 세포에서 CRISPR-Cas9를 사용하기 위한 핵심 특허를 보유하고 있다. 그러나 두 기관 모두 회사에 특허를 라이센스하여 CRISPR-Cas9 기술의 빠른 상용화에 기여한 것은 사실이다. 이 분쟁은 생명공학 혁신에서 특허 전략의 중요성을 강조하며 유전자 편집 기술의 상업적, 윤리적 고려에 큰 영향을 미쳤다.

기업이 동의나 보상 없이 토착민의 유전 물질을 이용하는 것에 대한 우려가 있는데, 이를 생물 해적 행위(biopiracy)라고 한다. 가장 유명한 생물 도용 사례 중 하나는 미국의 생명 공학 회사인 W.R. Grace & Co.와 인도의 토착 사회에서 수세기 동안 약용 및 살충제로 사용되어 온 니임(Neem)나무에 대한 전통 지식과 관련이 있다. 미국 회사 W.R. Grace와 미국 농무부(USDA)는 유럽 특허청(EPO)에 니임 오일에서 추출한 살균제에 대한 특허를 출원했다. 이 특허는 니임 나무 오일을 이용한 생물 살균제를 생산하는 방법을 다루었다. 하지만 인도 농부와 치료사는 수세기 동안 니임 추출물을 살충제와 살균제로 사용해 왔다. 이 특허는 효과적으로 전통 지식을 사유화하여 W.R. Grace에게 자연적으로 발생하는 제품에 대한 독점권을 부여했다. 인도 NGO 연합의 반다나 시바(Vandana Shiva)와 농부, 과학자들은 유럽 특허청에 이 특허에 이의를 제기했다. 니임 나무 추출물에 대한 전통적인 사용은 수세기 동안 기록되어 왔고 새로운 발명품이 아니었기 때문에, 특허가 생물학적 해적 행위라고 주장했다. 10년간의 법적 싸움 끝에 유럽 특허청은 2005년에 니임 오일을 살충제로 사용하는 것이 새로운 발명이 아니라 전통 지식의 일부라는 것을 인정하고 해당 특허를 취소했다. 이 사건은 생물 해적 행위에 대한 획기적인 승소로 이어졌으며 이는 기업의 착취로부터 토착 지식을 보호해야 할 필요성에 주목하게 했다. 또한 생물 해적 행위를 방지하고 유전자원 사용으로부터 공정한 이익 공유를 보장하는 것을 목표로 하는 생물 다양성 협약(CBD)과 같은 국제 협정에도 영향을 미쳤다.

생명공학 특허는 종종 생명을 구하는 의약품과 치료법을 다루므로 저소득층에게는 엄청나게 비쌀 수 있다. 세계 보건 분야에서 가장 중요한 윤리적 논생 중 하나는 HIV/AIDS 치료에 사용되는 항레트로바이러스(ARV) 약물의 특허와 제약 회사가 책정한 높은 가격으로 인해 아프리카 환자들이 약물을 접근하는 데 어려움을 겪고 있다는 점이다. 1990년대와 2000년대 초반에 항레트로바이러스(ARV) 치료 비용은 환자당 연간 10,000달러에서 15,000달러였으며, 저소득 국가의 환자는 생명을 구하는 약을 살 여유가 없었다. 1997년 남아프리카 공화국 정부는 의약품 및 관련 물질법을 통과시켜, 이 나라가 HIV 위기를 해결하기 위해 특허

약물의 제네릭 버전(이미 출시된 약품의 성분을 토대로 만들어 낸 의약품)을 수입하거나 생산할 수 있도록 했다. 그러나 파이자(Pfizer), 지에스케이(GSK), 머크(Merck)를 포함한 39개 다국적 제약 회사가 남아프리카 공화국 정부를 상대로 이 법률을 중단해 달라고 소송을 제기했다. 이 법률이 국제 무역 협정에 따른 자사의 특허권을 침해했다고 주장했다. 이 사건은 전 세계적으로 분노를 불러일으켰다. 결국 이러한 회사들은 결국 세계적인 압력에 대응하여 약물의 제네릭 버전 생산을 허용하여 가격을 대폭 낮추고 치료 접근성을 개선했지만 윤리적 문제는 여전히 남아 있다. 이 사건은 세계 보건 정책의 변화로 이어져서 세계무역기구(WTO) 협정에서는 국가가 공중 보건 비상 상황에서 약물 특허를 무효화할 수 있도록 했다. 이는 제약 회사가 저소득 국가에서 더 저렴한 약물을 제공하기 위한 글로벌 액세스 프로그램의 길을 열었다.

생명공학 특허는 혁신을 주도하고 삶을 개선할 수 있는 잠재력이 있지만, 또한 중대한 윤리적 우려를 불러일으킨다. 생명체에 대한 특허에서 필수 의약품에 대한 접근 제한 및 전통 지식 활용에 이르기까지 윤리적 의미는 광범위하고 복잡하다. 혁신과 윤리적 책임의 균형을 맞추려면 공정한 접근, 인간 및 동물 권리에 대한 존중, 토착 사회에 대한 보호를 보장하는 정책이 필요하다. 궁극적으로 생명공학 특허는 기업의 이익만이 아니라 인류 전체에 더 큰 이익이 되도록 사용되어야 한다.

CHAPTER 39

유전자 치료가 가능한가?

유전자 치료는 질병을 치료하거나 예방하기 위해 결함이 있는 유전자를 수정하거나 교체하는 의료 기술이다. 유전자 치료는 어떤 세포를 대상으로 하는가에 따라 체세포 유전자 치료 요법과 생식 세포 유전자 치료요법으로 나눌 수 있다. 체세포 유전자 요법은 혈액 세포, 근육 세포 또는 장기 세포와 같은 비생식(체세포) 세포에 유전 물질을 도입한다. 체세포 유전자 치료는 환자 자신에게만 영향을 미치며 미래 자손에게 유전되지 않는다. 반면에 생식 세포 유전자 치료 요법은 정자, 난자 또는 초기 배아의 유전자를 변경하는 것으로 치료가 생식 세포에서 발생하기 때문에 미래 세대로 전달될 수 있다. 하지만 생식 세포 유전자 치료는 상당한 윤리적 논쟁을 수반하고 있다.

유전자 치료는 또한 접근 방식에 따라 체내 접근(*in vivo*) 방식과 체외(*ex vivo*) 접근 방식으로 나눌 수도 있다. 체내 유전자 요법은 치료 유전자를 운반하는 벡터(종종 바이러스 벡터)를 환자의 신체에 직접 전달한다(예: 혈류 또는 표적 조직에 주입). 예로 특정 형태의 근이영양증를 치료하기 위하여 근육 세포에 교정된 유전자를 전달하거나 유전성 안구 질환에 대한 망막 세포에 교정 유전자를 전달한다. 체외 유전자 치료는 환자의 몸에서 세포를 꺼내 실험실에서 유전자를 변형한 다음 환자에게 다시 주입한다. 예로 특정 혈액암에 대한 CAR-T 세포치료가 있다. CAR-T 세포치료는 T 세포를 추출하여 특정 암 세포를 표적으로 삼도록 조작한 다음 환자에게 다시 주입한다.

아샨티 디실바(Ashanti DeSilva)는 심각한 면역 체계 결핍을 유발하는 희귀 유전 질환인 ADA 결핍(Adenosine Deaminase Deficiency)에 대한 성공적인 유전자 치료를 받은 첫 번째 환자였다. 1990년에 시행된 이 치료는 의학 역사상 획기적인 사건으로 간주되며, 인간 유전자 치료의 첫 번째 성공적인 사례이다. 유전자 치료를 받을 당시 아샨티 디실바는 4세 소녀였으며 유전자 치료는 미국 국립보건원(National Institutes of Health)에서 수행되었다. 주치의인 프랜치 앤더슨(French Anderson) 박사 팀이 이끄는 의사진은 아샨티 디실바의 혈액에서 T세포(면역 세포의 한 종류)를 추출한 후 건강한 ADA 유전자를 가진 유전자 재조합 역전사 바이러스 벡터(질병을 일으키지 않고 유전자를 운반하도록 변형된 바이러스)를 사용하여 추출된 T세포에 삽입하였다. 그녀의 혈류에 재도입된 정상적인 ADA유전자를 가진 변형된 T세포가 시간이 지나면서 T세포는 정상적인 ADA 효소를 생성하기 시작하여 그녀의 면역 체계 기능을 개선했다. 아샨티 디실바의 상태는 상당히 개선되어 비교적 정상적인 삶을 살 수 있었다. 하지만 그녀를 완전히 치료하지 못했고, 효소 대체 요법과 후속 치료가 계속 필요했다. 그럼에도 불구하고 그녀의 면역 체계 기능은 개선되었고, 감염에 덜 취약해졌다. 아샨티 디실바의 사례는 최초의 성공적인 인간 유전자 치료로 유전자 치료가 유전적 질환에 대한 실행 가능한 치료법이 될 수 있음을 입증한 것이다. 이것은 의학 역사에서 획기적인 순간이었으며, 유전자 치료가 유전적 질환을 치료하고 의학에 혁명을 일으킬 수 있는 잠재력을 보여 준 것이다. 아샨티 디실바의 성공은 척수성 근위축증 및 겸상 적혈구 빈혈과 같은 질병에 대한 추가 유전자 치료 연구 및 FDA 승인 유전자 치료의 길을 열었다.

1999년 제시 겔싱거(Jesse Gelsinger)의 사망은 유전자 치료와 생명윤리의 역사에서 비극적인 사건으로, 유전자 치료로 인한 첫 번째 환자 사망을 기록했다. 제시 겔싱어의 케이스는 유전자 치료의 임상 시험 수행에 대한 심각한 윤리적 및 안전 문제를 제기했고 의학 연구에 상당한 개혁을 가져왔다. 제시 겔싱거는 희귀 유전적 질환인 오르니틴 트랜스카바밀라아제 결핍증(OTC 결핍증)을 앓았다. OTC 결핍증은 혈액에 암모니아가 축적되는 X-연관 유전적 질환으로, 암모니아는 뇌에 독성을 가지므로 치명적일 수 있었다. 심각한 경우는 유아에게 발생하지만 제시 겔싱거는 약물과 식이요법으로 상태가 비교적 안정적이었음에도 불구하고 18세의 나이에 실험에 자원했다. 이 실험은 펜실베이니아 대학의 제임스 윌슨 박사 팀에 의해 진행되었는데 실험의 목표는 변형된 아데노바이러스 벡터(교정된 유전자를 전달하도록 설계된 바이러스)를 사용하여 간(肝)에 결함 있는 *OTC* 유전사를 대제하는 유전자 치료 기술을 테스트하는 것이었다. 의사는 정상의 *OTC* 유전자를 가진 변형된 아데노바이러스 벡터를 간에 전달하기 위해 주사했다. 주사 후 4일 만에 제시 겔싱거는 바이러스 벡터에 대한 엄청난 면역 반응으로 면역 체계가 과열되어 1999년 9월 17일에 여러 장기 부전과 뇌 손상 등으로 사망했다.

제시 겔싱거의 사망에 대한 조사 결과 그의 사망을 초래한 실험의 여러 가지 문제가 드러났다. 첫째로 완전한 정보 제공 및 동의 부족이다. 제시 겔싱거와 그의 가족은 동물 연구와 다른 인간 참가자에서 이전에 발생한 심각한 부작용에 대해 충분히 알지 못했다. 정보에 입각한 동의로 환자는 임상 시험의 모든 위험에 대해 충분히 알고 있어야 한다. 연구자들은 실험에 참여한 다른 두 환자가 이미 치료로 인해 심각한 부작용을 경험했다는 사실을 공개하지 않았다. 둘째는 이해 상충 문제로 수석 연구원인 제임스 윌슨 박사는 유전자 치료의 성공으로 이익을 얻을 수 있는 바이오 기술 회사의 재정적 지분을 가지고 있었다. 이는 실험에서 그의 객관성에 대한 윤리적 우려를 불러일으켰다. 제시 겔싱거의 케이스에서 이해 상충으로 연구자는 편견을 피하기 위해 재정적 이익을 공개해야 한다. 세 번째는 프로토콜 위반이었다. 제시 겔싱거는 시술 전에 암모니아 수치가 너무 높았기 때문에 시험에서 제외되어야 했다. FDA가 조사를 시작하고 유전자 치료 시험이 일시적으로 중단되었다. 조사 결과 펜실베이니아 대학의 연구자들이 안전 프로토콜을 위반한 것으로 밝혀졌다. 제시 겔싱거의 가족은 펜실베이니아 대학, 제임스 윌슨 박사 및 다른 연구자들을 상대로 소송을 제기했으며 공개되지 않은 금액으로 제시의 가족과 펜실베니아 대학교 간에 합의되었다. 그리고 이 사건으로 인해 의학 연구에서 재정적 이해 상충에 대한 규제가 더욱 엄격해졌다. 제시 겔싱거의 사례는 의료 윤리에 대한 경고 이야기로 남아 있으며, 환자 안전을 우선시하지 않고 과학적 혁신을 서두르는 위험을 보여주는 사례이다.

유전자 치료에서 교정 유전자를 표적 세포에 전달하는 벡터 시스템으로는 아데노바이러스와 레트로 바이러스가 주로 이용된다. 아데노바이러스는 감기나 결막염과 같은 인간에게 경미한 감염을 일으키는 외피를 가지지 않는 DNA 바이러스이다. 과학자들은 질병을 일으키는 바이러스 유전자를 제거하고 치료 유전자를 아데노바이러스 DNA에 삽입한 다음 변형된 바이러스를 환자의 신체에 도입하여 표적 세포를 감염시키고 치료 유전자를 세포 핵으로 전달한다. 전달된 치료 유전자는 표적 세포에서 발현되어 필요한 단백질을 생성하고 질병을 치료한다. 아데노바이러스 벡터의 장점은 분열하지 않는 세포를 포함한 광범위한 세포 유형에 감염시킬 수 있으며 표적 세포에 유전자를 전달하는 데 높은 효율을 보인다. 하지만 강력한 면역 반응을 유발하여 생명을 위협할 수 있으며, 이는 1999년 제시 겔싱거의 사망 원인으로 작용했다. 그리고 아데노바이러스 DNA는 숙주 게놈에 삽입되지 않기 때문에 치료 유전자가 일시적으로만 발현되는 단점이 있다.

레트로바이러스는 유전 물질을 숙주 세포의 DNA에 통합할 수 있는 RNA 바이러스의 한 유형으로, 특정 유전자 치료 응용 분야에서 유용하게 이용된다. 레트로바이러스는 유전 정보를 RNA로 가지고 있어서 표적 세포에 들어가면 역전사효소라는 효소를 사용하여 RNA를 DNA로 변환한다. 과학자들은 레트로바이러스의 유전정보를 변형시켜 치료하고자 하는 유전자와 재조합 벡터를 만든다. 환자 세포(예: 혈액 또는 줄기세포)를 분리하여 실험실에서 유전자 조작으로 재조합 레트로바이러스 벡터를 분리한 환자 세포를 감염시켜 배양 후 다음 환자에게 다시 이식한다. 레트로바이러스는 기주 세포의 염색체에 삽입되기 때문에 도입된 유전자는 모든 세포의 딸 세포로 안정적으로 전달될 수 있으므로 염색체에 삽입된 치료 유전자가 발현된다. 장점으로는 삽입된 유전자가 종종 장기간 활성 상태를 유지하여 지속적인 치료 효과를 제공할 수 있다. 레트로바이러스 벡터는 유전자 치료 시험에서 가장 먼저 사용되었기 때문에 많은 프로토콜과 안전 조치가 확립되어 있다. 하지만 바이러스가 환자의 염색체에 무작위적으로 삽입될 수 있어서 중요한 유전자나 조절 영역을 파괴하여 암과 같은 의도치 않은 효과를 초래할 수 있다. 그리고 레트로바이러스는 일반적으로 효율적인 감염과 통합을 위해 활발하게 분열하는 세포가 필요하므로 일부 조직에는 적합하지 않다. 사례로는 위에서 예를 들은 아샨티 디실바를 들 수 있다.

유전자 편집을 통한 유전자 치료는 질병을 일으키는 돌연변이를 교정, 제거 또는 대체하기 위해 환자 세포의 DNA 서열을 직접 변경하기도 한다. 유전자 편집 기술로 최근에 많이 사용하는 방법으로 CRISPR−Cas9 유전자 편집 기술이 있다. CRISPR−Cas9 시스템은 박테리아가 바이러스의 침입으로부터 보호하기 위해 바이러스 침입시 바이러스의 DNA를 조각내 바이러스 단편을 박테리아 유전체 내에 존재하는 CRISPR(Clustered Regularly Interspaced Short Palindromic Repeats) 어레이 카세트 내에 삽입한다. CRISPR 카세트는 Cas9이라는 DNA 절단 효소가 인접하게 붙어 있어서 이전에 침입했던 바이러스가 다시 침입하면 CRISPR 카세트에 저장했던 바이러스 단편 DNA 염기가 침입하는 바이러스와 같은 서열 DNA에 결합하고 Cas9에 암호화된 절단효소로 바이러스 DNA를 절단시켜 무력화시킨다. 이 자연적 박테리아 면역 메커니즘을 과학자들이 실험실에서 CRISPR−Cas9 유전자 편집에 활용하는 것이다. CRISPR−Cas9 메커니즘을 규명한 공로로 독일 막스 프랑크 연구소의 에마누엘 차피티어(Emmanuelle Charpentier)와 미국 캘리포니아 대학교 버클리 캠퍼스의 제니퍼 두드나(Jennifer A. Doudna)는 2020년 노벨 화학상을 수상하였다.

CRISPR-Cas9는 비교적 단순하고 다재 다능성 있게 활용할 수 있기 때문에 가장 일반적으로 사용되는 유전자 편집 시스템이다. 과학자들이 CRISPR-Cas9 카세트에 편집하고자 하는 유전자 서열 단편을 삽입하고 환자의 세포에 주입하면 CRISPR-Cas9 유전자 가위가 환자의 질병 유전자에 결합한 후 질병 유전자를 절단시킨다. 절단된 타깃 질병 유전자는 환자의 수선 메커니즘에 의해 다시 이어지면서 유전자 편집이 일어난다. 세포내로 CRISPR-Cas9 카세트를 전달하는 방법으로는 환자 세포(예: 혈액 줄기 세포 또는 면역 세포)를 신체에서 분리하여 실험실에서 편집한 다음 다시 도입하기도 하고, CRISPR-Cas9 카세트를 바이러스 벡터 또는 지질 나노입자를 통해 환자의 조직에 직접 전달할 수도 있다. CRISPR-Cas9 유전자 편집 시스템은 돌연변이를 근원에서 수정할 수 있는 잠재력을 가지며 성공적인 편집은 지속적이거나 영구적인 치료 효과를 제공할 수 있다. CRISPR-Cas9 시스템을 이용한 유전자 편집은 이미 유전적 혈액 질환(예: 베타 지중해 빈혈, 겸상 적혈구 빈혈)과 특정 암에 대한 초기 임상 시험에서 효과가 있는 것으로 나타났으며, 광범위한 유전적 질환에 대한 근원적인 치유가 가능한 치료법을 향한 중요한 진전을 보이고 있다. 하지만 환자 유전체 내의 의도치 않은 부위의 절단은 건강한 유전자를 파괴할 수 있으며, 적절한 세포나 조직을 효율적으로 편집하는 것은 아직도 상당한 고난도 기술을 요한다. 그리고 윤리 및 안전 문제로 생식세포(유전적) 편집이 관련된 경우 특히 윤리적 문제가 있다. 이에 대해서는 이미 "**37장 생명공학으로부터 제기되는 윤리적 숙제**"에서 중국인 과학자 허젠구이의 CRISPR-Cas9 유전자 편집 기술로 쌍둥이 소녀인 루루와 나나의 예에서 설명하였다.

RNA 간섭(RNA interference, RNAi)을 이용한 유전자 치료는 유전자를

교정하는 것이 아니고 질환을 야기하는 유전자가 발현을 할 때 질환 유전자의 mRNA와 결합하여 기능을 무력화시켜 단백질로 번역되는 것을 방지한다. 전통적인 유전자 치료는 종종 환자의 세포에서 유전자를 추가, 제거 또는 편집하는 것으로 생각되지만, RNAi 기반 치료법은 mRNA 수준에서 유전자 발현을 직접 조절하기 때문에 더 광범위한 "유전자 치료"의 일부로 간주된다. 그러나 유전자 편집에 비해 RNAi 방법은 환자에게 투여하는 방법이 통상의 약을 복용하는 것과 같이 RNAi를 함유한 캡슐을 복용하므로 매우 편리하고 안전하다. 예로 Inclisiran(상표명 Leqvio)은 LDL 콜레스테롤을 낮추도록 설계된 최초의 소형 간섭 RNA(siRNA) 약품이다. Inclisiran은 LDL 수용체 재활용과 LDL 콜레스테롤 수치에 영향을 미치는 단백질인 PCSK9의 생성을 줄인다. 이것은 유럽 의약품청(EMA)과 미국 식품의약청(FDA)(2021년 후반)에서 승인되었다.

CHAPTER 40

재생의학을 통한 인간 신체 복원 기술

다년생 초본 식물은 가을에 지상부가 없어져도 봄에 다시 지상부가 자라나고, 나무는 나뭇가지가 부러지면 봄에 가지가 새로 나온다. 하지만 동물은 이러한 조직이나 기관 재생 능력이 없다. 예외적인 것으로 도마뱀은 꼬리가 끊어져도 다시 재생된다. 우리도 사고로 팔이나 다리를 잃고 나서 다시 재생이 되면 좋을 텐데 우리는 그런 능력이 없다.

재생 의학은 인간의 세포, 조직 또는 장기를 수리, 교체 또는 재생하여 정상적인 기능을 회복하는 데 중점을 둔 학제 간 연구 및 임상 응용 분야이다. 신체의 고유한 치유력을 활용하거나 엔지니어링된 생물학 및 기술을 사용하여 현재 기존 의료방법을 사용하여 치료하기 어렵거나 불가능한 상태를 해결하는 분야이다. 재생 의학은 신체의 선천적 치유 또는 재생 능력을 활용하고, 손상된 조직과 장기를 강화하거나 대체하기 위해 첨단 기술(줄기 세포 치료, 유전자 치료, 조직 공학, 생체재료 등)을 사용한다. 수십 년 동안 사용되어 온 골수 이식과 같은 시술부터 3D 인쇄 장기 또는 유전자 편집을 포함하는 새롭고 실험적인 치료법까지 재생의학은 광범위한 범위를 포괄한다.

과학자들은 환자 자신의 세포에서 유래한 줄기 세포를 사용하여 손상된 조직이나 기관을 수선하는 연구를 하고 있다. 특히 유도 다능성 줄기 세포(iPSC세포)는 사실상 모든 유형의 조직으로 재프로그래밍될 수 있어 면역 거부 문제를 피할 수 있다('35장 복제생물의 역사와 전망' 참조). 줄기 세포는 특정 화학 신호와 성장 인자를 통해 원하는 세포 유형(예: 심장 근육 세포, 간 세포)으로 발달하도록 한다. 분화한 세포는 지지 생체재료(하이드로젤, 폴리머 등)와 혼합되어 "바이오 잉크"를 만든다. 3D 바이오 프린팅 기술을 이용하여 특수 프린터가 바이오잉크 층을 증착하여 복잡한 장기와 유사한 구조(예: 심장 판막, 간 조직)를 형성하도록 유도하며 자연 조직의 구조와 세포 밀도로 복제하도록 조정한다. 인쇄된 구조는 세포로 성장하고, 조직화되고, 기능적 조직을 형성할 수 있는 최적의 조건(영양소, 산소)을 제공하는 생물 반응기에서 배양하면 시간이 지남에 따라 인쇄된 장기가 계속 성숙하고 필수적인 혈관 또는 신경 연결을 발달시킨다. 이렇게 만들어진 조직이나 장기가 충분한 성숙과 기능에 도달하면 환자에게 이식할 수 있다. 특히 세포가 환자에서 유래했기 때문에 기증 장기에 비해 면역 거부 위험이 낮다. 이 접근 방식은 기증 장기 부족 문제를 해결하고 면역 거부로 인한 합병증을 줄여 이식의학을 혁신할 가능성이 있다.

이러한 기술은 아직 발전 중이기 때문에 환자에게 이식하기에 적합하면서 기능적으로 완전하도록 배양한 인간 장기는 연구 단계에 머물러 있다. 극복해야 할 주요 장애물에는 복잡한 혈관 네트워크를 만들고,

장기적 기능을 보장하여 생산을 확대하는 것이다. 그러나 바이오 프린팅, 세포 생물학, 생체재료 연구의 꾸준한 진전은 이 분야를 계속 발전시키고 있다. 주목할 만한 이정표와 부분적 성공 사례가 몇 가지 있다. 2022년, 미국의 바이오테크 회사인 3DBio Therapeutics가 선천적 귀 기형을 가지고 태어난 사람에게 환자 자신의 세포로 만든 3D 생체 인쇄 귀를 성공적으로 이식했다. 이것은 3D 프린팅 "장기"가 성공적으로 이식된 사례 중 하나이다.

미국 노스캐롤라이나 주에 있는 웨이크 포레스트 재생의학 연구소(Wake Forest Institute for Regenerative Medicine, WFIRM)는 재생 의학 분야의 선도적 센터 중 하나이다. 안토니 아탈라(Anthony Atala) 박사의 지휘 아래 WFIRM은 조직 공학 방광 개발을 포함하여 주목할 만한 진전을 이루었다. WFIRM 팀은 먼저 환자 자신의 방광 조직에 대한 생검을 실시하여 평활근 세포(방광의 바깥층을 형성하는 근육 세포)와 요로 내벽 세포(방광의 안쪽 층을 형성하는 세포)를 분리하였다. 이러한 분리된 세포는 통제된 실험실 조건에서 성장하고 증식하여 새로운 방광 지지대를 만드는 데 필요한 양에 도달할 때까지 배양 후 특별히 설계된 방광 모양의 지지대(스캐폴드)로 옮겨서 배양됐다. 배양 세포는 계속 증식하여 근육 세포는 바깥쪽에, 요로 상피 세포는 안쪽에 배치되었다. 세포가 접종된 스캐폴드에서 계속 증식하여 스스로를 조직할 수 있는 조건(생물 반응기와 유사)에 배치되도록 배양된 후 구조가 충분히 발달하면 외과의는 환자에게 다시 이식하여 기존 요로에 연결했다. 시간이 지남에 따라 생분해성 스캐폴드는 분해되어 새로 형성된 방광 구조에 환자 자신의 살아있는 조직만 남게 되었다. 임상 결과 방광 기능 장애(척추 이분증 환자 등)가 있는 소아 환자에게 성공적이었다. 방광 용량과 기능이 개선되어 기존 재건 옵션과 비교했을 때 합병증 위험이 감소한 것으로 나타났다. 이러한 재생의학 기술을 조직 공학이라고 하는데 WFIRM의 연구는 방광에 사용된 동일한 핵심 원리(환자 유래 세포+생분해성 스캐폴드+바이오리액터)를 이용하여 요도, 질(vagina), 신장, 연골 등 다른 많은 조직과 장기를 엔지니어링하는 데 성공적으로 적용할 수 있음을 보여주었다.

오르가노이드(organoid)는 미리 설계된 스캐폴드 없이 시험관에서 배양한 장기의 소형, 단순화된 버전이다. 오르가노이드는 실제 장기의 구조와 일부 기능을 면밀히 모방한 3차원 소형 조직 구조이지만 조직 공학에서 만들어지는 기관에 비해 크기가 매우 소형이다. 배아줄기세포(ESC), 유도만능줄기세포(iPSC), 때로는 장기 특이적 성체줄기세포를 배양하여 만든다. 적절한 조건에서 다능성 줄기 세포는 초기 기관 발달(기관 형성)을 반영하는 특수 세포 유형으로 분화되기 시작한다. 분화가 시작되면 세포는 소형 조직과 유사한 3D 구조로 자가 조직화되기 시작하는데 이는 오르가노이드의 특징이다. 오르가노이드는 몇 주에서 몇 달 동안 배양하여 성숙하고 구조(예: 장 오르가노이드의 경우 융모 축, 뇌 오르가노이드의 경우 피질 층)를 발달시킨다. 오르가노이드 기술이 성숙함에 따라 연구자들은 이것을 주요 분자 마커, 조직 구조, 때로는 표적 기관과 관련된 간 효소를 생성하는 것에 활용했다. 오르가노이드 기술은 장기 발달의 중요한 측면을 모방하기 때문에 연구, 약물발견 및 잠재적으로 미래의 재생치료에 강력한 도구가 된다.

장기 손상을 받은 사람들에게 장기 이식은 큰 수혜이다. 불의의 사고나 질병으로 뇌의 기능이 완전히 소실되어 회복될 가능성이 없는 뇌사 환자로부터 장기 이식을 받는다. 하지만 장기 이식을 받아야 하는 환자

수에 비해 장기 기증자는 터무니없이 적다. 신장 투석 환자가 뇌사자로부터 신장 이식을 받기 위해 대기하는 시간은 우리나라의 경우 평균 6~7년이다.

이종 장기 이식은 장기 수요에 한 줄기 빛이다. 과학자들은 돼지의 장기를 인간에게 이식하는 실험을 하고 있다. 돼지의 장기(예: 심장, 신장)는 크기와 기능 면에서 성인 인간의 장기와 거의 비슷하여 설치류와 같은 작은 동물이나 소와 같은 큰 동물보다 이종 장기 이식이 더 용이하다. 그리고 생리적 호환성면에서 돼지와 인간은 수술 기법을 용이하게 하고 더 먼 관련 종에 비해 합병증 위험을 낮출 수 있는 생리적 특징(예: 혈류 역학, 장기 구조)을 공유한다. 하지만 이종 장기 이식에 대한 여러 가지 우려사항들이 있다. 우선 종간 감염(인수공통감염증)의 문제이다. 돼지 바이러스가 인간에게 적응할 수 있는 위험이 있어서 그러한 감염이 확산되면 공중 보건에 위협이 될 수 있다. 따라서 엄격한 생물 보안 조치와 철저한 규제 감독이 필수적이다. 두 번째 고려 사항은 윤리적인 사항이다. 장기 적출을 위해 특별히 돼지를 유전자 변형하고 번식시키는 것은 동물에 대한 인도적 대우에 대한 의문을 제기한다. 비판가들은 이것이 동물을 상품화한다고 주장하는 반면, 지지자들은 수천 명의 인간 생명을 구할 수 있는 잠재력을 강조한다. 그리고 세 번째는 동물 장기를 이식받는 것이 특정 종교적 또는 문화적 신념과 충돌할 수 있다는 문제이다. 동물의 장기를 가지고 살아간다는 것은 사람-돼지 키메라로 살아간다는 것을 의미한다. 따라서 환자는 충분한 정보를 얻고 이종 이식이 자신의 가치와 일치하는지 자유롭게 결정할 수 있어야 한다.

장기 이식 시술에서 가장 염려되는 것은 기증자의 장기에 대해서 수혜자의 과민성 면역 반응이다. 장기 또는 조직 이식에서 의사는 면역 억제 요법을 조합하여 수혜자의 면역 반응을 줄이고 이식된 장기(또는 조직)가 공격받는 것을 방지한다. 면역 체계는 자연스럽게 이식된 장기를 "이물질"로 인식하여 급성 또는 만성 거부 반응을 유발할 수 있다. 과면역 반응과 장기 거부 반응을 예방하기 위해 이식 수혜자는 일반적으로 다각적인 면역 억제 요법을 받는다. 과면역 반응과 장기 거부 반응은 인간-인간 장기 이식에서도 경우에 따라서는 매우 위험한 상황으로 이를 수 있는데 인간-돼지 장기 이식은 더욱 위험하다. 돼지는 자연적으로 인간에게 즉각적으로 면역 거부를 유발하는 세포 표면 분자(예: 알파갈, alpha-gal)를 가지고 있다. 미국의 생명공학 회사인 리비비코(Revivicor)는 CRISPR-Cas9 유전자 가위로 돼지의 알파갈 분자를 생성하지 못하도록 유전자 변형 장기 이식용 돼지를 만들어 "GalSafe"라는 이름으로 상표 등록을 하고 특허를 취득하였다. 하지만 이러한 면역 반응이 단순한 세포의 과민반응이 아니라 복잡한 수천~수만 개의 유전자의 종합적인 발현과 조절에 의한 결과일 수 있기 때문에 단순한 조직 이식 이상의 복잡한 과제를 가지고 있다고 할 수 있다.

미국 뉴욕대학의 NYU Langone Health Center는 지금까지 7번에 걸쳐서 돼지 신장을 인간에게 이식 시술을 실시하였다. 돼지-인간 신장 이식 수술 초기 시도에서는 뇌사 상태에 있는 환자에게 면역 반응 억제 유전자 변형 돼지의 신장을 이식하는 시도를 하여 돼지 신장의 인간 이식 가능성을 테스트하였다. 2024년 4월에는 리사 피사노(Lisa Pisano)라는 신부전 환자가 역사상 최초로 유전자 편집 돼지신장 이식을 받았다. 하지만 그녀는 이종신장을 지탱할 만큼 충분히 높은 혈압을 유지하지 못해 어려움을 겪다가 3개월 후인 7월 7일에 호스피스 치료를 받으며 사망했다. 2024년 12월에 NYU 팀은 53세의 신부전 환자인 토와나 루니(Towana Looney)에게 10개의 유전자 편집을 거친 돼지의 신장을 성공적으로 이식하였다. 유전자 편집으로 3가지 면역성 항원(Gal, Sda, Neu5Gc)과 돼지 성장 호르몬 수용체를 제거하고 6가지 인간 형질전환 유전자를 추가하여 유전자 편집 돼지 신장을 인간 수혜자와 더 잘 호환되게 만들고 거부 가능성을 줄였다. 루니는 유전자 편집 돼지의 신장을 이식 받은 첫 번째 사례이며, 현재 돼지의 장기를 가진 전 세계의 유일한 사람이다. Pisano는 이종 장기 수술을 받은 후 3개월을 살았으므로 루니의 경우도 지켜보아야 한다. 하지만 수술을 담당한 몽고메리 박사는 "장기 이식은 복잡한 질병을 하룻밤 사이에 치료할 수 있는 몇 안 되는 치료법 중 하나이지만, 필요한 모든 사람에게 치료법을 제공하기에는 장기가 너무 적습니다. … 대기자 명단에 있는 다른 사람들을 위한 장기 부족 위기에 대한 해결책이 이제 생겼다는 생각은 가장 환영할 만한 감정, 즉 순수한 기쁨을 불러일으킵니다!"라고 뉴욕대학교 랭원 건강센터(NYU LangOne Health Center, https://nyulangone.org/) 홈페이지에 기술했다.

1970년대 후반과 1980년대 유명한 영화에서 슈퍼맨을 연기한 배우 크리스토퍼 리브(Christopher Reeve)는 1995년 승마 사고로 목 아래가 마비되었다. 그는 2004년 사망할 때까지 "**희망을 가지면 무엇이든 가능합니다: Once you choose hope, anything's possible**"라는 모토로 척수 연구와 치료를 위한 캠페인을 하였다. 그의 저서 "불가능은 없다: 새로운 삶에 대한 성찰, *Nothing is impossible: Reflection on a New Life*"는 많은 전신 또는 하반신 마비 환자들에게 영감과 희망을 주었다. 만약 그가 현재까지 살아 있다면 그의 희망이 아마도 이루어졌을지도 모른다. 2023년 5월 Nature 과학잡지에 뇌-척추 인터페이스(Brain-Spine Interface, BSI)라는 기술을 이용하여 뇌와 척수 간의 디지털브리지를 컴퓨터로 연결하여 사지마비가 있는 환자를 걷게 하였다는 논문이 실렸다. 논문에 의하면 치료된 환자들은 집에서 독립적으로 행동하는 것을 포함하여 1년 이상 걸을 수 있었으며, BSI가 서고, 걷고, 계단을 오르고, 심지어 복잡한 지형을 횡단하는 다리의 움직임을 자연스럽게 제어할 수 있게 해준다고 보고했다. BSI는 신경공학 및 재활 분야에서 획기적인 발전으로, 마비 환자의 이동성을 회복할 수 있는 진정한 희망을 제공한다. 그러나 이 기술은 아직 비교적 초기 단계에 있으며, 상당한 기술적, 윤리적, 규제적 과제를 안고 있다. 예를 들어 뇌 신호는 매우 개인적이며, 이를 전송(종종 무선으로)하면 무단 데이터 접근, 해킹 또는 오용에 대한 우려가 발생할 수 있다. 그리고 근원적인 문제로 '뇌 데이터를 소유하고 통제하는 주체가 누구인가'에 대한 고민을 제기한다. 통제하는 주체가 인간인가 아니면 컴퓨터인가? 이러한 장치의 안전성, 신뢰성 및 사용자 개인 정보 보호는 이 기술의 혁신적인 가능성만큼 중요할 것이다.

궁금한 유전상식 40가지

초판발행 2026년 1월 10일

지은이 김남수 · 양태진
펴낸이 안종만 · 안상준

편 집 전채린
기획/마케팅 최동인
표지디자인 BEN STORY
제 작 고철민 · 김원표

펴낸곳 (주) 박영사
서울특별시 금천구 가산디지털2로 53, 210호(가산동, 한라시그마밸리)
등록 1959. 3. 11. 제300-1959-1호(倫)
전 화 02)733-6771
f a x 02)736-4818
e-mail pys@pybook.co.kr
homepage www.pybook.co.kr
ISBN 979-11-303-2409-8 03470

정 가 23,000원